我分類 故我在　　第二版

大數據決策分析
盲點大突破10講

何宗武 教授——著

I classify,
therefore I am.

排序 ➡ 分類 ➡ 預測 ➡ 決策

五南圖書出版公司 印行

推薦序

　　比爾蓋茲曾說：「蒐集、管理和使用資料的方式，決定了輸贏！」科學家們則說：「繼蒸汽、電力、石油之後，下一次工業革命的生產要素是『資料』！」特別是人工智慧的發展，需要大量的數據，於是，資料科學就成為未來非常重要的一個領域。

　　如何把「資料」變成「資訊」，是資料科學的重大課題，過往台灣廠商在電腦硬體上表現得很好，生產的電腦及各種資訊終端，蒐集了大量的資料，也處理了大量的資料，但如果我們在如何運用資料上缺席了，在下一波的競逐中，就會愈來愈落後。

　　幸好台灣還有一些資料科學家，看到這樣的現象，不斷地寫文章、寫書，把畢生所學，毫無保留地介紹給大家，希望能夠結合更多的有識之士，讓台灣在硬體奇蹟之後，再創另一個高峰。

　　何宗武老師就是一位這樣的資料科學家。

　　何老師令人感佩之處在於，他長期在資料科學領域耕耘，明知道這是趨勢，但卻從來不趕流行，反而紮紮實實，一步一腳印地深耕於資料科學領域。他說，大數據不是口號，是思維，是內化為個人與企業決策的一部分，這些年來，他不斷地寫作出書，帶領著我們這些資料科學的門外漢，一步一步地走進這個新的殿堂。

　　在大數據、人工智慧等口號響徹雲霄之際，何老師大道至簡，從根柢說起，寫出了《大數據決策分析──盲點大突破10講》這本新書，在書裡，老師搭配 R 語言相關套件，從最基礎的平均數與變異數、時間序列、期望值與信賴區間和線性迴歸，由淺入深，一路介紹到集群分析、決策樹及隨機森林。就像是一本大數據乾坤大挪移的武功祕笈，陪著我們一層一層地修練，最終可以把數據化為決策。

　　這幾年來，我服務的公司嘉實資訊，從金融資訊供應商往交易決策平台的方向前進，我們試著透過程式語法，從龐雜的金融數據中，找到高機率不斷發生，且極可能瞬間即逝的交易機會。這當中，資料科學就像是習武之人必須不斷累積的內力，只有雄厚的內力，才能確保在尋找聖盃的道路上，不會走火入魔。

何老師的這本書，來得正是時候，可以讓有志於從事量化交易的朋友，帶著正確的觀念，處理金融相關的數據，很榮幸可以幫我這位優秀的學弟介紹這本書，一切，就從學會分類做起吧！

嘉實資訊總經理

李政霖 2018/07

自序

數位科技席捲世界帶來了大數據浪潮，但是，這三個字其實有一些誤導，讓一般人以為「大就是美」。其實在商管領域，大數據就是以證據為基礎的決策分析。更精準地說，「大」不是指用 4V 來描述的資料庫特徵，而是因為數據科技 (Data Technology) 進步，對多樣資料的「大用」。

在物聯網技術突飛猛進之下，數據量不可否認地遠遠大於以前。目前平常分析的資料表動輒「萬列千行」，因此如何從這些資料結構中提取資訊，「統計學 (Statistics)」和「資料探勘 (Data Mining)」就是關鍵技術。然而，我們不是為了大數據而大數據，大數據乃至人工智慧，都是為了支援決策。簡單地說，數據解析產生「預測」，預測解讀產生「決策」。數據解析的原理也只有兩個原則：「排序和分類」，所以一言以蔽之：「以排序來分類，從預測到決策」，就是大數據解析的核心。據此，本書副書名為「我分類，故我在」。

妥善的分類就可以產生可靠的預測，但是，當資料結構複雜時，排序乃至分類就沒有那麼簡單，所以需要利用演算法來處理資料，本書就是依此而生。例如：由分類的角度學習統計，統計學的預測以樣本期望值或條件期望值為基準，據之將資料劃分信賴區間，分類成「內 vs. 外」兩群，重點將不再是參數估計的顯著程度，而是預測表現和誤差分析。

全書分成 10 講，為筆者以大數據為名行走江湖的結晶，書中某些部分為在臺師大 EMBA 講授「大數據決策分析」的教材。每一講開頭皆以一個特定企業應用大數據的決策故事為開場，希望讀者能夠覺得不枯燥，同時也了解大數據的決策端，相當實戰且關鍵，沒有預測，都是紙上談兵。每講結尾都附上一個數據決策思考的方塊，從問對問題開始，一路引導至最後一英里路。案例用 R 語言的 GUI 和程式碼實作，但是，程式語言不是重點，而是對所預測對象的行為，有深刻的認識，勿忘 Domain Knowledge。

國立臺灣師範大學全球經營與策略研究所

何宗武

目錄

第 **1** 講

淺談解析型企業

第 **2** 講

掌握資料的統計性質——分布

第 **9** 講

大數據行銷——
購物籃分析

第 **10** 講

文字探勘淺談

淺談解析型企業

我分類 故我在

　　什麼是大數據分析？就是把資料分類 (Classification)。解析型企業 (Analytical Enterprise) 就是企業從分類的資料群中，解讀類型，提取意義，做出決策。IBM 專家胡世忠 (2013, p.75-76)[1] 提到歐洲某烘焙坊與 IBM 合作，發現女性消費者的消費行為雨天和晴天大不同：雨天喜歡蛋糕，晴天則是潛艇堡。這個結果的邏輯很簡單：**分類**。首先以性別**分類**，男生女生兩類，然後對兩類消費者購買行為和氣候連結，由雨天晴天再**分類**。

　　Walmart 著名的「尿布和啤酒」案例，則是透過商品關聯性，將消費者依照「性別、年齡、購買時間等」做**分類**比較，從而發現消費類型 (Pattern)，進而影響決策。

　　Netflix 2008 年的競賽向全球資料科學家招手，能協助公司影片推薦功能的績效增加 10% 的隊伍，就可以贏得百萬美金。這項數據分析的基礎在 3 個問題：第 1，顧客會給影片怎樣的評分；第 2，預測顧客會給予高評分的影片；第 3，推薦給這些顧客。這 3 個問題的實際操作，就是由影片屬性對顧客評分予以**分類**，再預測高評分影片。原則雖如是，實作上不但須別具巧思，更要設計演算法學習除錯。

　　這就是資料解析學 (Data Analytics)，也就是大數據時代的資料科學，它的核心就是**分類**。然而，數據愈大愈多，不但分類愈困難，解讀更是不容易。

1　胡世忠 (2013)，雲端時代殺手級應用—— **Big Data** 海量資料分析。台北：天下文化。

「大數據‧大思維」這六個字是筆者在 2015 年受電視訪問時所強調的標題，當時會這麼講，是因為大數據過度強調資訊技術範疇，容易和企業進步所需要的成分格格不入。如果講大數據只是一個串流數據的科技設備，那麼大數據只是讓企業糾纏於資料庫規模與形式上的資料演算。一言以蔽之，所謂的大思維，就是數據時代下的解析型企業。解析型企業做的各類決策都跟數據解析有關，例如：行銷就變成 Analytical Marketing，風險管理就是 Analytical Risk Management。

數據解析就是以證據為基礎的決策行為，為什麼這件事重要？想像一下，如果你胸痛去看心臟科，醫生不實際檢查你的心臟，直接就裝三支支架；想像一下，你的醫生用直覺判斷某個藥物有用，不實際做生理檢驗，就直接開藥給你服用；想像一下，你會用大學成績單決定交往對象嗎？這樣的決策很恐怖。我們應該蒐集資料，研究資訊進步，有更好的分析技術就應該學習，這就是改善決策的方法。

解析型企業最早由 Davenport[2] 提出類似的概念，後來 Lewis and Lee[3] (2015) 再以認知學習型企業 (Cognitive Enterprise) 擴充這個想法。數據解析能否對企業創造價值，原因就在於一個數據學習型的生態系有沒有緊緊連結決策。我們可以和過去的「Metrics量化」一詞比較來理解何謂「Analytics」：Metrics 是以指標 [例如：各種績效指標 (Performance Index)] 為基礎的量化系統，最具代表的就是把數字績效做成視覺化的雷達圖和儀表版；Analytics 則是以型態與關係 (Pattern and Correlation) 為基礎的類型辨識 (Pattern Recognition)。

以學生學習為例，教育上的 Metrics 量化的績效指標會用考試成績和出缺勤等數字，透過模型與演算法計算出好學生或壞學生的標準。Analytics 則透過感測器 (Sensor) 的數位記錄來了解學生學習模式，例如：教室參與和使用 E-learning 學習記錄，利用投入狀況 (Engagement Inputs) 去測量一個學

2 Davenport, Thomas H., J.Harris, and D. Abney (2017). *Competing on Analytics: The New Science of Winning*. Harvard Business Review Press. 2017 年是最新修訂版，原書 2007 年初版，中譯《魔鬼都在數據裡》。

3 Lewis B. and Lee Scott (2015). *The Cognitive Enterprise*. MK Press, USA.

生努力學習過程 (Process) 的曲線，而不是學習結果 (Outcomes) 的曲線。若只是使用結果數據，可能會把一個正在努力向上的學生退學了。實際案例可以看 Cathy O'Neil[4] 在其書上所抨擊的美國中學教師評鑑系統，將認真優秀教師解聘的案例。

所以，問題不是大數據，數據再大，但是方法論不改變，產出的結果並不會有什麼改善。資料科學協助企業的層面不只是用更多數據做量化，用大量數據從事 Metric 而不是 Analytics，就會造成 O'Neil 所謂的大災難。然而，我們也可以廣義地說：Analytics 是擴增維度的新量化 (Augmented New Metrics)。

本書使用「解析型企業」一詞來說明與數據解析緊密結合的企業決策模式，是一個結合「機器智能」和「大腦智能」的解析型 (Analytical) 決策生態鏈，如圖 1.0-1。

沒預測，沒決策。數據解析產生預測 (Prediction)，基於預測衍生出可行的策略 (Strategies) 集合，然後做出決策 (Decision)，決策經過市場檢驗而有績效，進而再回饋給資料分析。

在這個物聯網導向的數據經濟時代，數據的記錄蒐集和儲存都更容易，

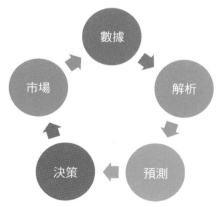

■ 圖 1.0-1　解析型決策生態鏈

4　Cathy O'Neil(2017). *Weapons of Math Destruction—How Big Data Increases Inequality and Threatens Democracy*. Penguin Random House, USA.

因此，每個人或多或少都要透過一定的數據來完成某些工作，例如：企業的行銷決策，要分析顧客行為和意見；個人購買特定商品時，要閱讀相關口碑數據；政黨提名候選人，也要做民調。過去是數字，現在是數位型態。

然而，雖然數據使用普及性增加，卻被幾種事物包裝出層層的進入障礙：第一就是被大數據包裝，將重點變成資料庫技術，數年下來，大數據三個字被炒作成比大小的工作，浮濫而且空洞；其次是被程式語言包裝，導致學習的重心變成寫程式的技術，甚至將問題炒作成哪個程式語言比較好，糾結於在 Python/R 或 Spark/Hadoop 上面學習演算法。數據科技帶來了演算法這些事務，如果只是把資料變大，認知學習能力的維度卻沒有變大，接下來會如何？也就是說，**從少量數據都學習不到的價值，大數據只是讓它更遙不可及**。

事實上，整個數據事件與資料庫的大小無關，和決策事實有關。如果數據事件與企業決策制定無關，那就不是大數據解析；因為，如果和決策有關，數據會慢慢變大，意義也會愈來愈厚。所以，關鍵在於一個和決策深度連結的數據與預測，資料庫不但會自己長大，更會面臨來自決策成功和失敗的結果，回頭修正預測，這就是所謂的認知學習 (Cognitive Learning)。現階段我們看到很多號稱機器學習 (Machine Learning) 架構，只有機器沒有學習。

因此，我們的看法很簡單。大數據沒錯，但不是為了大而數據，不是一開始直接找一個巨量資料來操練，是一個與資料科學緊密結合的企業決策模式，就是商業數據解析 (Business Analytics)，且此模式運作內生一個學習過程會自然地讓一切變大變聰明，其內涵就是所謂的商業智能 (Business Intelligence)。現階段全球的智慧城市 (Smart City) 就是最好的例子，從城市講到企業，一言以蔽之，就是「解析型企業 (Analytical Enterprise)」，有兩個方向：

1. 與資料科學緊密結合的企業決策模式，我們稱為 Business Analytics (BA，商業數據解析)。

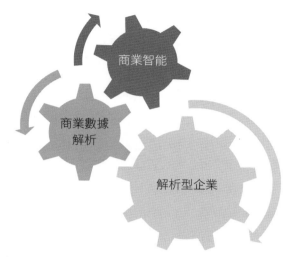

■ 圖 1.0-2　在商業數據解析與商業智能成長的解析型企業

2. 決策模式衍生的動態學習過程，我們稱為 Business Intelligence (BI，
   商業智能)。

　　解析型企業是一個學習型的商業模式，學習過程與結果的資料都被數位
化，因此，關鍵在於一個學習過程是否開放進步，而數字解讀也不是各抒己
見，除了資料，需要有深厚的資料素養 (Data Literacy)。舉例：如果我們要
判斷一個人是不是有邏輯能力，是否可以因為他念外文系，就認為他邏輯不
好？我們是否可以因為一個人有資訊工程碩士學位，就認為他是大數據分析
專家？我們是否可以看到一位在公車上不讓座的高中生，就認為他是沒教養
的小屁孩？

　　資料素養不是在統計學或資料探勘的技術上打轉，本書的重點在於以分
類 (Classification) 為主軸掌握工具與資料素養。

1.1　大數據是因為它有大用

　　我們不是為了「大」而「數據」，大數據不是既成的巨量資料倉儲，而是一個「有大用」的資料庫和數據解析。當物聯網技術導致資料浪潮來襲，企業卻只是消極地擴充儲存設備，而不是投入分析，這些窖藏起來的資料只不過是數位垃圾而已。反之，如果這些雜亂的數據經過整理合併，解析之後能夠為企業帶來 30% 的業務成長，為組織降低 10% 的成本，那就是一項寶貴的數位資源。資料解析以系統化的方法處理大量的資料，透過多樣數據的整合，產生大解析 (Big Analytics)。

接下來我們由大數據三個字的來由進一步解釋大思維企業的精神。資訊人員很早很早就在處理大規模的資料倉儲問題，當時常用的字是大規模資料庫 (Large Scale Database)，用以儲存結構與非結構型的資料庫。然而並沒有為這樣的資料型態給予一個響亮的名稱，直到 Big Data 出現。Big Data 大數據三個字最早應該是 1997 年由資料科學家 Weiss and Indurkhya (1997)[5] 的一本專書所提到。之後由 IBM 以 4V 定義大數據；IBM 加工之後，大數據就像貼上了一道符，產業學校都必須用它安太歲，大數據三個字竟只是為了科技時尚。一個由科技業者 (Vendor) 創造出來的行銷手法，竟然席捲了整個世界。

然而，大數據的發展多在資訊設備上「比大小」，很多的大數據專案只是展現出一次能讀取多大量資料的技術。對決策而言，把數據放上 Hadoop 或 MongoDB 等資料庫就能確保決策所需的資訊品質。好比廚師菜做得不好吃，換個大餐盤就可以了嗎？沒有人慢慢讀一本書，再大的圖書館也不過就是個空間。對決策有用的資料範疇往往不大，沒有數據思考的深度，再大的資料庫也不過就是個倉儲。何謂大人？身高很高？體積很大？年齡很大？還是什麼？科技的種種發展問題，就像用外在的年齡層，區分心智上的成年和未成年一樣荒唐。

Weiss and Indurkhya (1997) 書中提到 Big Data，並沒有特別去強調技術上的大。這兩位文字分析的專家，他們用大描述資料的多樣性以及如何儲存這些大量非標準化資料表型態的資料。大數據的用途不是因為大，擴大資料

5　S. M. Weiss and Nitin Indurkhya (1997). *Predictive Data Mining: A Practical Guide*. Morgan Kaufmann. 目錄見圖 1.1-1。

Table of Contents

■ 圖 1.1-1　Weiss and Indurkhya (1997) 目錄

庫不一定會帶來什麼實質的決策幫助。問題的本質不是大小,而是透過分析方法從各種資料中提取資訊洞察力 (Information Insights)。

物聯網的普及加上行動裝置,隨時隨地都可以蒐集並累積數據,如圖 1.2-1。因此,數據倉儲的重要性的確不可忽視。這個時代的確是一個大規模數據導向的時代,但是關鍵不只是技術上使用了什麼軟體或程式,而是對於商業決策更深厚的問題發掘能力。

1.2　資料解析的兩個大數據環境

所謂的大數據環境就是以伺服器模式的資料庫為基礎,不是很多很大的資料檔案 (Data-files) 零散地存放在硬碟。我們先從 1990 年迄今的 IT 簡史介

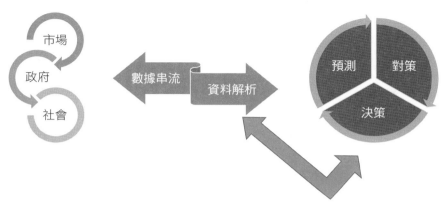

■ 圖 1.2-1 物聯網與解析型企業

紹大數據的兩個環境模式，這樣後面的掌握就簡易了。這兩個環境就是：企業架構的大數據環境和個人架構的大數據環境。

大約 1990 年代前後的軟硬體發展，個人電腦 (PC) 286 發展到尾聲，抽取式軟碟是關鍵設備，100 MB 的硬碟很稀奇，光碟機是選配。這時代的大規模計算多半是 IBM 3090 虛擬機器 (VM, Virtual Machine) 的天下，所以，昂貴的軟硬體使得數據分析基本上是學術機構或大公司專家的專利；大規模數據存放於大磁盤，然後分析人員在終端機和 IBM 3090 VM 連線，撰寫統計軟體 SAS 的程式分析數據，再擷取結果。台灣教育部此時有一套 AREMOS 系統的原理也是類似，專提供大學教授做統計計算。

PC 大約每 2-3 年就有一個大進步，硬體中的記憶體和硬碟容量大幅提升，軟體端的作業系統 (微軟或蘋果皆是) 也愈來愈強大。1995 年左右開源計算軟體如 Python/R 逐次出現與普及[6]，大數據資料庫軟體如 Hadoop/MySQL 等逐次出現，以伺服器支援的大數據分析成為關鍵工作。接下來網路技術的成熟，促成了美國電子商務 .com 狂熱與泡沫。再到 2005 年左右，個人 PC 模擬伺服器的功能大幅度提升，記憶體和硬碟容量突破技術瓶頸。也就是說，到今日，大量數據分析所需要的軟硬體，已經由特定的組合，變

6 Python 首版出現於 1991 年，R 則是 1995 年問世，Apache 軟體基金會正式建立於 1999 年。

成簡單 PC 就可以進行。大數據的兩個環境模式，簡單說明如下：

第一，企業架構的大數據環境。有所謂的機房或資料中心，例如：雲端伺服器或獨立伺服器機房；依賴一個由資料倉儲為基礎的 IT 架構 (Architecture)，後台包括巨量資料的蒐集和倉儲，連結前台的數據分析端，成為一個系統。

第二，個人架構的大數據環境。以個人電腦為主，或有獨立個人伺服器。但是個人電腦就可以連接少量 TB 規格的硬碟，PC 作業系統模擬伺服器 (如 LAMP) 或 LINUX 環境已經很成熟，就可以支援資料庫的倉儲和數據分析軟體的傳輸。所以，一個會長大的資料庫可以在個人的環境中培養。

這時代要學習大數據，是因為個人層次的資料庫環境已經逐漸在進步且成熟，且因為物聯網普及使得資料取得更為方便。以前為什麼不需要學資料庫架構下的技術？因為過去多半是企業規模，而且架構都很粗壯；PC 環境只要能吞吐幾個獨立資料檔案就夠了。現在，技術進步了且資料累積會愈來愈多。例如：證交所網站每天下午公布 30 個產業指數每 5 秒的指數，一天約 1.2 MB，如果逐日蒐集，1年 250 MB，10年 2 GB。更細的資料，好比微秒，再加上其餘商品，就更可觀了。證交所 5 秒盤後數據都是每日獨立的 csv 檔案，因此需要將其併為資料庫。

前面提到，大數據在於一個會長大的資料庫，因此演算的工作必須學習資料科學。資料科學是分析資料的科學，基本工具可分成統計學和資料探勘。大數據解析中要強調它的智能特徵，所以進階的方法論就是學習模式：統計學習和機器學習。沒有學習的數據解析，就只是給電腦一大把資料，算一算結果。資料解析有三部分：

學習器：也就是已知訓練樣本，在這裡演算參數。
檢測器：也就是未知測試樣本，把參數帶入此檢測預測能力。
回饋器：也就是修正錯誤，調整參數。

我們做個小結，也釐清幾個意義：
第一，資料工程是一個以資料庫開發管理為主的工程技術。好比，

Hadoop 和 Spark、SQL、MySQL 與 ACCESS 等資料庫軟體的資料管理與存取技術，也稱為資料的倉儲 (Data Warehouse) 技術。有時候會用 ETL 來描述這個過程，就是：Extract 資料萃取，Transform 格式轉換，和 Load 重新載入。細節則有資料清理和分散式結構等等。

　　資料科學則是對資料本身用科學方法去探討或發掘知識，這裡有三個關鍵字，一是「資料本身」，二是「科學方法」，三是「知識發現」。基本上，資料科學認為資料是來自知識海的溪流，只要我們能夠追蹤它的軌跡，或是類型 (Pattern)，就可以發現更多的未知事物；在科學方法這一面，基本上有「統計學」和「資料探勘」兩種工具。

　　「統計學」和「資料探勘」依照不同的資料動態屬性，進一步也用「學習」兩字來強調在資料持續增長的情況，要開始學習利用更多的資料來修正原先的錯誤。所以，統計學也漸漸稱為統計學習 (Statistical Learning)，資料探勘就稱為機器學習 (Machine Learning)。現在很紅的人工智慧 (AI, Artificial Intelligence)，就是以神經網路模式為基礎，具有深層辨識能力的學習 (Deep Learning)。混淆資料工程和資料科學，就類似把製造冰箱的人當成廚師。

　　第二，大數據解析是資料科學。大數據解析本身具有強烈的決策意涵，是向前看 (Forward Looking) 的。它絕對不是在巨量資料庫內從事比對檢索，不管這個資料庫是多海量。有幾點說明如下：

1. 不需糾結大數據 4V 的定義。管它呢，誰在乎比大小？大數據有泡沫，資料科學沒有。我們只要確定不管是什麼型態的數據，我們都有能力可以處理得很好，解析出意義，繼而產生有效的決策。

2. 大數據本身就是厚數據，只因目前發展出現問題，一則因為「資料工程」資料庫技術取向太過，談起來都是資料庫的結構化與非結構化，程式設計，忽略了「資料科學」的內涵；二則也因為「資料科學」這四個字被濫用得無以復加，只要在電腦前處理數據的，都自稱資料科學家。因此，我們將以厚數據強調在資料庫技術氾濫下，探究失落的意義維度。

3. 大數據沒有快捷鍵，不是質化或量化問題，也不是萬靈丹，進入社會科學研究的可行性尚須謹慎評估，目前所有的工作都只是嘗試。大數據在社會科學現行研究的工作在解析：「現行研究受到另類數據的撞擊後，意義產生的變化。」以《紅樓夢》為例，傳統紅學專家的研究，遇到文字探勘的數位撞擊後，產生的意義變化和衝突，要如何去調和？匯率變動的預測，遇到情緒資料的數位衝擊時，對現行模型的預測有何衝擊？這樣的關係，對學術研究有利有弊，都還不知道。

4. 不要屈服於壓力而向外界展示你很時尚，正在用大數據做什麼事；也不需要什麼事都要冠上一個「大」字，不然就陷入一種宗教術語，好比大佛、大阿羅漢、大菩薩等等。許多聰明的企業，因為被市場炒作蠱惑，花大錢一頭栽進去。顯而易見的教訓，代價卻很高。

5. 不是為了大數據而大數據，大數據解析是為了提升決策品質從而創造價值，不是為了跟上流行，而從事大數據解析。大數據解析有三個價值創造的問題：

   (1) 擴充現有的分析流程，增加額外價值；

   (2) 找到新方法來處理當下的問題；

   (3) 發現全新的亟待解決之問題。

1.3 演算法

機器學習需要用演算法 (Algorithm) 處理資料，演算法是一個解出特定參數的計算流程，可以分成兩類：

第一類是有公式可以帶入，例如：

二元一次方程式的解：

$$ax^2 + bx + c = 0 \Rightarrow x = \frac{-b \pm \sqrt{b^2 - 4ac}}{2a}$$

線性迴歸的係數，最小平方法的公式：

$$Y = X\beta + e$$
$$\Rightarrow \beta = (X'X)^{-1}X'Y$$

這一類的演算，透過代數求得的公式，等號兩端都沒有相同的變數，一翻兩瞪眼，也稱為封閉解 (Closed-form Solution)。這樣的世界真美好。

第二類則是沒有一個明顯的代數公式可以用。好比要解聯立方程式，會用數值求解方法。一個例子是常用的 Gauss-Seidel 疊代運算過程 (Iterative Procedure)。已知聯立方程式的矩陣型態 $Ax = b$，如下：

$$A = \begin{bmatrix} a_{11} & a_{12} & \cdots & a_{1n} \\ a_{21} & a_{22} & \cdots & a_{2n} \\ \vdots & \vdots & \ddots & \vdots \\ a_{n1} & a_{n2} & \cdots & a_{nn} \end{bmatrix} , \quad x = \begin{bmatrix} x_1 \\ x_2 \\ \vdots \\ x_n \end{bmatrix} , \quad b = \begin{bmatrix} b_1 \\ b_2 \\ \vdots \\ b_n \end{bmatrix}$$

第 1 步，將矩陣 A 寫成下三角矩陣 (L) 和上三角 (U) 矩陣相加：$A = L + U$

$$L = \begin{bmatrix} a_{11} & 0 & \cdots & 0 \\ a_{21} & a_{22} & \cdots & 0 \\ \vdots & \vdots & \ddots & \vdots \\ a_{n1} & a_{n2} & \cdots & a_{nn} \end{bmatrix} , \quad U = \begin{bmatrix} a_{11} & a_{12} & \cdots & a_{1n} \\ 0 & a_{22} & \cdots & a_{2n} \\ \vdots & \vdots & \ddots & \vdots \\ 0 & 0 & \cdots & a_{nn} \end{bmatrix}$$

帶入原式： $Lx + Ux = b \Leftrightarrow Lx = b - Ux$

因此，未知數 x 的解是 $x = L^{-1} \cdot (b - Ux)$

但是，此式等號左右都有 x，故不是一個封閉解，此時求解就可以用 k-step 的演算法求解，如：$x^{k+1} = L^{-1} \cdot (b - Ux^k)$，如下：

$$\begin{aligned} x^{k+1} &= L^{-1} \cdot (b - Ux^k) \\ &= L^{-1} \cdot b - L^{-1} \cdot Ux^k \\ &= \boxed{Tx^k + C} \end{aligned}$$

故：
$$T = -L^{-1} \cdot U$$
$$C = L^{-1} \cdot b$$

演算到 $\mathbf{x}^{k+1} \equiv \mathbf{x}^k$ 就停止。

數值範例如下：

$$A = \begin{bmatrix} 16 & 3 \\ 7 & -11 \end{bmatrix} , \quad b = \begin{bmatrix} 11 \\ 13 \end{bmatrix}$$

$$L = \begin{bmatrix} 16 & 0 \\ 7 & -11 \end{bmatrix} \to L^{-1} = \begin{bmatrix} 0.0625 & 0 \\ 0.0398 & -0.0909 \end{bmatrix}$$

$$T = \begin{bmatrix} 0 & -0.1875 \\ 0 & -0.1193 \end{bmatrix} , \quad C = \begin{bmatrix} 0.6875 \\ -0.7443 \end{bmatrix}$$

接下來給定起始值 $\mathbf{x}^0$，就可以開始疊代運算：

$$x^0 = \begin{bmatrix} 1 \\ 1 \end{bmatrix}$$

$$x^1 = \begin{bmatrix} 0 & -0.1875 \\ 0 & -0.1193 \end{bmatrix} \begin{bmatrix} 1 \\ 1 \end{bmatrix} + \begin{bmatrix} 0.6875 \\ -0.7443 \end{bmatrix} = \begin{bmatrix} 0.5000 \\ -0.8639 \end{bmatrix}$$

$$x^2 = \begin{bmatrix} 0 & -0.1875 \\ 0 & -0.1193 \end{bmatrix} \begin{bmatrix} 0.5000 \\ -0.8639 \end{bmatrix} + \begin{bmatrix} 0.6875 \\ -0.7443 \end{bmatrix} = \begin{bmatrix} 0.8494 \\ -0.6413 \end{bmatrix}$$

$$\vdots$$

$$x^7 = \begin{bmatrix} 0 & -0.1875 \\ 0 & -0.1193 \end{bmatrix} \begin{bmatrix} 0.8122 \\ -0.6650 \end{bmatrix} + \begin{bmatrix} 0.6875 \\ -0.7443 \end{bmatrix} = \begin{bmatrix} 0.8122 \\ -0.6650 \end{bmatrix}$$

上例在第 7 步停止，因為 $\mathbf{x}^7 = \mathbf{x}^6$。

第二個實際範例如下：左邊 4 條方程式是聯立方程式，要解出 4 個未知數，逐條寫成右邊的模式。

$$10x_1 - x_2 + 2x_3 = 6 \qquad \Rightarrow x_1 = \frac{1}{10}x_2 - \frac{1}{5}x_3 + \frac{3}{5}$$

$$-x_1 + 11x_2 - x_3 + 3x_4 = 25 \qquad \Rightarrow x_2 = \frac{1}{11}x_1 + \frac{1}{11}x_2 - \frac{3}{11}x_3 + \frac{25}{11}$$

$$2x_1 - x_2 + 10x_3 - x_4 = -11 \qquad \Rightarrow x_3 = -\frac{1}{5}x_1 + \frac{1}{10}x_2 + \frac{1}{10}x_4 - \frac{11}{10}$$

$$3x_2 - x_3 + 8x_4 = 15 \qquad \Rightarrow x_4 = -\frac{3}{8}x_2 + \frac{1}{8}x_3 + \frac{15}{8}$$

以 $(x_1^0, x_2^0, x_3^0, x_4^0) = (0, 0, 0, 0)$ 為起始值 (Initial Values) 可計算出第 1 步的 4 個未知數，帶入右式解出第 2 步的 4 個未知數，再帶入右式解出第 3 步的 4 個未知數：

$$x_1 = 0.6 \qquad x_2 = 2.3272 \qquad x_3 = -0.9873 \qquad x_4 = 0.8789$$
$$\vdots$$
$$(x_1, x_2, x_3, x_4) = (1, 2, -1, 1)$$

最後，收斂解就會出現。

常用的演算法還有「梯度下降法 (Gradient Descent)」。這種沿著梯度方向往下走的方法，也被稱為是「貪婪演算法 (Greedy Algorithm)」，因為它每次都朝著最斜的方向走去，企圖得到最大的下降幅度。「類神經網路」中的「反傳遞演算法」，就是一種梯度下降法。另還有「批次的梯度下降法 (Batch Gradient Descent)」和「隨機梯度下降法 (Stochastic Gradient Descent)」。

隨機梯度下降法是一個比較常出現在機器學習的演算法，因為本書希望不要有太技術的內容，將重點放在如何從分類的角度思考大數據決策和厚數據的意義，這些方法的數學內容，就點到為止了。隨機梯度下降法我們在第 4 講「線性迴歸」時，用一個數值範例解說。

有些演算法是要解決資料本身的特殊問題，例如：不完全資料 (Incomplete Data) 時，學者提出 EM (Expectation-Maximization) 演算法，可以在一個優化架構下，在期望值 (Expectation) 和極大化 (Maximization) 之間切換以計算模型的最佳參數。這方法時常用於估計隱藏馬可夫鏈和空間狀態變化。

另一種資料的問題是「列」觀察值少於「行」變數,從資料表來講,就是「上下」少於「左右」。好比 500 個觀察值,有 1,000 個變數。這種狀況不見得是資料遺漏所造成,和資料本身的來源有關。例如:基因數據,DNA 的微陣列數據掃描 5,000-10,000 個基因組,卻只有 100 個腫瘤樣本。像這樣的數據矩陣處理會出現問題,所以另有更進階的方法處理。

1.4 數據解析之資訊概論

1.4-1 認識資料類型

所謂的資料類型 (Data Type) 是指資料用什麼型態記錄或測量對象。有下列幾種:

1. Indexing (索引):索引經常是姓名、身分證字號、生日、時間戳記、性別等等,將資料表的列予以標記。索引變數有兩鍵鑰,其一主鍵 (Primary Key) 作為獨一無二的代碼,例如:每個人的身分證字號;其二聯外鍵 (Foreign Key) 顧名思義就是連結到外部資料表的鍵。兩者意義在於關聯,用例子說明。學校教務系統有學生資料表和老師資料表,老師資料表的主鍵就是老師的身分證字號,學生資料表的主鍵就是學生身分證字號;假設老師跟學生之間的關聯是導師,則學生資料表會有個屬性 (或記錄) 稱為導師,導師就是聯外鍵。這個聯外鍵的值,對應到老師資料表,學生資料表的導師就是聯外鍵。

2. Binary (二元):兩個反應記錄,例如:「對/錯」、「成功/失敗」、「支持/反對」、「男/女」。

3. Boolean (布林):布林值基本有二「真/假 (TRUE-FALSE)」,通常也包含「未知 (UNKNOWN)」一項。

4. Nominal (名稱)：字串，用來描述對象特徵，例如：住家地址、姓名、都市等等。本身順序沒有意義。

5. Ordinal (有序)：記錄本身的順序有意義。好比，「非常同意／同意／不同意／非常不同意」，還有債信評等 AA+／AA／AA-。

6. Integer (整數)：例如：次數 100，人數 55 等等。

7. Continuous (連續)：例如：小數 3.14159、2.71828、–0.01 等等。

8. Fixed (確定變量)：事先就建立好的分類選項，實驗設計中的控制變項。例如：年齡群 = {高一, 高二, 高三}，確定變量可以為前述 7 種的任一種，也可以是索引。

9. Stochastic (隨機變量)：資料是抽樣來的記錄，例如：民調數字、平均物價等等。

1.4-2　從資料到資料庫

　　Excel 提供的表格稱為資料表 (Data Table)，是最標準的結構化資料型態，由電腦的角度，資料的內部階層由最基層到高依序為：

位元 → 位元組 → 欄 (Field) → 記錄 (Record)
→ 檔案 (File) → 資料庫 (Database)

　　一張 Excel 工作表單 (Worksheet)，就是由欄和記錄組成的資料表，一個 Excel 檔案，可以有多張工作表，存在硬碟就是一個檔案。所以，檔案可以想像成很多資料表。透過一個軟體系統性管理很多資料表，這個管理軟體就是資料庫。圖書館館藏查詢就是一個資料庫管理系統，管理了很多書籍分類資料表。

　　資料庫分成結構化資料與非結構化資料。結構化資料就是像 Excel 一樣欄位井然有序的資料表，儲存結構性資料的資料庫稱為 SQL (Structured Query Language，結構性查詢語言)。非結構化資料是像文字、圖片、影像和特殊資料格式等等。非結構化資料庫稱為不只 SQL (NoSQL = Not Only SQL)。特殊資料，例如連結式資料 (Linked Data) 和 JSON 格式。JSON 格式如下：

```
{
  ISBN: 9789869551595,
  title: "紙的世界史",
  author: "Mark Kurlansky",
  format: "平裝",
  price: 台幣 550
}
```

上面這樣的 NoSQL 格式碼，可以是 SQL 的表格，如下：

ISBN	title	author	format	price
9789869551595	紙的世界史	Mark Kurlansky	平裝	台幣 550

　　SQL 對綱要（Schema）有著嚴格定義，NoSQL 則是去綱要 (Schemaless)，比較彈性。上面例子 SQL 和 NoSQL 可以互轉，下面的 NoSQL 的讀者評價 (Review) 要轉成表格就困難多了。因此，網頁上的資訊儲存，就不能依賴 SQL。

```
{
  ISBN: 9789869551595,
  title: "紙的世界史",
  author: "Mark Kurlansky",
  format: "平裝",
  price: 台幣 550,
  description: "學習紙的歷史!",
  rating: "5/5",
```

```
review: [
  { name: "讀者", text: "讀過最好的書." },
  { name: "歷史專家", text: "推薦給有興趣的人." }
]
}
```

　　SQL 始自 1970 年代，著名且常用的有 MS-SQL、MySQL、PostgreSQL 和 SQLite。NoSQL 始自 1960 年代，著名且常用的有 MongoDB、CouchDB、Redis 和 Apache Cassandra。大數據專用的資料庫 Apache Hadoop、Spark 等，自然是什麼格式型態都能存。

　　大規模的數據解析，必須依賴資料庫，而不是單獨存在硬碟的大量資料表。有關資料庫功能，我們在附錄會簡單介紹 R 語言內和 MySQL 的連接。資料庫無法在個人電腦作業系統運作，例如：Windows 系統。除了 ACCESS 這種簡易型態的資料庫圖形介面 GUI，一般個人電腦作業系統的資源，無法驅動資料庫，所以需要伺服器 (Server) 作業系統。微軟個人電腦可以模擬一個虛擬伺服器，然後在虛擬環境中執行 SQL。

　　我們常常會聽到一些科技聯字順口溜，如：

LAMP：Linux, Apache, MySQL (SQL), PHP

MEAN：MongoDB (NoSQL), Express, Angular, Node.js

.NET, IIS and SQL Server

Java, Apache and Oracle.

　　但是這些事物彼此之間沒有排他性，都可以互通。例如：NoSQL 的 MongoDB 可以在 PHP 或 .NET 架構使用。MySQL 或 MS-SQL 伺服器也可以在 Node.js 架構使用。資料庫的選用要看需要，不會受制於程式語言。

1.4-3　資料庫管理

　　資料庫管理需透過稱為「資料庫管理系統 (DBMS, Database Management

System)」的軟體來執行管理。如果是關聯式 (Relational) 資料庫，簡稱為 RDBMS。RDBMS 的程式語言稱為 SQL (Structured Query Language，結構化查詢語言)，分為三個系統：

1. DDL (Data Definition Language)：管理者定義資料用的。
2. DML (Data Manipulation Language)：使用者取得、查詢、刪除資料的系統。
3. DCL (Data Control Language)：控制，為管理者的資安維護系統。

在交換電子化盛行的時代，更有稱為線上交易處理 (OLTP, On-line Transaction Process) 的資料庫，例如：網路訂票系統、Amazon 購物籃等等。將多個分散的 OLTP 整合起來，稱為資料倉儲 (Data Warehousing)，專指在高效能電腦上即時運算的 OLTP。目前所稱的大數據資料庫，所指的就是整合性的資料倉儲概念。多數財星 100 的上市公司都使用資料倉儲來增加數據分析的能力，例如：FedEx、UPS、Sears、JC Penny 等等。甚至學校也使用資料倉儲整合多個 OLTP 來分析校務，健康照護機構也使用資料倉儲將各地醫療機構的 OLTP 整合。

傳統的單一 OLTP 只能從資料庫產生報表，對於全面解析數據是有困難的，直到資料倉儲的出現帶進了兩套軟體系統：決策支援系統 (Decision Support System) 和線上分析處理系統 (OLAP, On-line Analytical Process)。OLAP 分兩種：Relational 和 Multi-dimensional；各自針對不同的資料儲存和效能。

就像一個團體人多了，難免什麼樣的人都有。資料庫龐大了，很自然會面臨資料品質的問題。資料品質出現的問題，可以歸類為幾項：

1. 資料不一致。例如：今年的交易記錄，時間戳記出現 2018/4/31。
2. 離群值。特定記錄的數值，有異常的差異偏離，極大或極小。這些不一定是錯的。如果變數只有一筆還容易辨認，如果資料又大又雜，就很不容易辨認。在高維度資料中，離群值往往是我們觀察資料的角度所造成，所以辨認不是一件容易的事。

3. 缺值：資料有遺漏。

1.4-4　認識資訊容量

常常聽到一個檔案有幾百個 MB、電腦記憶體有多少 GB、硬碟容量有多少個 TB ……；MB/GB/TB/ ……這些單位是什麼樣的容量概念？首先，先介紹兩個基本名詞：位元 (bit) 和位元組 (Byte)。它們的關係是 1 個位元組 = 8 位元，或 8 bits = 1 Byte。硬碟是倉庫，容量遠大於記憶體。但是，這些度量描述的關鍵是記憶體，因為只有充足的記憶體，才能存取資訊。

電腦只認識 0 和 1，任何要交由電腦處理的命令，最終要換成 0 和 1 電腦才讀得懂。例如：我們在鍵盤上敲進一個字母 A，真正傳給電腦的是 01000001 這 8 個數字，一個數字是 1 位元 (bit)，8 個數字就是 8 位元 (8 bits = 1 Byte)，所以一個英文字母有 8 位元，也就是 1 個位元組。這種字母對應方法稱為 ASCII (America Standard Code for Information Interchange)，通常以純文字所處理的文章就是使用 ASCII 字母，例如：視窗的記事本軟體。1 個位元組有 8 個位元，這要記牢。簡單整理如下：

1. 位元 (bit) 是構成電腦內部資料最小之單位，就如同機器語言中的 0 與 1，例如：1 個英文字母在電腦內部的表示方式是以 8 個位元所組成。根據不同的編碼表示法求得不同的數值，來代表不同的資料。

2. 位元組 (Byte) 表示 1 個字 (word) 所需的位元數目。以英文而言，每 1 個英文字母需要 1 個位元組；每 1 個中文字則是 2 個位元組，也就是需要 16 位元才能完整表示 1 個中文字。

三個基礎定義：

　　1 bit 構成 0 或 1 二元結構。

　　4 bits ＝ 1 Nibble 記錄 0~15，1 Nibble 可以構成十六進位的文字。

　　8 bits ＝ 1 Byte 記錄 0~225 構成的碼，約 10 Bytes 構成一個英文字。

Byte 之後，每乘以 1024 來增加單位，也就是說，

1024 Byte = 1 KB (Kilo Byte)

1024 KB　= 1 MB (Mega Byte) = 1024^2 Byte

1024 MB = 1 GB (Giga Byte)　= 1024^3 Byte

1024 GB = 1 TB (Terra Byte)　= 1024^4 Byte

1024 TB　= 1 PB (Peta Byte)　= 1024^5 Byte

1024 PB　= 1 EB (Exa Byte)　= 1024^6 Byte

1024 EB　= 1 ZB (Zetta Byte)　= 1024^7 Byte

1024 ZB　= 1 YB (Yotta Byte)　= 1024^8 Byte

1 KB 的概念大約是一個英文文字的段落 (Paragraph)，也就是 A4 紙張約 8-10 行。100 KB 是一張低解析度照片，128 KB 則是掌上型計算機的記憶體。

以純文字來計算，一頁 A4 紙大約 5,000 多位元組 (包括標點和空白)，即 5 KB，那麼 1 MB 就有超過 200 頁了，差不多一本短篇小說，5 MB 大約是《莎士比亞全集》的文字。

1 GB 是 7 分鐘高解析度影片，16 GB 則是智慧型手機記憶體，4.7 GB 則是標準可重複寫入的 DVD (所以，記憶體不足，無法驅動 DVD)。

1 TB 是目前筆記型電腦的硬碟標準，可以儲存 5 萬棵樹所製造紙張的文字量，如果你寫日記、自拍上傳、攝影、錄音，那麼 10 TB 可以儲存你一年之內所見所聞的所有東西。

1 PB 是 8 億包 A4 紙 (一包 500 張) 所書寫內容。Google 每天處理的全球數據量是 20 PB。Walmart 一星期全球賣場交易數據約 2 PB。

我們舉例到 PB 應該就夠了。如果要做出更漂亮的文字，每個字還需要更多的記憶體來儲存其字形、特殊效果、行段格式等等，那麼 1 MB 也只能儲存數 10 頁或更少。簡而言之，愈漂亮的文件所需的記憶體也愈多。

數位彩色影像用像素做單位，每個像素用 RGB 三原色記錄：R = Red，G = Green，B = Blue。每個顏色的亮度 8 位元，故每個像素有 8 × 3 = 24 位

元。高畫質電視 (HDTV)的一張畫面有 207 像素，也就是說單一畫面約 50 MB。電視要看出動態，每 1 秒要傳送 30 張靜態畫面，所以，我們看電視時，每 1 秒資訊流量至少 1.5 GB。如果是強調高畫質特效的動畫電影，資訊量更在這個數字之上。當然，一物剋一物，數位壓縮技術會舒緩這些問題，例如：MPEG (Moving Picture Experts Group) 的技術，可以壓縮到 1/10 甚至 1/100。

1.4-5　伺服器

　　企業整體數據解析架構，應該是要在一個由獨立伺服器支援的資料庫系統之下進行才對，如圖 1.4-1。圖 1.4-1 左下角的是最關鍵的實體伺服器，就是一台電腦，例如：HP、Dell、IBM、ASUS、ACER 等大廠推出的伺服器機器；內裝軟體伺服器作業系統，例如：Windows Server 2012。一台硬體伺服器加上作業系統就是一個完整的伺服器環境，實體伺服器也稱為主機。

　　接下來就是伺服器應用軟體，如圖 1.4-1 中間的圓圈。例如：網頁伺服

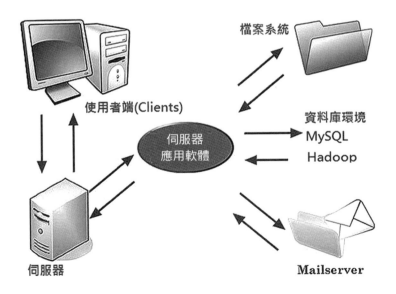

■ 圖 1.4-1　伺服器架構

器、郵件伺服器和資料庫伺服器等等,指的是伺服器版本的軟體,不是實體伺服器。一般我們使用的軟體,有區分單機版和網路版,網路版就是伺服器版。單機版裝在 PC,供個人使用;伺服器版裝在伺服器上,可以多人共同使用。

以網頁伺服器,可以是 PHP 或 ASP。使用者端的個人電腦可以透過 PHP 撰寫的網頁,可以呼叫伺服器內的資料庫、檔案系統和郵件;也可以透過特定程式語言呼叫 SQL 資料庫,如 R、Python 或 ACCESS;也可以透過遠端直接由伺服器管理 SQL。

作為伺服器,需要強大的伺服器作業系統,好比 Linux 或 Windows Server 2012,還需要充足的硬體資源,例如:硬碟要大,好比幾百個 TB;記憶體要愈大愈好,好比幾百個 GB。不然,伺服器原本是要提供資訊服務的,結果反而常常當機就不好了。

資料庫學習必須完整學一套,本書不假設讀者熟習資料庫,所以後面範例都是用獨立資料檔。

1.4-6　物聯網如何蒐集資料?

物聯網有三大裝置,如圖 1.4-2:伺服器、閘道器和裝置。閘道器是網路上的通訊設備[7] 之一,物聯網裝置有很多是不能直接上網,閘道器就扮演了中介角色。閘道器介面有 USB、Wi-Fi 和藍牙等等有名的元件。這些不能直接上網的物品透過感應器,接上閘道器就可以上網連結到伺服器。閘道器可以連結多個裝置,擁有直接連結網際網路功能的機器,大多數的閘道器都是在 Linux 系統下運作。

7　網路上的通訊設備基本上有五種:增頻器 (Repeater)、橋接器 (Bridge)、路由器 (Router)、閘道器 (Gateway)、數據機 (Modem)。

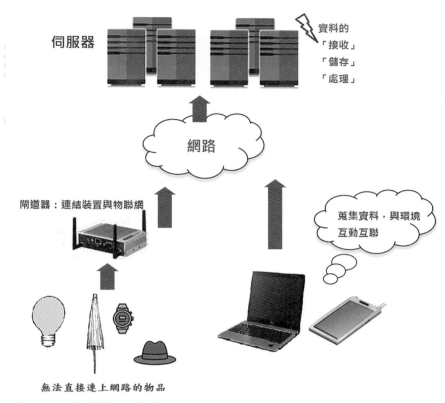

伺服器

資料的
「接收」
「儲存」
「處理」

網路

閘道器：連結裝置與物聯網

蒐集資料，與環境
互動互聯

無法直接連上網路的物品

■ 圖 1.4-2　物聯網三大裝置

　　以三項通訊協定，透過網路可以將各種資料傳輸到伺服器：SOAP、HTTP 和 Socket。

　　SOAP 譯「簡易物件通訊協定」，英文全名 Simple Object Access Protocol，是一種以 XML 為基礎的通訊協定，作用是編譯網路服務所需的要求或回應後，再將編譯後的訊息送出到網路，簡單來說就是應用程式和用戶之間傳輸資料的一種機制。HTTP 譯為「超文本傳輸協定」，是全球資訊網的數據通信的基礎，英文全名 Hyper Text Transfer Protocol。是一種用於分布式、協作式和超媒體資訊系統的應用層協議。Socket 則是兩個互相溝通的程序之間的任一端點，兩個程序可同屬一電腦系統之內，或分屬於兩個不同的電腦系統透過網路來溝通。目的在於網路應用程式設計者不需處理網路下層 (傳輸層、網路層) 的工作，而專注於其本身 (應用層) 的程式設計。

伺服器接收資料後的處理架構，可以分成以下步驟：

第 1 步 透過網路接收多個通訊協定互動傳輸的資料。

第 2 步 進行資料處理。

處理資料分兩種：

1. 批次處理：批次處理是以一定的間隔處理儲存資料的方法。一般而言，資料會暫存於資料庫，過一段時間後，從資料庫取出來進行處理。批次處理重點在於把所有的資料處理完畢，因此當儲存資料累積增大時，就必須提升執行處理的終端設備效能。常用的技術有使用分

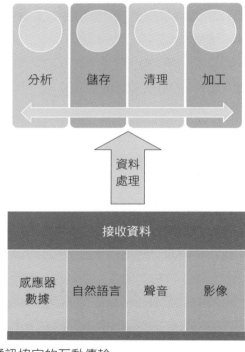

■ 圖 1.4-3 多個通訊協定的互動傳輸

散式技術的 Apache Hadoop 和 Spark。

2. 串流處理：相對於批次的先暫存後處理，串流是即時處理資料送到處理伺服器的數據。金融圈流行的程式交易就是串流處理，當下的資料即時反應出什麼訊號，買或賣必須馬上反應。常用的資料庫技術有 Apache Storm 和 Spark Streaming。

Hadoop/Spark 這一型的資料庫軟體是伺服器型。Hadoop 資料儲存技術稱為 MapReduce，Spark 則是 RDD (Resilient Distributed Datasets) 技術。在批次處理上，Hadoop 可以控制多台伺服器的 Hadoop 節點，管理分散於多台機器節點的存取資源。MapReduce 實際上由三種處理元素構成：Map、Shuffle、Reduce。簡單地說，MapReduce 類似把 100 個國家的錢，依照紙鈔硬幣面額加以對應分類，再整合計算。MapReduce 的處理流程需要把資料存入硬碟。RDD 是把資料儲存在記憶體上，不需要硬碟，而且 RDD 不需要把資料寫入，所以處理結果會顯示在新的記憶體區塊上，處理速度快上許多。

最後就是把資料存進資料庫，這點我們就不贅述。基本上，資料處理階段的分析，可以是資料庫查詢，也可以是統計或機器學習，只要資料庫具備這些工具。多半資料庫軟體的工具是以資料管理為主，或許機器學習的工具多一點，但是，不會有太精細的統計工具。Spark 的資料分析工具箱比較多。如果資料庫軟體本身無法進行這些精細分析，我們就可以透過 R/Python 讀取資料庫的資料，取出來作批次分析。

本書架構設想的是，提取資料再做分析，不預設直接在資料庫上工作。我們的重點是「數據」。物聯網資訊概論的內容就不多說了，免得喧賓奪主。後面的章節，就是假定資料取得後的作業。重點必須放在解析。

在進入正式學習之前，請記得用智慧城市的概念，類比一個物聯網架構下的企業：以資料科學為基礎的決策模式，目標是讓企業變聰明。

1.5 資料驅動？別鬧了！數字不會說話

意義探勘 (Meaning Mining) 是資料素養中很重要的一塊，任何資料科學方法都是在使用演算法從資料中提取資訊。所謂的數據或大數據解析，事實上就是測量資料。上市公司的財務報表會計、損益表、現金流量與資產負債裡面提供的比率，就是對於公司財務健全的測量。醫院健康檢查的結果，就是對人體健康狀況的測量。血壓高過多少是偏高？肝指數惡化，因為高於標準值。統計學用平均數測量資料的中央趨勢，用四階動差測量資料分布的特徵。金融市場有種種的指數，好比台灣加權指數、美國道瓊工業指數、大陸上證指數等等，都是對整體股市狀況給予一個測量指標。

坊間很多書或演講，都在強調數據分析的資料驅動 (Data Driven) 性質，也就是企業資料流程的演算自動化。企業資料流程就是本書所謂的：

排序 → 分類 → 預測 → 決策

有些東西資料驅動很方便，也行之有年。例如：生物辨識應用的 App 登入和身分識別。但是，商業資料的資料驅動往往沒這麼簡單，因為資料本身蘊含商業組織和管理的複雜性。以音樂專輯 (Album) 資料為例，其資料如下圖 1.5-1

	A	B	C	D	E
1		Sales	Adv_spending	Number_airplay	Attraction
2		330	10.256	43	10
3		120	985.685	28	7
4		360	1445.563	35	7
5		270	1188.193	33	7
6		220	574.513	44	5
7		170	568.954	19	5
8		70	471.814	20	1
9		210	537.352	22	9
10		200	514.068	21	7
11		300	174.093	40	7
12		290	1720.806	32	7
13		70	611.479	20	2
14		150	251.192	24	8

■ 圖 1.5-1

銷售量 (Sales Volume, 10^3) 對廣告支出 (Adv, 10^3 US$)、空中播放數 (airplay, 10^3) 和吸引力 (attract) 的歷史資料迴歸結果如下：

Sales	=	-26.61	+	0.08 Adv	+	36.37 airplay	+	11.09 atrract
t-ratio		17.35		12.26		12.12		4.55
p-value		0.000		0.000		0.000		0.000
$R^2 = 0.66$								

我們先回答三個問題：

問題 1. 係數 0.08 的數字對應關係，如何解釋？

0.08 指：其他條件不變，平均上，廣告支出相對增加 1 單位，銷售量會相對增加 0.08 單位。另外，所謂的相對增加是指相對平均廣告支出和相對平均銷售量。

問題 2. 承上，對行銷決策意義何在？

承上，若廣告支出相對增加 1,000 單位，銷售量會相對增加 80 單位。故可以視目標，增加行銷預算。

問題 3. $R^2 = 0.66$ 是什麼意思？

66% 是指，被解釋變數 (銷售量) 相對其平均數的變異 $(y - \bar{y})$，有 66% 能被「解釋變數 (廣告支出等三個自變數) 相對其平均數 $(x - \bar{x})$ 的變異」所解釋。

接下來為了視覺化方便，我們將迴歸簡化為兩個變數：先將 airplay 和 attract 的影響扣除，然後單獨檢視雙變數關係。如下表，p-value 呈現出無庸置疑的統計顯著性：

Sales	=	146	+	0.08 Adv
t-ratio		27.16		12.17
p-value		0.000		0.000
$R^2 = 0.43$				

下圖 1.5-2 是音樂專輯 (Album) 銷售量對廣告支出的關係，我們畫上迴歸直線和專輯編號以輔助檢視：

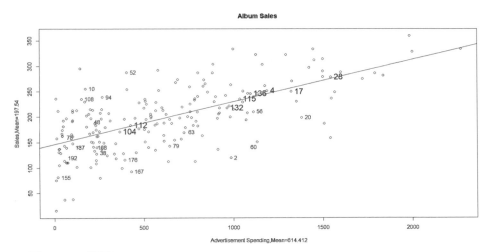

■ 圖 1.5-2　迴歸

　　承前三個問題的說明，我們進一步追問三個問題：

問題 4. 請問編號 112、編號 167 和編號 52 的專輯，前述問題 2 的回答，有無問題？

　　由圖 1.5-2 可以很清楚地知道，前述問題 1 的數字對應關係，是指這條線的斜率。有不少專輯環繞這條直線，但是也有不少專輯離之甚遠。基於線性迴歸，我們假設一個信賴區間，因此，可以仿這條直線斜率，畫出通過編號 167 和編號 52 專輯的平行線。然而，檢視三張專輯的 Y 軸 (銷售量)，可以知道平行線的推論，不是很可靠。也就是說，這個迴歸結果用於問題 2 的行銷預算決策，會有不少誤差。

問題 5. 如果要推出新專輯，這筆資料對行銷決策有何幫助？

　　迴歸的簡化結果，幫助不大；有幫助的是資料散布。例如：我們可以訂定目標行銷量，例如：Sales = 200，Y 軸 = 200 處畫一條水平線，可以發現，花費區間從幾千，到十幾萬 (1500 單位) 都有，與迴歸線相交於 950 單位附近。因此，可以確立一個預算區間：{10, 950}。這個時候，純數據的想法，或許可以取中位數，約 500 單位。

　　但是，後續問題很快發生了：在 X 軸 = 500 處畫一條垂直線，就會發現，這樣的預算支出，過去產生的結果很多；如銷售量接近 300 的專輯編號 52，或銷售量低於 100 的專輯編號 167；平均上，銷售量落在 180，低於目標銷售額。

　　這意味資料的 R^2 不夠高，也就是說，即便一個顯著的估計係數，R^2 不足，對決策應用都沒有太大幫助。當然，如果這家公司 (國營企業) 不在乎成本效率，這些分析都沒用。

問題 6. 面對以上狀況，資料分析團隊的下一步是什麼？

　　資料分析團隊可以擴充專輯資料屬性的蒐集。例如：除了以上三個解釋變數，可以將專輯的特徵給予描述，如主唱人和作曲人的特徵 (受歡迎度、性別、資歷等等)、專輯發行時的環境特徵 (發行時機的景氣、流行文化)，以及曲風 (搖滾、抒情等等)。透過擴大資料維度 (變數增加) 來掌握專輯差異特性，這就是大數據的本質之一。也就是說，我們需要有意義的數據，可以協助我們掌握資料差異，有利分類。依此例，就是濃縮預算區間；例如：當我們有更多的數據時，{10, 950} 的預算範圍或許可以縮小成 {340, 560}。

　　這樣的數據，我們還有進一步的思考，也就是：基於何種行為假設？承問題 6 的說明，我們假設每一張專輯的 {銷售量，行銷支出} 組合都是效率結果，也就是說每一個專輯銷售的專案執行都是最佳結果，沒有任何執行疏失或決策錯誤。

　　對於這筆資料，除了統計迴歸途徑，另一個可以使用的方法是「效率前緣」，如圖 1.5-3，圖中的上緣曲線就是效率包絡線，代表了內部所有專輯的效率目標，也就是說，內部任一專輯，都可以有兩條改革之路：

　　向左走 (銷售額不變，廣告支出極小化)，或
　　向上走 (廣告支出不變，銷售極大化)。

　　因此，是否可以檢討效率低的個案？就是從 X 軸畫垂直線，找出極端

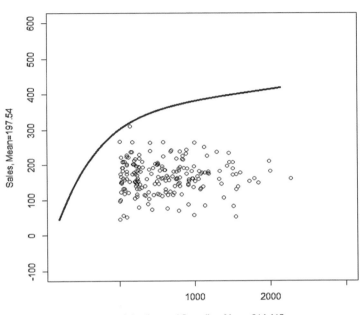

圖 1.5-3　效率前緣法

的個案，獲取改善 (革) 的契機。這樣，就是透過數據，進行個案研究。當然，這不只是數學問題而已，還有複雜的企業管理和商品競爭等問題。

　　此處我們利用一筆資料，兩種途徑 (迴歸和效率前緣) 解釋了資料對決策的意義。就資料分析的本質而言，只要資料涉及的活動能夠定義清楚，則方法的使用就會很簡單，自動化沒有問題；例如：金融交易資料。但是，如果資料涉及的活動是複雜的，那麼工具導向的決策，或許還更需要精鍊，例如：經濟數據。

　　商業資料的複雜度高，因為涉及消費群眾和市場與社會的互動行為，和生物辨識的 {訊號輸入 → 處理} 的資料驅動應用不同。更精準地說，要化約成精簡的資料驅動應用，資料的完善與成熟程度必須要夠高。對企業決策的資料解析而言，這還有一段路要走。

　　除了行銷，我們再看另一個經濟成長的數據，下式是著名的 Harrod-Domar 成長模型，它指出了一個投資和經濟成長的簡單關係：

$$\frac{\Delta \text{GDP}}{\text{GDP}}_{i,t} = a + b \frac{\text{I}}{\text{GDP}_{i,t-1}}$$

　　這個關係式指出了經濟成長率 (Y) 和投資率占 GDP(X) 的關係 (b)，日後經濟學家依此提出了融資缺口原理 (Financing Gap Approach)，也就是要提升落後國家的經濟成長，就要提高投資占 GDP 的比率，如果這個國家投資不足，就採用援助的方案注入資金。Harrod-Domar 成長模型衍生的融資缺口原理，實證上幾乎全軍覆沒，無一成功。

　　我們由 PWT (Penn World Table) 的官方資料，製作出圖 1.5-4。對照行銷上例，讀者是否可以討論一番，是迴歸分析適合？還是效率前緣？

　　迴歸的結果適用於直線周遭的國家，若想順這條線增加經濟成長，或許可以使用比例原則。但是，對於外圍的國家，如剛果 (Congo)，問題可能在於檢討其投資效率問題。投資效率低下，是因為制度不良？還是誘因失靈？迴歸只是數據間的對應關係，對於將之視為因果關係制訂政策，強行提高投資率，如同揠苗助長，中間是空的。

　　這個案例就說明了什麼是複雜的經濟數據。這個案例可討論的問題很多，但需要一些進階經濟學的訓練，我們就此擱下。

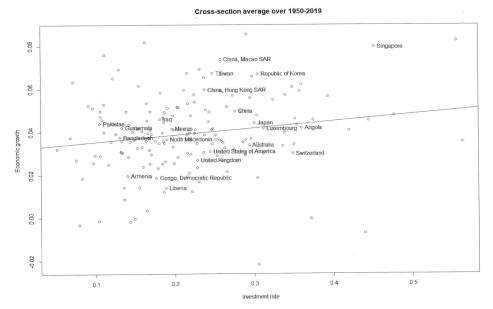

■ 圖 1.5-4 Harrod-Domar 經濟成長模型的資料散布圖

1.6 本書安排

　　「統計學」和「資料探勘」各有其優化資料分析的方法論特色。統計學以變異數分析 (ANOVA) 為基礎，相對較重視估計和檢定，由漸進上 (Asymptotically) 的收斂性質，達到估計和檢定之優化；資料探勘則在資料結構 (Data Structure) 中搜尋，將資料的分類予以優化。講起來雖不同，但是都是為了一件事存在，就是對異質性資料進行「分類」以取得同質的子資料群 (Data Subgroups)。緣起於此，本書之道，以「分類」貫之。學過統計學最好，有助於學習效率；忘了也沒關係，我們會帶你複習核心的意義。都沒學過？也要接觸過 Excel 的樞紐分析。

　　解析型企業是一個實踐性強的概念，不是嘴巴講講就了事。本書接下來的九個講次以方法為經，思維解析為緯。盡可能用淺顯易懂的語言講解方法技術層次的原理，每講次開頭會用一個 Box 來介紹世界上企業的資料解析案例，這些案例和講次的方法沒有關聯，主要在介紹企業實際上如何透過資料分析解決問題和決策重點；每講次都有 R 程式實作範例；最後結尾一節用「提審大數據」討論「思維」，會有一些反省和思考問題，但不會有答案。

神奇藏在細節裡。數據解析要做得細，但是不要瑣碎，做久了就會知道分際何在。本書用「分類」去貫通資料分析的方法，方法論原理在於：透過「分類」做「比較」和「預測」。主要原因有二：

第一，是因為當資料庫變大了，資料變多了，我們對資料的檢視就必須做分類。例如：1 百筆交易資料和 10 萬筆交易資料都用平均數看嗎？分類可以揭露更細的資訊，例如：10 萬筆交易資料可以依照金額排序後，分類成高額交易至低額交易的多個區間，這樣就可比較不同交易額度的性質。

第二，資料探勘直接把多筆資料分類，統計方法的本質也是分類，只不過是用平均數或中位數為分類基準。統計使用偏態和峰態也是分類基準，比較不同分類數據的偏態和峰態。透過分類認識方法，再解讀結果，有助於簡化演算的繁瑣數學。

不管分類演算有幾種方法，原則都是**排序**，排序之後就可以做簡單分類。例如：我們要分析 1 萬個人。利用所得資料排序，可以分成高所得、中高所得、中所得、中低所得和低所得五個區間。這 1 萬人還可以怎麼分？依照性別、依照戶籍地、依照身高、婚姻狀態、學歷、工作年資……這是第一種分類方式。

第二種分類方式就是 1 萬個人背後的上百個數據，彼此間組成一些像加權指數一般的變數，用這些指數來排序與分類。這就涉及到模型演算，也就是本書的主題。任何的分類都會遇到三不管地帶，也就是無法歸類的一群，此時我們就需要使用特定的數學方法擠出差異並歸類。透過這樣學習，讀者應該可以掌握七八分。所以，數據解析一點也不難。

最後，要厚實企業的數據解析能力，對於被測量的主體 (也就是企業)，要視為如生命體一般地去理解它的運作，所以，主體知識就很重要。面對數據要能體會欄位記錄的是企業哪一個部位的活動。本節提供幾個長期培養測量的自我訓練。

1. 如果對金融市場還算熟悉，那麼對於財報所揭露的比率數字，要弄懂分子分母的數字，記錄了什麼樣的活動，兩者相除的比率，為什麼有特定涵義。坊間出版的財報書都可以閱讀，實務性強的書籍，可以參考「財報狗系列」。

2. 對於學過統計的人，建議精讀一本書：*How to Measure Anything?*，中文翻譯為《如何衡量萬事萬物》，經濟新潮社出版。這本書講述了很多如何觀察事務，以及如何用簡易的數據原理就可以計算資訊指標，其背後複雜的抽樣原理，作者都能鮮活地講解。

3. 對於經濟行為分析，與認知心理學結合的商業知識，例如：《快思慢想》、《推力》等等，都應該精讀。這些書寫得都不會很硬，重要不是翻完，而是慢慢讀，細細體會。

4. 對於預測 (Prediction)，推薦書是 Nate Silver 的 *Signal and Noise*，中譯《精準預測》，這也是一本值得精讀的書。作者是芝加哥大學經濟系畢業，擅長蒐集資訊提出測量，書中對於棒球、金融和地震與氣象的預測問題，有精闢的解說。讀完此書，可知商業智能如何可由數據解析學習而來。

再進階的訓練，就是 Sanjoy Mahajan 寫的 *The Art of Insight in Science and Engineering* (MIT Press)。作者是 Franklin W.，Olin College of Engineering 應用科學與工程學系副教授，此書副標是 *Mastering Complexity* (掌握複雜)。書中有很多例子和問題，作為啟發測量的心智很有幫助，但是，不少篇幅適合學過數學的人。入門可以讀第 4 章 Proportional Reasoning (比率推理) 和第 7 章 Probabilistic Reasoning (機率推理)。最重要的是作他設計的作業，會一題算一題，受用無窮。

第 2 講

掌握資料的統計性質
──分布

Walmart 的大數據快打部隊

　　大數據案例中最有名的就是 Walmart 的「尿布和啤酒」。Walmart 曾是世界上收益最高的大公司，有散布世界 30 多國的 2 千家賣場，聘僱近 2 百萬員工。Walmart 或許是世界上最早從數據解析獲得商業價值的公司，尤其在 2004 年颶風 Sandy 侵襲美國之後，對於急難救助設備和藥品的高需求，凸顯了預測分析的重要。

　　Walmart 這種大賣場型的零售業，是典型的超級市場，每天把數以萬計的商品賣給成千上萬的消費者。因為消費者在此處買不到他要的，就很容易轉往別家賣場，所以，除了商品競爭，還需要在顧客服務上競爭，也就是便利性。因此，它的決策目標就很清楚：1. 透過顧客交易資料，了解商品特徵的衍生需求；2. 衍生需求屬性的分類及設計促銷方案。

　　2011 年 Walmart 開始大數據布局，先成立了 @WalmartLabs 和 Fast Big Data Team，也就是大數據快打部隊。大數據快打部隊總部設在阿肯色州，在此，小組成員每天透過掌握 200 條數據串流，分析全世界的即時 (Real-time) 資料，包括上週累積的 40 PB 數據，這個數據戰略也稱為資料咖啡 (Data Café)。

　　Walmart 的銷售績效和即時分析息息相關，一位內部的資深統計學家說：「如果需要一星期或更久，才能從資料中找出問題和解決方案，那我們就輸定了。」Walmart 的工作模式是以數據為中心的解決方案，快打部隊不是單獨工作，他們對公司內部所有部門開放，任憑部門提出各種問題，他們從數據中獲得參考答案，然後共同思考解決方案。

　　Walmart 的中央資訊系統掌握了各地的上架貨物狀況，可以透過需求預測，來配置各地賣場的庫存。如果發現哪一間賣場存貨不足以滿足需求，就會即時發出警訊。這種問題最常出現在特別節日或大型活動舉辦時期。Walmart 還推出 Shopycat 服務，專門在社媒中挖掘顧客的朋友關係和消費模式的關聯，據此，他們開發出自己的搜尋引擎 Polaris，Polaris 可以分析檢索 Walmart 網頁的模式，利用數據，優化商品搜尋結果。

Data Café 的資料量相當大，根據官方文件，最近 2 週的交易資料就有 2,000 億列 (rows)。除了交易資料，還有至少 200 個開放資料源，例如：氣象、經濟、電信、社群媒體、天然氣價格，以及各賣場附近將舉辦的活動資訊。零售超市是高度競爭的產業，因此，透過數據協助解析顧客，藉以提升競爭優勢，是一個堪比軍備競賽的行動。Walmart 也發現他們和阿里巴巴與 Amazon 的不同，他們發現除了習慣於送貨到府的消費者，更多顧客喜歡親自開車來逛賣場，而他們就是這一塊的霸主。

技術面來看，像 Walmart 這一類的公司，資料倉儲技術就很重要。2011 年開始採用 Hadoop 的分散技術，但很快就不敷使用。為了更靈活管理儲存前的資料以及分析數據，Spark 和 Cassandra 系統也引入使用，數據分析則採用 R 語言和 SAS 系統。

Walmart 企業官網：https://www.walmart.com/

資料統計分析的第一步是對資料排序，排序後分析其特性，而分布 (Distribution) 是統計學排序資料與分析的基本方法：把原始數據排序置放於 X 軸，然後，分割成一段一段的間距 (Bin)，計算每個間距內有多少個數，將之標注於 Y 軸。

　　如圖 2.0-1 就是 5,000 筆數據分布的雛形。圖中的直方圖 (A) 是原始資料，Y 軸是相對個數；另一個直方圖 (B) 則是內嵌一個常態分布曲線，Y 軸則是其密度值。這一講，我們介紹如何透過分布圖檢視資料的性質，也就是所謂的四階動差：平均數、變異數、偏態和峰態。

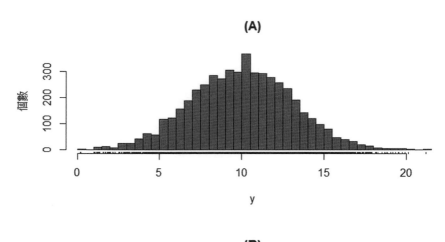

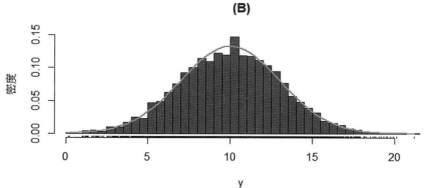

■ 圖 2.0-1　資料分布

1. 平均數是資料的中央趨勢。
2. 變異數是資料偏離平均數的程度。
3. 偏態表示資料為左偏還是右偏，不偏就是 0。正偏的數據有比較長的右尾，負偏的數據有比較長的左尾。
4. 峰態則是資料兩個尾部極端的集中度，指出資料分布於尾部 (tail) 的程度。峰態大於 3，則資料有較高的凸頂 (Peakness)，和左或右其一有資料群集厚度。

　　四階動差是測量分布特性的四個摘要指標，類似一個人的健康檢查報告，透過四階動差的解讀，了解數字分布的特性。本講次會逐次解說四階動差的意義，說明分布如何協助我們從資料中取出重要資訊。

2.1　資料分布的前兩階動差——平均數和變異數

平均數 (Mean)

　　平均數在資料分析上的應用相當普遍，日常生活中常常使用平均數做預測的判斷基準。例如：大雄每天到師大路自助餐買午餐，以過去消費經驗，他知道在 11 點半到店裡，大約只要等 12 分鐘就可以買到，這個就是平均數，也作為期望值的概念。透過長期的等候經驗累積時間數據，大雄得出平均數的結果為 12 分鐘。

　　以下的幾則新聞，都是使用平均數的概念去呈現：

1. 郵局存款 5 年平均每戶多 2.5 萬 (聯合新聞網，2016/11)。
2. 青年失業率高新鮮人待業平均 2.6 個月 (自由時報電子報，2016/10)。
3. 農曆年首度萬點封關，雞年每戶股民平均賺 34 萬 (聯合電子報，2018/2/12)。

　　上面這些新聞資訊，使用了問卷調查 (如平均待業) 和實際數據 (如郵局存款) 等方法去衡量，其中獲得的平均數資訊，可用於不同觀察值的相對比較，例如：今年夏天均溫為 60 年以來最高，是比較「60 年」中每年夏天的平均高溫。平均數的計算方式如下：

平均數 = 觀察值加總 / 觀察值個數

以單一年度夏天的平均溫度來說明，我們參考表 2.1-1，依照 6 至 10 月的平均氣溫，2015 年夏天的平均溫度為 28.24 度。

● 表 2.1-1　2015 年各月份平均氣溫

月份	6 月	7 月	8 月	9 月	10 月
平均溫度	30.0	30.0	28.6	27.4	25.2

資訊來源：中央氣象局。

$$28.24 \text{ 度} = \frac{30.0 \text{ 度} + 30.0 \text{ 度} + 28.6 \text{ 度} + 27.4 \text{ 度} + 25.2 \text{ 度}}{5 \text{ (個月)}}$$

標準差 (Standard Deviation)

設想另外一個情境，近年全球溫度變化相當劇烈，我們現在有兩個年度的夏天各月份的溫度資訊，2025 年的夏天平均溫度與 2015 年是相同的，如果只看平均溫度，則會出現「兩年度的夏天溫度沒有變化！」的結論。但在溫度的變化趨勢，兩個年度中每個月份卻差異甚大，單純用平均數無法比較出兩年溫度資訊的差異。

● 表 2.1-2　兩年度各月份平均氣溫

月份	6 月	7 月	8 月	9 月	10 月	夏天均溫
2015 年平均溫度	30.0	30.0	28.6	27.4	25.2	28.24
2025 年平均溫度	34.0	38.4	29.5	22.0	17.3	28.24

全距 (Range) 可以協助我們初步觀察到資料的離散情況，它的概念是將

資料分布中最大值減去最小值。比較一下兩個年度的全距值，2025 年的高低溫差異顯然高出 2015 年許多，顯示氣溫變化的強度。

全距 = 最大值 − 最小值

- 2015 年夏季氣溫全距 = 30.0 − 25.2 = 4.8
- 2025 年夏季氣溫全距 = 34.0 − 17.3 = 16.7

全距是以高低值兩個觀察點來看資料，較為籠統。要進一步納入每個月份的氣溫差異狀況，這個時候我們就必須用標準差來輔助呈現。

標準差 (S) 測量樣本內每筆觀察值與平均數的相對差距，藉以了解我們這批資料「以平均數為中心」的離散程度。測量的公式如下：i 為樣本內的各個觀察值，分別找出每個觀察值與平均數的距離後加總，再除上觀察值個數 (減去 1)。其中 n 代表觀察值的個數。

$$標準差 S = \sqrt{\frac{\sum_{i=1}^{n}(觀察值 - 平均數)^2}{觀察值個數(n) - 1}}$$

【提醒】Σ 代表加總的運算

變異數 (Variance) 同樣是用來衡量樣本內資訊差異程度的測量數，與標準差只是平方根的差異。透過平方根，標準差將單位變成與原資料的單位一致。

$$變異數 S^2 = \frac{\sum_{i=1}^{n}(觀察值 - 平均數)^2}{觀察值個數(n) - 1}$$

以前例的夏季平均溫度來說明，兩個年度的夏季平均溫度都是 28.24 度，但每個觀察值 (每個月份) 都與我們的 28.24 度有不同的距離差異，我們就需要計算出兩個年度的夏天氣溫變異數來比較。

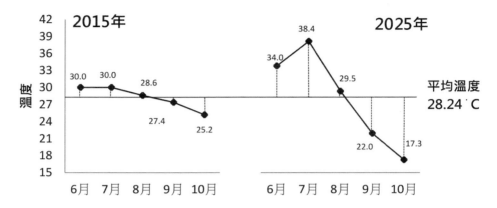

■ 圖 2.1-1　夏天溫度分布情況

$$S_{2015} = \sqrt{\frac{(30.0-28.24)^2 + (30.0-28.24)^2 + (28.6-28.24)^2 + (27.4-28.24)^2 + (25.2-28.24)^2}{5-1}} = 2.02$$

$$S_{2025} = \sqrt{\frac{(34.0-28.24)^2 + (38.4-28.24)^2 + (29.5-28.24)^2 + (22.0-28.24)^2 + (17.3-28.24)^2}{5-1}} = 8.61$$

當標準差愈大，代表樣本內的資訊差異性愈大

　　兩相比較之下，我們可知道 2025 年夏天溫度的離散程度明顯高出許多，我們也可得到 2025 年的氣溫遽變程度是相對較高的結論。資訊離散程度的高低，也會影響我們進行預測。當資料離散程度愈大，則我們用平均值來判斷資訊的實際狀況，不準確率也可能提高，例如：要預測 2025 年的夏天溫度，平均溫度的參考度就相對較低。

2.2 描述資料中央趨勢的兩組方法

　　統計學用中央趨勢來描述整體資料的散布狀態，有兩組中央趨勢：平均數和變異數一組，中位數和四分間距一組。顧名思義，中央趨勢就是要看看是不是多數的觀察值都向它靠攏，也就是代表性問題。以平均數和標準差為例，如果有代表性，若要檢定兩組數據是否一樣，就可以使用兩個平均數相減的標準化，執行獨立樣本 t 檢定。

2.2-1 平均數和標準差

假設我們要分析某餐廳日營收資料 (單位，千)，變數代號為 X，期望值符號是 EX。圖 2.2-1 是把原始資料放在 X 軸排序，然後劃出中間的平均值，展開範圍依照標準差的倍數，一般取 2 倍：

平均數 $\pm 2 \times$ 標準差

圖 2.2-1 水平線包含的 X 軸觀察值個數，理論上應該有 95%，但是實務上可以放寬一些，以 90% 來看。如果這樣的展開能涵蓋 5,000 個觀察值的 9

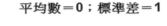

平均數＝0；標準差＝1

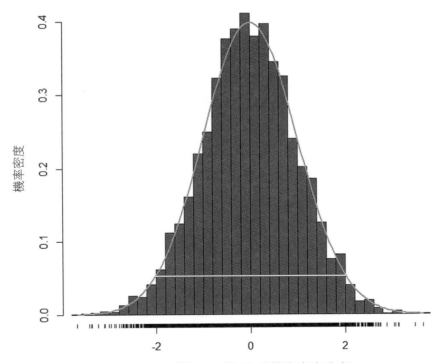

■ 圖 2.2-1　標準化後的餐廳日營收直方圖 (內嵌機率密度分布)

成，那麼這一組中央趨勢有代表性。

2.2-2　中位數和四分位距

社群網站 Facebook 的創辦人兼執行長 Mark Elliot Zuckerberg 出生於 1984 年，目前 30 歲出頭，在台灣應該算是年輕族群。我們不知道他的收入到底有多高，但是如果他移民台灣，他的高收入很可能讓年輕族群的平均薪資停止倒退，說不定平均月薪還會因此破數十萬，如圖 2.2-2。由於 Facebook 執行長的加入，促成年輕族群的月薪平均值向上激增，然而實際月薪真的有變高嗎？答案當然是否定的，這個例子簡單地表現出平均數受極端值影響的特性。

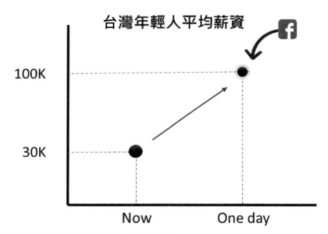

■ 圖 2.2-2　平均薪資被極端值造成的影響

中位數的概念 (Median)

與平均數相比，中位數則是可降低極端值影響的資料判讀資訊。顧名思義，中位數就是在一筆資料中，在中間位置的觀察值，它就是分隔點，將資料切成兩等分，中位數的左右兩側各有 50% 的觀察值。試想，普通的受薪階級在台灣社會中占絕大部分，即便 FB 的 CEO 移民來到台灣，雖然多了一個人使中位數有所位移，但對於年輕人所得水準的判斷也不致影響太大，如圖 2.2-3。

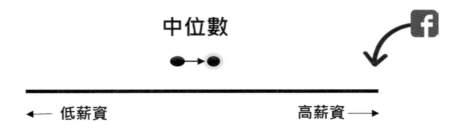

■ 圖 2.2-3 中位數被極端值造成的影響

我們從上述的例子就可發現，要找出中間位置的觀察值，首先要做的就是將資料排序。排序後我們才可進行中位數的判斷。若是樣本內的觀察值為單數，譬如說有 5 個觀察值，中位數就是排序第 3 的觀察值；若樣本為偶數，譬如說有 6 個觀察值，則中位數則是以排序第 3 及第 4 位置的觀察值平均而得。

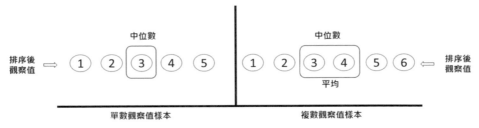

■ 圖 2.2-4 找出中位數的概念

舉例來說，兩次的抽樣，個別抽出五位及六位年輕人，將資料排序後，則可找出兩次樣本的中位數。

【範例一】因為觀察資料為單數，故選取中間位置的觀察值為中位數，故為 27,650 元
【範例二】因為觀察資料為複數，選取中間兩個觀察值的平均數，故中位數為 (27,650 + 29,350)/2 = 28,500 元

範例一	範例二
五位年輕人的薪資	六位年輕人的薪資
23,500	23,500
24,750	24,750
27,650	中位數 27,650
29,350	29,350
33,200	33,200
	34,000

四分位距 (IQR, Interquartile Range)

四分位距 IQR，是將樣本觀察值，分為四等分後所作的後續分析。以前述的例子來說明，當我們知道台灣年輕人的薪資中位數為 3 萬元後，如何去了解有多少年輕人的薪資與 3 萬元的水準差不多，則可透過四分位距的判讀來協助。四分位距是由第一分位數 (Q1)、中位數、第三分位數 (Q3) 所組成，中位數在前述已說明過，而 Q1 及 Q3 則是在資料中占第 25% 及 75% 位置的觀察值。

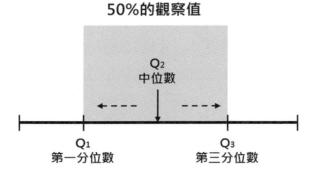

■ 圖 2.2-5　中位數的分布狀況

四分位距 $(IQR) = Q3 - Q1$

四分位距所代表的內涵是在觀察資料中間 50% 的觀察值分布情況，也可表現出資料離散程度，若以兩樣本觀察，IQR 數值愈大，則相對離散程度較大，例如：

【情境一】Q1 薪資是 1.2 萬元、Q3 薪資為 7.5 萬，代表有 50% 的人薪
資在 1.2 萬至 7.5 萬之間

【情境二】Q1 薪資是 2.2 萬元、Q3 薪資為 3.5 萬，代表有 50% 的人薪
資在 2.2 萬至 3.5 萬之間

相比之下可以知道情境二的薪資水準較為集中。而我們也可利用 IQR 作為把資料內的極端值 (Outlier) 排除的依據。若判斷出 FB 的 CEO 薪資為極端值，就能將它從樣本中排除，對於資料的分析相當重要，無論在平均數或中位數的計算。排除極端值後，在後續年輕人薪資水準的計算及後續預測上都會增加準確度。而利用四分位距的離群值運算則可提供資料的合理水準範圍 (籬笆)，在籬笆外的觀察值，我們就可判斷它為極端值。

(籬笆上限, 籬笆下限) = (Q1 − 1.5 × IQR, Q3 + 1.5 × IQR)

一般常用來表現中位數與 IQR 資訊的圖形為盒鬚圖，盒鬚圖也呈現了最大值與最小值，並排除極端值資訊，對於掌握手邊資料狀況是個相當好的圖形工具。

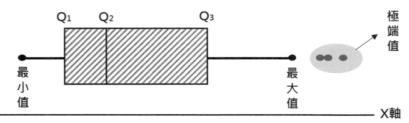

■ 圖 2.2-6　盒鬚圖呈現的 IQR

2.3　資料分布的另外兩個動差

坊間一些對於偏態 (Skewness) 和峰態 (Kurtosis) 的解說，因為隱晦不明，多半會誤導理解。兩者的測量，是針對常態分布的差距。也就是說，這筆資料偏離常態的現象，在偏態和峰態各有什麼特性。偏態和峰態的計算公

式如下：

$$偏態 = E\left[\left(\frac{X - EX}{\sigma}\right)^3\right]$$

$$峰態 = E\left[\left(\frac{X - EX}{\sigma}\right)^4\right] - 3$$

　　常態分布時，偏態 = 0，代表不偏，也就是左右對稱且峰態 = 3。所以，峰態減去 3 代表數據偏離常態分布的程度。如前所述，偏態用來測量資料左偏 (或稱負偏) 還是右偏 (或稱正偏)，不偏就是 0。右偏的數據有比較長的右尾，左偏的數據有比較長的左尾。峰態則是資料兩個尾部極端的集中度，指出資料分布於尾部 (Tail) 的程度。如果峰態大於 3，則資料有較高的凸頂 (Peakness)，以及在左或右有資料群集厚度。圖 2.3-1 和圖 2.3-2 分別為左偏圖和右偏圖，讀者應可快速了解。

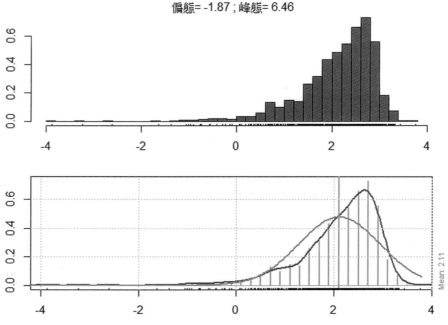

偏態= -1.87；峰態= 6.46

■ 圖 2.3-1　呈現左偏且為高峰態

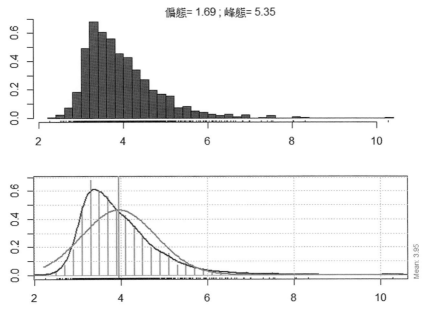

■ 圖 2.3-2　呈現右偏且為高峰態

偏態和峰態只是一種測量資料性質的方法，看公式就知道。偏態的計算有 3 個步驟：

第 1 步　樣本標準化，$\dfrac{X - EX}{\sigma}$。這樣可以把資料和期望值 EX 比較，並將數字除以標準差，這樣可以把資料尺度化 (Scale) 為指標。

第 2 步　3 次方，$\left(\dfrac{X - EX}{\sigma}\right)^3$。取次方，是要擴大它的測量範圍，取 3 可以正者恆正，負者恆負。

第 3 步　取平均，$E\left[\left(\dfrac{X - EX}{\sigma}\right)^3\right]$。取平均可以簡化測量。

所以，如果 EX 右邊的觀察值不但多且大於 EX 左邊的觀察值，那麼平均起來就會是一個正數。一些數據分析者把 $-1 \leq$ 偏態 ≤ 1 視為 0，實務上則可以自訂標準。

峰態也是這樣的原理。

第 1 步 樣本標準化，$\dfrac{X - EX}{\sigma}$。這樣可以把資料和期望值 EX 比較，並將數字除以標準差，這樣可以把資料尺度化為指標。

第 2 步 4 次方，$\left(\dfrac{X - EX}{\sigma}\right)^4$。取次方，是要擴大它的測量範圍，取 4 不分正負。

第 3 步 取平均，$E\left[\left(\dfrac{X - EX}{\sigma}\right)^4\right]$。取平均可以簡化測量。

第 4 步 $E\left[\left(\dfrac{X - EX}{\sigma}\right)^4\right] - 3$。常態分布是 3，減 3 用以比較遠離常態多遠。

其實，由計算公式可以知道偏態和峰態都是一個參考值，實際的資料性質還是要看圖。相對於峰態，偏態使用的狀況比較多，同時也隱含了資料是否受偏見 (Bias) 影響？所謂偏見，就是資料的分布有人為因素參雜，例如：記錄婦女從懷孕到生子的期間，一般都是 40 週左右，也就是所謂懷胎 10 月。將資料繪製成直方圖，如圖 2.3-3 可以發現有明顯的左偏，但是，左偏的成因是醫生剖腹生子，因為超過 40 週太多，母子都危險，是人為介入了懷孕週期。因此，我們不能由此認定孕期的真實期間不超過 45 週。這種數據就是偏誤，資料雖反應了記錄的標準，但如果不了解數據產生的機制，就不容易正確地解讀數字。

這類問題統稱為選擇性偏誤 (Selection Bias)，其他類似的例子還有：比較施行手術和不施行手術的存活率。這也是具有嚴重的選擇性偏誤，因為醫

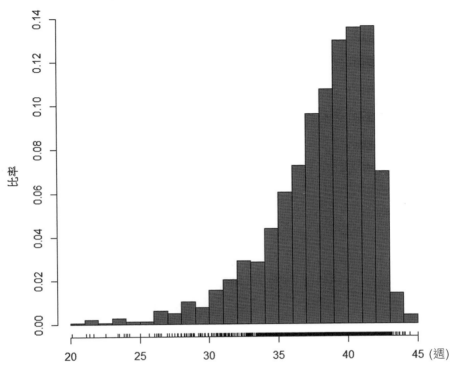

■ 圖 2.3-3　婦女懷孕到生子的左偏圖

生多半會選擇成功率較高的病情施以手術，如果很嚴重時，醫生讓家屬決定，而如果病況嚴重手術成功機率也不高時，多半家屬會決定不動手術，免得家人受苦。所以，我們並不能從數據知道手術是否真的有用。1936 年美國總統大選，羅斯福競選連任，當時 Literary Digest 做的電話民調幾乎一面倒地對羅斯福不滿。問題在於當時裝電話並不普及，以有錢人為主，而有錢人多半反對羅斯福的新政；另外，受訪者中只有 2 成回覆意見，缺少代表性。

　　數據是一個表象，要知道記錄數據的制度是如何運作的，才能正確解讀。

2.4 提審大數據

數據本身的提列和表示都有許多問題，需要好好仔細思考。

第一個問題：不說「大」，如果我們的資料很「多」，那麼數據的分布應該怎麼看？舉例，如果有十億筆交易數據，也是用一組「平均數與標準差」或「中位數與四分位距」來比較嗎？一千筆數據和十億筆數據都一樣嗎？當然不是。如果資料庫大了，資料多了，就必須要分類分群來看四階動差和分布圖。資料大時就會產生相當的異質性，也就是資料的隱性差異性會增加。

想想看，上面懷孕週期的例子，如果有一千萬個婦女的數據，我們可以怎麼解析資料？

第二個問題，除了因為離群值存在導致的問題，平均數和中位數的使用，跟資料分析本身的意義有密切關係。舉例來說，便利超商一年的收益用平均數就比中位數有用。平均數可以幫助還原一年總收益，收益中位數無法知道總收益是多少。因為平均數是有單位的，例如一天多少，一人多少，一次多少；中位數則沒有單位。

因此使用一個度量必須看目的，而不是統計學的道理。我們往往聽到很多人說：資料有大量離群值，所以用中位數比較好。這不全然錯，但是需要知道更多細節。

以下這段報告：「根據台大職業醫學與工業衛生研究所做的『勞工健康風險評估報告』，台灣自 2012 年起，因為罹患職業相關疾病領取勞保給付的人次，每年約 70 至 90 人，平均每 4.8 天就有 1 位勞工領取過勞給付。」想一想「平均每 4.8 天就有 1 位勞工領取過勞給付」是什麼意思？這個問題，從反推原始資料型態就可知道，是什麼樣的數據，讓單位計算出「平均每 4.8 天就有 1 位勞工領取過勞給付」？

數據思考

商業模式的數位挑戰

以人工智能醫療為號召的 IBM Watson Health Care，大規模裁員 (Massive Layoffs)，這些員工為了抗議 IBM 惡意解僱，還成立了 FB 粉絲專頁，呼籲社會一起 Watching IBM (https://www.facebook.com/alliancemember)。IBM 的股價 2017 年突破 180 美元後，就一路下滑，本書截稿時，2018/6/28 跌破 $140；Drawdown 和 SnapChat 一樣慘。

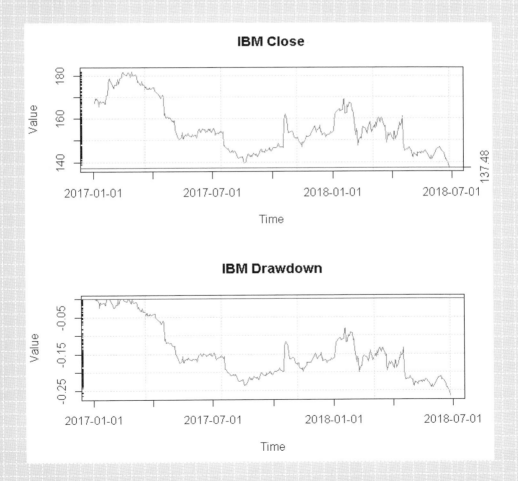

　　進軍人工智慧和大數據的華生，似乎並不順利。這個案例目前不代表失敗，代表了商業模式的數位挑戰。大數據經濟的商業模式是一個充滿挑戰的領域，其中一個問題就在於「關鍵數據是什麼？」例如：如果你是 PChome 的 CDO (資料長)，如果要你提供 3 個關鍵數據說明上週營運狀況是否正常，請問你要提供哪三個數據？

　　另一個問題反著問：如果要你提出三個數據，向 CEO 說明上週營運狀況是否正常，請問你要提供哪三個數據？

　　第一個問題是統計的概念，必須考慮交易數據的測量，如流量和交易量等等商業數據；第二個問題需要換位思考，CEO 是決策者，會想要知道的應包括競爭對手的狀況，此時，要列出競爭對手的平行數據。換位思考是數據決策中很重要的一環，不同的職位，不同的決策，對數據關注度也不同。資料長或數據科學家必須對這類問題有相當程度的理解，不然就變成工具人了。

第 3 講

時間序列的分類分析

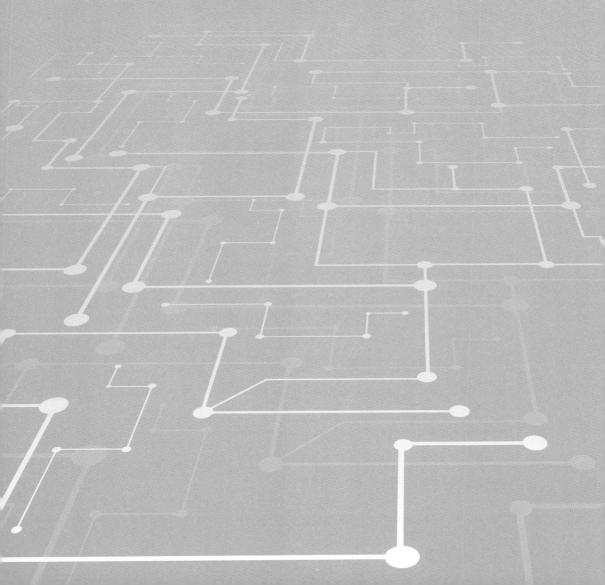

影片流量王 Netflix

　　Netflix (中譯「網飛」) 是提供影音內容的平台商，目前股價約 350 美金上下，Netflix 只有訂閱一種收入，卻創造了極大的規模。2017 年第 4 季的新增訂閱會員破 8 百萬人，美國網路尖峰時段的 1/3 流量由 Netflix 創造，至 2018 年初的統計，Netflix 登錄的會員人數有 1 千 2 百萬人，來自全世界 50 個國家；這些會員的一天收視，超過 1 千萬小時的電視電影節目。如此驚人的流量，Netflix 資料庫自然也記錄了這些數據。然而，讓 Netflix 成為大數據企業的，並不只是有如此巨量的資料，而是它對於這些資料的解析能力。

　　Netflix 的決策問題在於：過去，沒有人知道誰想看什麼，沒人知道製作出來的內容有沒有人要看。當然，有能力蒐集大規模數據的 Netflix，就是要解決這問題。讓網路播放平台內容的供給，銜接全世界的需求個體戶。

　　Netflix 的商業屬性需要如何分析數據？有興趣的讀者，可以去它的徵才網一窺究竟 (https://jobs.netflix.com/)，需要的數據解析人才，不外乎以下技能：內容傳遞 (Content Delivery)、設備 (Device)、資訊 (Message) 和個性化 (Personalization) 等等。這些技能都隨著一個關鍵字：Analytics。Netflix 的 The NETFLIX TECH BLOG (網飛科技部落格) 中，有討論他們使用機器學習解析，所解決和面臨的問題。Netflix 的資料科學面對的問題至少有兩個層次，第一個是影音流量品質的工程硬體問題；第二個才是以數據分析的軟性問題。如果硬體流量不夠好，找來再多會員，付費收視的轉換率也不會提高。所以，工程部在世界各地廣設伺服器，輔以演算法傳遞影音內容。來自全球收視戶的收視習慣，必然大大不同，還有收視設備的差異 (寬頻、手機、平板……)，讓流量優化成為絕大挑戰。簡列如下：

1. 在手機等行動裝置的收視行為，和在智慧電視大不同。

2. 行動裝置網路的不穩定性高於固定頻寬的固定連線。

3. 在某些市場，網路塞車程度差異甚大。

4. 基於硬體差異，不同設備群體，對於連網有不同的能力和習慣。

因此，Netflix 和一般大數據公司不同，除了分析顧客，尚須用演算法預測網路隨時變動的異常狀況，用人工智慧調整傳輸封包和頻寬分配。一方面要偵測收視戶使用的設備，一方面要偵測頻寬資源。例如：如果收視戶使用手機，那他很有可能是在通勤時看影片，所以，隨時會暫停，隨時會續播，隨時會往前幾分鐘重看，這些都必須經過計算預測，然後做出資源配置。在 Netflix，統計和機器學習可說是用到了徹底。下圖取自 https://medium.com/netflix-techblog/using-machine-learning-to-improve-streaming-quality-at-netflix-9651263ef09f，為即時監控流量的儀表板，據此做出優化流量的資源配置決策。

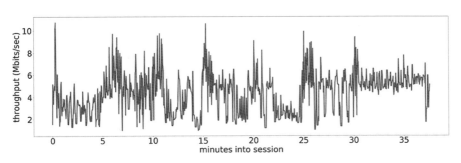

■ 圖 3.0-1　監控流量的儀表板

在顧客分析這一端，Netflix 專注於推薦系統 (Recommendation System)，畢竟只要推薦影片合乎口味，顧客就會付費續約。早年的數據只有四欄：顧客 ID、影片 ID、評價和收看日期。隨著網路變成主要的收視管道，Netflix 也蒐集了更多的收視數據，得以建模打造推薦系統。Netflix 也會付費請收視戶標注 (Tag) 內容關鍵字或朋友，標注這個動作，就是依收視者習慣所產生的影片微基因。

Netflix 的目標變數是顧客的收視時間 (以小時計)，顧客喜歡內容，觀看時間自然會增加。近年來，透過大數據分析顧客偏好，Netflix 發現特定導演和演員的組合，適合某個大族群，例如：David Fincher 和 Kevin Spacey；因此 Netflix 從提供串流影片，開始自行製作原創影集，如膾炙人口的《紙牌屋》(House of Cards)；這些年的幾部影片口碑都還不錯，雖然目前還沒獲利到可供發放股利，但是，從 300 美金的股價，可見得投資人是看好這個企業的未來。

技術面，Netflix 的大數據布局使用亞馬遜的雲端設備 AWS，大數據資料庫系統最早使用 Oracle 商品，後來轉向 NoSQL 和 Cassandra。基本上則是 Hadoop/Spark 的串流資料庫和傳統 BI 工具如 Teradata 和 MicroStrategy。Netflix 也開發自己使用的開源工具，像是 Lipstick 和 Genie。

Netflix 企業官網：https://www.netflix.com/tw/

時間序列的時間特性在於它由時間呈現的資料結構，其一是頻率，例如：日內 (分秒等微刻度)、日、週、月、季和年。其二是循環，例如：10 年資料的每週一或每年第 3 季。月或季的頻率，可以看成是季節效果 (Seasonal Effects) 或日曆效果 (Calendar Effects)。

分類演算也就是要在時間頻率的資料結構分類找出類型，例如：如果消費者需求有季節循環，那麼商業決策就要具備季節特徵；如果消費者需求出現結構變動，則商業決策也必須有所改變；如果商品需求在不同的時間頻率有不同的特色，則商業決策也必須依照頻率特性。

3.1　時間序列性質

時間序列和其餘資料的差異就是資料的「列」索引是時間刻度，且排序不可把時間打亂，否則過去預測未來的性質就會消失。除非我們的資料是像第 4 講所附的 IS_CA.csv 國家資料，資料排序就沒有前後問題，但是也沒有過去預測未來的性質。在資料探勘常用的隨機抽取訓練樣本，在時間序列就必須使用一段過去的資料，稱為樣本內；資料探勘常用的測試樣本，時間序列就是相對未來的那一段，稱為樣本外。所以，時間序列的連續移動樣本外預測也稱為回測分析 (Back-testing)。

時間序列的資料分析著重在時間序列趨勢的統計預測，例如：預測通貨膨脹、經濟成長率、原油價格和降雨量等等。本講將對時間序列建模做一個基本入門介紹。

標準的時間序列資料如圖 3.1-1 所示，是台灣人均實質 GDP 的數據。一般而言，時間序列有三種成分：

1. 趨勢成分：主要是長期的資訊。
2. 循環成分：循環效果為時間數列的週期變化，例如：季節效果。
3. 隨機波動：移除上述兩種成分後，剩下的隨機干擾項。

舉例如圖 3.1-1，為 1990Q1-2017Q3 台灣人均 GDP 時間序列的三個組成，一個簡單的時間序列解讀如下：台灣人均 GDP，除了在 2008 年前後有一個衰退，基本上具備一個明顯的成長趨勢；這個成長過程帶著「季節成分」的循環逐步向上；成長過程同時也受到各種政治經濟衝擊，伴隨著不可忽視的「隨機波動」，且隨機衝擊的負面影響，略高於季節成分。

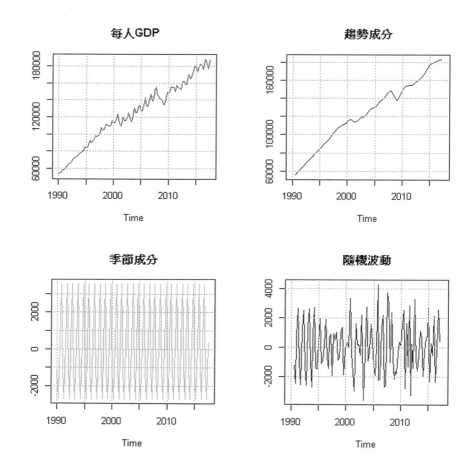

■ 圖 3.1-1　台灣人均 GDP，1990Q1-2017Q3

　　接下來我們進行 R 語言實作。時間序列物件的轉換有三個套件：timeSeries、xts 和 zoo。我們的基本步驟是使用套件 timeSeries 的 as.timeSeries( ) 功能，所以，資料都需要轉換成此套件的格式：

1. 低頻資料：先由內建 ts( ) 產生，再由 as.timeSeries( ) 轉換。
2. 日高頻：直接由 as.timeSeries( ) 轉換。
3. 日內高頻：先由 xts 套件的 as.xst( ) 產生，再由 as.timeSeries( ) 轉換。

3.2 時間序列分析——低頻

3.2-1 資料基本處理

外部資料 CPI.csv 是台灣消費者物價指數月數據。我們用內建函數 ts( ) 讀取低頻資料，讀取進來後，我們再建立時間框架，首先執行一個如下程式：

R Code：載入月資料

```
1.  library(timeSeries)
2.  temp=read.csv("CPI.csv")
3.  head(temp)
4.  y0=ts(temp[,2],start=c(1981,1),freq=12)
5.  y1=as.timeSeries(y0)
6.  plot(y1, ylab="",main="CPI",lwd=2,col="red")
7.  grid( )
8.  y2=window(y1,start="2000-01-31",end="2018-01-31")
9.  plot(y2, ylab="",main="CPI",lwd=2,col="red");grid()
```

說明

1. 載入 timeSeries 套件
2. 讀取台灣消費者物價指數月資料，讀進來的物件名稱為 temp。原始資料由主計處下載取得
3. 檢視資料前六筆
4. 對總指數 temp[,2] 賦予資料月時間框架，重新命名為 y0。start=c(1981,1) 是宣告起始月是 1981 年 1 月，freq=12 代表是月；若是季，則freq=4
5. 轉換成 timeSeries 物件，重新命名為 y1
6. 繪圖：圖 3.2-1(A)
7. 在上圖添加格線
8. 取出 2000/1 到 2018/1 的數據
9. 繪圖：圖 3.2-1(B)

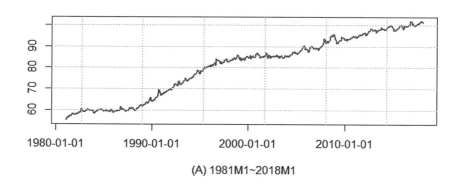

(A) 1981M1~2018M1

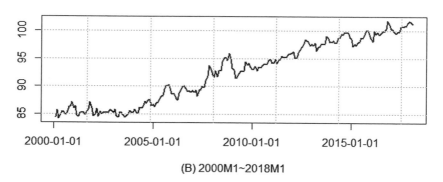

(B) 2000M1~2018M1

■ 圖 3.2-1　台灣消費者物價指數月資料

在程式檔內最上面有兩個指令，是 R 系統的文字碼轉換，沒有設定時，依照系統內建而定。

```
Sys.setlocale(category = "LC_ALL", locale = "English_United States.1252")
Sys.setlocale(category = "LC_ALL", locale = "Chinese (Traditional)_
Taiwan.950")
```

如果系統是中文，讀取的資料欄名稱是中文，那就可以正確顯示。但是，繪圖時會出現 X 軸顯示中文時間標示，整體中英夾雜，不易閱讀，此時執行第一行就可以解決。這個動作只是 R 這次工作的顯示，不會影響 R 系統。執行第二行就可還原，關閉再重開 R 也會還原。

3.2-2　分類分析

換頻

　　換頻的工具不少，基本上只要是時間序列套件，多半會有這些工具。我們此處示範用 timeSeries 內的工具。

R Code：換頻

```
10.  qtrID=timeSequence(from = start(y1), to = end(y1), by = "quarter")
11.  m2q=aggregate(y1, by=qtrID, FUN=mean)
12.  plot(m2q,main="Month-to-Quarter", ylab="",col="red");grid( )
13.  yearID=timeSequence(from = start(y1), to = end(y1), by = "year")
14.  m2y=aggregate(y1, by=yearID, FUN=mean)
15.  plot(m2y,main="Month-to-Year", ylab="",col="red");grid( )
```

說明

10. 建立季頻率時間索引 qtrID
11. 依索引 qtrID 將原來月資料，以 mean (平均) 轉換成季資料
12. 繪圖：圖 3.2-2(A)
13. 建立年頻率時間索引 yearID
14. 依索引 yearID 將原來月資料，以 mean (平均) 轉換成年資料
15. 繪圖：圖 3.2-2(B)

　　比較圖 3.2-2 的 (A) 和 (B)，愈低頻，愈平滑。對趨勢的資料換頻，意義不大，讀者可以用來計算通膨，用通膨去比較不同的頻率是否不一樣。如果不一樣，就代表換頻是一個可行的分類工具。有興趣的讀者，請自行計算實作。

結構變動

　　接下來我們介紹結構變動。對於結構變動，此處示範使用套件

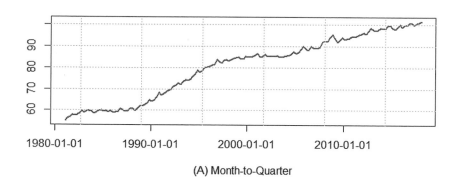

(A) Month-to-Quarter

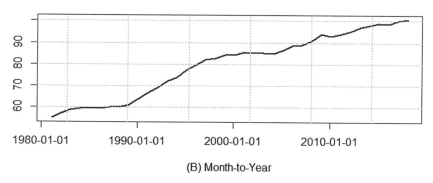

(B) Month-to-Year

■ 圖 3.2-2　換頻率

strucchange，檢定函數是 efp( )[1]，使用方法如下：

R Code: 簡單結構變動檢定和時點判斷

```
1.    library(strucchange)
2.    inflation=diff(log(y0),12)*100
3.    inf_stch = efp(inflation~1)
4.    sctest(inf_stch)
5.    plot(inf_stch)
6.
7.    inf_dating = breakpoints(Eq,  h = 0.15)
8.    inf_dating
```

1　字母意為 Empirical Fluctuation Process。

9.　breakdates(inf_dating)
10.　time(as.timeSeries(inflation))[inf_dating$breakpoints]

說明

1.　載入結構變動偵測套件
2.　計算通貨膨脹率，依照月資料計算
3.　執行 efp( )，我們對通膨和截距作為受測模式。也就說，檢視平均通膨變化
4.　計算結構變動檢定量
5.　繪圖。圖 3.2-3
6.　空一行
7.　估計與檢定變動點
8.　檢視變動日期，最下面一列就是變動日期
9.　獨立看變動日期。這個函數看的不是文字的日期，而是代碼
10.　將日期取出。將資料轉成 timeSeries 再取出

最重要的「type =」這個宣告。選項有三類。

第 1 類有 4 種：「Rec-CUSUM」、「OLS-CUSUM」、「Rec-MOSUM」和「OLS-MOSUM」。如果不選，預設是 Rec-CUSUM。Rec 是 Recursive 的縮寫，同理 MO = Moving 以及 CU = Cumulative。這類檢定利用單維的殘差和 (one-dimensional empirical process of sums of residuals)。

第 2 類有 2 種：「RE」或「ME」。這類檢定利用 k 維的殘差和 (k-dimensional empirical process of sums of residuals)。k 代表了迴歸解釋變數數量，本例 k = 2。

第 3 類有 2 種：「Score-CUSUM」或「Score-MOSUM」。則使用了更高維的處理方法，此處不細說。

「dynamic =」的宣告為真 (T) 或假 (F)，選擇 T，則在迴歸式後面增加解釋變數之落後期。

CUSUM 的檢定原理是這樣：如果資料中有 1 個結構變動點發生在時間 s，則 CUSUM 的路徑會開始在時間 s 偏離均數 0。

檢定結果和繪圖如下：

```
> sctest(inf_stch)

        Recursive CUSUM test

data: inf_stch

S = 1.6539, p-value = 3.44e-05
```

由 p 值可見得結構變動非常顯著。我們看圖 3.2-3 的狀況：

圖 3.2-3 中原始資料和兩條水平線的各個交點，就是可能的結構變動發

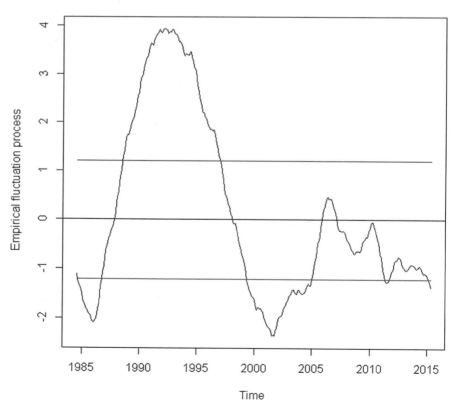

圖 3.2-3 Recursive CUSUM 的檢定結果

生時間點。但是，CUSUM 只能判斷是否有結構變動，並不能相對正確辨識
出時間點。要進一步確認結構變化點就要用第 7 步的 breakpoints( ) 函數，
在 inf_dating 最下方：

```
> inf_dating
Corresponding to breakdates:
1988(12) 1996(12) 2003(9) 2009(1)
```

由第 7 步的函數結果，可以知道是 1988 年 12 月、1996 年 12 月等四個
時點。另外，取出可以用 timeSeries 時間物件，如下：

```
> time(as.timeSeries(inflation))[inf_dating$breakpoints]
GMT
 [1] [1988-12-31] [1996-12-31] [2003-09-30] [2009-01-31]
```

因為視覺表現出結構變動的區段用 timeSeries 的格式比較好，示範處理
如下，結果如圖 3.2-4：

```
> Y=diff(log(y1),12)*100
> lot(Y, col="blue", ylab="", main="Inflation")
> abline(v=breakID, col="red", lty=2,lwd=2)
> abline(h=0)
```

圖 3.2-4 結構變動把通貨膨脹的時間序列分類成幾個區塊，決策在乎的
是最近一個區塊之後，也就是「2009-01-31」到現在。從這個時間開始的資
料異質變異會比較小，預測的可靠度比較高。通貨膨脹預測和央行升息有
關，央行升息又和資金成本有關，所以，這個決策重要性不言而喻。

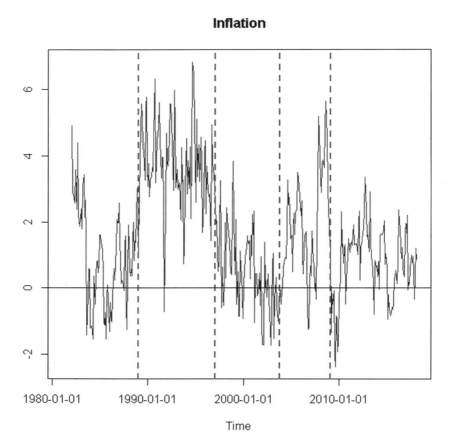

■ 圖 3.2-4　結構變動的時點標注

循環

低頻時間序列的循環，一般是季節，以下示範用 decompose( ) 分割時間序列成分：

```
> dd_y=decompose(as.ts(y2))
> names(dd_y)
[1] "x"      "seasonal" "trend"   "random"  "figure"
[6] "type"
```

用 names(dd_y) 可以知道分割後的成分名稱，接著，可以用 polt( ) 繪製
seasonal 如圖 3.2-5。

```
> plot(dd_y$seasonal,col="red")
```

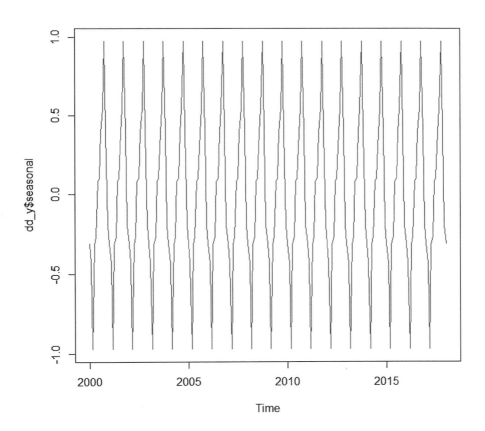

■ 圖 3.2-5　季節循環

根據圖 3.2-5 可以看出明顯的季節循環，資料依照季節分類，這樣的狀
況，對於企業而言，代表決策要有季節考量。季節結構的判斷，除了用圖
看，也可以用 auto.arima( ) 函數自動配適，如果配出來需要季節差分，就代
表這筆數據有季節結構在。範例如下：

```
> forecast::auto.arima(y0)
Series: y0
ARIMA(1,1,1)(0,0,2)[12] with drift

Coefficients:
       ar1     ma1    sma1    sma2   drift
     0.5828 -0.7897  0.0748  0.2706  0.1039
s.e. 0.0819  0.0590  0.0518  0.0508  0.0198
sigma^2 estimated as 0.3866:  log likelihood=-417.52
AIC=847.04   AICc=847.23   BIC=871.62
```

關鍵的資訊就是 ARIMA(1,1,1)(0,0,2)[12] with drift 這一行。

ARIMA(p,d,q) 分別代表 AR(p)、MA(q) 和差分 d 階。第 1 項 ARIMA(1,1,1) 就是這個結構,第 2 項 (0,0,2) 是季節結構:兩階季節移動平均,分別為 sma1、sma2。這樣的資訊說明了物價具備季節結構。

3.3 時間序列分析——日高頻資料

3.3-1 資料基本處理

我們讀取本講附的資料檔 fx.csv,這是 1 塊美元兌 5 個亞洲國家的日匯率資料:

NTD=新台幣
JPY=日圓
HKD=港幣
SGD=新加坡幣
CNY=人民幣

要做時間序列的分析，我們的原始資料必須要有日期欄位。在這個示範檔案中日期欄位是第一欄。於是我們執行一個如下的程式：

R Code：時間格式處理

```
1.   library(timeSeries)
2.   temp=read.csv("fx.csv")
3.   head(temp)
4.   dat=temp[,-1]
5.   dateID=as.Date(temp[,1])
6.   rownames(dat)=dateID
7.   dailyData=as.timeSeries(dat)
8.   tail(dailyData)
9.   NTD= dailyData[,1]
10.  plot(NTD,col="darkblue")
11.  grid()
12.  abline(h=30, col="red", lty=1, lwd=2)
13.  abline(v=as.POSIXct(c("2016-01-01","2017-12-31")), col="green", lty=2, lwd=1)
```

說明

1. 載入時間序列套件 timeSeries
2. 讀取匯率數據
3. 檢視前 6 筆
4. 去除第 1 欄日期
5. 用 as.Date( )，把第 1 欄定義成日期
6. 把日期嵌入 dat 的列名稱
7. 把 dat 置換時間序列格式，重新命名為 dailyData
8. 檢視最後 6 筆
9. 取出新台幣
10. 繪圖。圖 3.3-1
11. 加格線
12. 加水平線，h=horizontal，lty=line type，1 代表實心線；lwd=line width
13. 加垂直時間軸，v=vertical

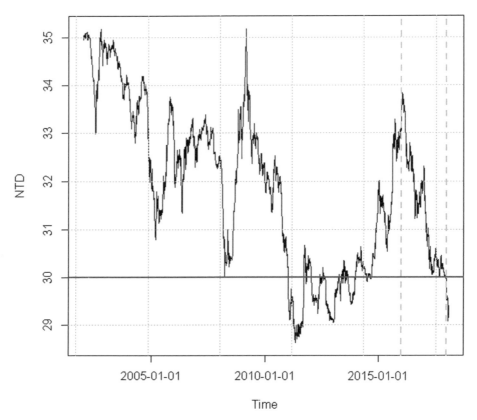

■ 圖3.3-1 新台幣匯率 (全部期間)

時間序列物件會有以時間為列索引的型態，我們就可以取出特定區段。
上例的時間序列建立，事先把時間物件嵌入為列名稱，再用 as.timeSeries( )
轉換，這樣做比較能確保轉換成功。下面用 tail() 檢視最後 6 筆資料。

```
> tail(dailyData)
GMT
              NTD        JPY        HKD        SGD        CNY
2018/2/2    29.235     109.77     7.8196     1.3118     6.2798
2018/2/5    29.307     109.92     7.8211     1.3179     6.2927
```

2018/2/6	29.386	109.03	7.8195	1.3215	6.2783
2018/2/7	29.27	109.04	7.8195	1.3186	6.2596
2018/2/8	29.39	109.53	7.8188	1.3289	6.326
2018/2/9	29.407	109.15	7.82	1.3311	6.3004

timeSeries 物件的部分時間也是用 window( )，但是和月資料用內建 stat 的 window( )，宣告略有不同。如下：

```
> NTD=window(dailyData[,1], "2008-01-01", "2018-02-02")
> dev.new( );plot(NTD,col="darkblue")
> grid( )
> abline(h=30,col="red",lty=2)
```

結果如圖 3.3-2。

3.3-2　分類分析

頻率比較分析

日內或日資料不做季節性質的循環，但可以依照日曆分析週效果。以台股指數的週報酬率而言，若我們換算成週資料，那麼週一到週一，週二到週二，乃至週五到週五計算的週報酬率，性質有何差異？我們用下面的方法處理這個問題，可以分成五類。

R Code：週報酬計算的比較

1. library(lubridate)
2. TWII=read.csv("TWII.csv")
3. dat=as.timeSeries(TWII[,"Close"],as.Date(TWII[,1]))
4. bsDay=wday(dat, label = TRUE)
5. R1=returns(dat[bsDay=="Mon",])*100

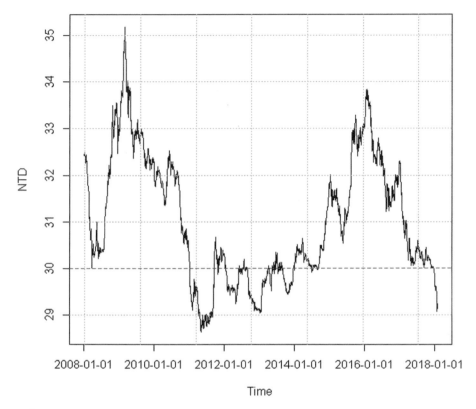

■ 圖 3.3-2　新台幣匯率，2008-01-01～2018-02-02

```
6.   R2=returns(dat[bsDay=="Tue",])*100
7.   R3=returns(dat[bsDay=="Wed",])*100
8.   R4=returns(dat[bsDay=="Thu",])*100
9.   R5=returns(dat[bsDay=="Fri",])*100
10.  Max=max(R1,R3)*1.01
11.  Min=min(R1,R3)*1.01
12.  par(mfrow=c(1,2))
13.  plot(R1,col="red",ylim=c(Min,Max),xlab="(A)",ylab="",main="Monday")
14.  abline(h=0)
15.  plot(R3,col="red",ylim=c(Min,Max),xlab="(B)",ylab="",main="Wednesday")
16.  abline(h=0)
```

17.　par(mfrow=c(1,1))

18.　fBasics::basicStats(cbind(R1,R3))

說明

1.　載入套件 lubridate

2.　讀取台股指數開高收低量的日數據

3.　把收盤價建立時間序列

4.　取出每個日期所對應的星期索引

5.　計算 R1=依照週一對週一收盤價的報酬率

6.　計算 R2=依照週二對週二收盤價的報酬率

7.　計算 R3=依照週三對週三收盤價的報酬率

8.　計算 R4=依照週四對週四收盤價的報酬率

9.　計算 R5=依照週五對週五收盤價的報酬率

10.　取出 R1 和 R3 聯集的極大值。繪圖刻度極限用，乘上 1.01 是把 Y 軸極值稍微擴大一些

11.　同上，取出極小值

12.-17.　繪圖，圖 3.3-3，我們在兩個圖內，使用共同的極值，這樣左右圖就容易比較

18.　敘述統計

　　圖 3.3-3 的視覺比較，可以透過畫水平線做一個初步檢視，最好的還是計算描述統計量，如下：

```
> fBasics::basicStats(cbind(R1,R3))
```

	R1	R3
Minimum	-14.16	-10.73
Maximum	13.44	15.67
1. Quartile	-1.38	-1.25
3. Quartile	1.72	1.55
Mean	0.06	0.05
Median	0.17	0.30

Sum	29.79	27.48
SE Mean	0.13	0.12
LCL Mean	-0.20	-0.18
UCL Mean	0.31	0.28
Variance	8.76	7.80
Stdev	2.96	2.79
Skewness	**-0.38**	**-0.18**
Kurtosis	3.20	3.58

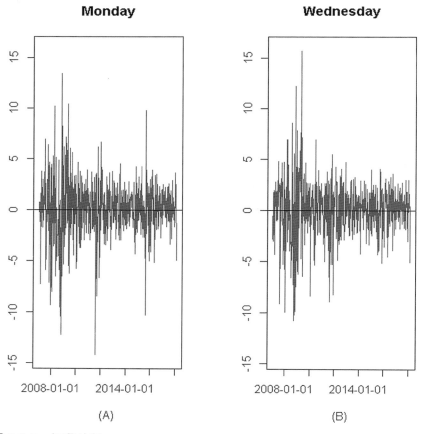

(A)   (B)

■ 圖 3.3-3　視覺比較

我們可以由具體的敘述統計值，發現兩日的中位數 (Median) 和偏態 (Skewness) 差距最大。以週報酬而言，週一到週一的負偏值高於週三到週三的 2 倍。

練習

> 請用 fBasics 套件內的敘述統計量函數 basicStats( )，比較週一到週五的是否有所不同。

圖 3.3-3 視覺上不是很清晰，我們利用 fAssets 套件內的高階繪圖，就可以在色彩上和圖形上，得到比較好的對比。

R Code：fAssets 高階繪圖

```
19. newData=cbind(c(R1),c(R2),c(R3),c(R4),c(R5))
20. colnames(newData)=c("Monday","Tuesday","Wednesday","Thursday","Friday")
21. fAssets::assetsMomentsPlot(as.timeSeries(newData),title="",description="",main="
    Assets Moments Statistics")
22. fAssets::assetsBasicStatsPlot(as.timeSeries(newData),title="",description="",main="
    Assets Statistics")
```

說明

19. 合併 R1 到 R5 的報酬率。這個動作把每一個星期日子的缺值移除，然後移除缺值，切齊尾部。這個做法會導致移除值的差距，但是，就樣本來看，一天一天檢視，誤差不大
20. 換欄名
21. 繪製高階視覺化四階動差圖，圖 3.3-4
22. 繪製高階視覺化敘述統計圖，圖 3.3-5

圖 3.3-4 和圖 3.3-5 的相對面積是這樣繪製的，公式如下：

$$面積 = \frac{y - \min(Y)}{\max(Y) - \min(Y)}$$

Assets Moments Statistics

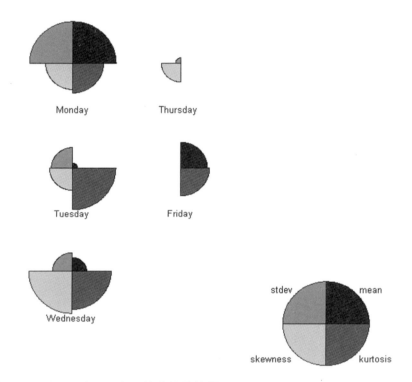

圖 3.3-4　週一到週五的四階動差比較圖

　　舉週一的 mean 為例，y 代表週一平均值，min(Y) 代表週一到週五平均
值最小數字，min(Y) 類推。所以，如果週一是五天之中最大的，這面積就
是 1。依據這個可以比較樣本單位的差距。由圖 3.3-4，週四到週四的四階
動差都最小，峰態 (厚尾) 最小，也就是說出現極端報酬的幅度最小。週一
到週一平均數和以標準差計算的風險最高。週四和週五都是小的。類似的視
覺化，可以看圖 3.3-5 更多的式樣。用程式做出來會有配色，本書印單色，
無法顯示出這樣視覺化的特色。

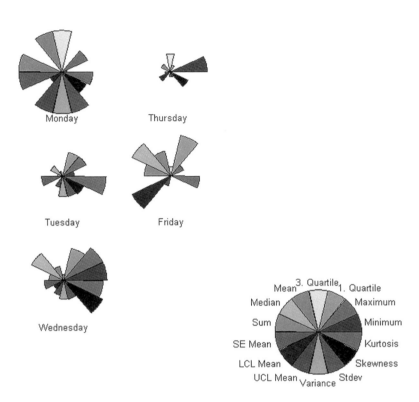

圖 3.3-5 週一到週五的敘述統計圖

換頻

換頻和前面低頻做法一樣，以日換週為例，如下：

```
weekID=timeSequence(from=start(NTD), to=end(NTD), by="week")
d2w=aggregate(NTD, by=weekID, FUN=mean)
```

3.4 時間序列分類分析──日內高頻資料

　　日內資料我們用台灣證交所公布的 34 個產業指數規律的 5 秒鐘數據
(本講附檔 twse2018_5sec.RData)。日內高頻有許多專業的計算，我們不在這
裡做太細的說明，先簡單介紹日內高頻的頻率如何分類，換頻之後做的分類
分析和前面類似。日內時間序列最好的套件是 xts，我們提供一個用 xts 處
理好的檔案，簡單介紹換頻功能，示範如下：

```
library(xts)
print(load("twse2018_5sec.RData"))
names(twse_5sec)
colnames(twse_5sec)=namesEnglish
```

　　取出第 1 欄，也就是加權指數，以及 2018/2/7 這一天，程式碼如下：

```
dat=twse_5sec[,1]["2018-02-07"]
```

　　如果需要這天特定時段，例如：收盤最後半小時，用下列程式碼宣告：

```
twse_5sec[,1]["2018-02-07 13:00:00::2018-02-07 13:30:00"]
```

　　xts 時間物件很簡易取出部分時間，速度也很快。跨日都沒問題。
　　把 5 秒一個 tick 的，換成每 45 秒一個 tick：period = " secs ", k = 45 如
下：

```
y1=to.period(dat, period = "secs", k = 45, name=NULL, OHLC = FALSE)
```

把 5 秒一個 tick 的，換成每 2 分鐘一個 tick：period = "mins", k = 2 如下：

```
y2=to.period(dat, period = "mins", k = 2, name=NULL, OHLC = FALSE)
```

把 5 秒一個的 tick，換成每 1 小時一筆：period = "hours", k = 1 如下：

```
y3=to.period(dat, period = "hours", k = 1, name=NULL, OHLC = FALSE)
```

畫圖使用 timeSeries 物件，效果比較好，如下：

```
plot(timeSeries::as.timeSeries(y1));grid( )
plot(timeSeries::as.timeSeries(y2));grid( )
```

另外，還有部分時段，例如把一天 3.5 個小時分成幾個規律時段，這不算是換頻。示範如下：

設定 1 小時一群，產生 5 個 list 如下：

```
> split(dat, f="hours",k=1) #k-hour a group
```

設定 60 分鐘一群，產生 5 個 list 如下：

```
> split(dat, f="mins", k=60) #k-minute a group
```

這樣分群，有助於我們細看每一個時間群資料的統計性質，如圖 3.3-4。金融市場可以分析收盤前 1 小時，檢視每 15 分鐘的波動特性，這樣有助於預測收盤前的價格移動型態。

高頻日內分析往往涉及專業領域，例如：生物實驗、金融交易、氣象記錄、地震數據等等，每個領域要計算的東西都不同，為避免解說涉及太專門的內容，我們只簡單說明一下功能，關鍵還是先以換頻和分時間群之後的敘述統計比較為主。

就決策思考，一項工作是在看時間序列數據呈現的類型，是否可以由頻率辨認出來，例如：季節循環，或收盤前共同特徵。如果可以，那麼決策就可以依照頻率去觀察變化並調整。

3.5 提審大數據

時間序列的資料，有時間上的路徑依賴關係 (Path Dependency)，也就是過去對現在的影響有多大。利用時間序列分析的結果建模型，其實要相當小心。因為我們的決策是真實的時間環境下做的，但是時間序列分析，除了極高頻資料，不管是日、週、月或季記錄的數據，都不是真實的時間。

既然不是真實的時間，那麼依據分析出來的結果制定決策時，就必須謹慎考慮幾個問題：

1. 時間序列數據就像一部歷史，過去發生的，未來不一定發生；就算會發生，也不知道未來會如何排列。例如：如果我們知道一個投資策略勝率 90%，10% 失敗；但是，未來這 10% 如果連續出現一半，那就破產了。所以，時間預測最困難的地方就是未來如何「排列」是不清楚的。

2. 時間序列的移動，隨時會受到衝擊引發結構變動；這不單單是風險，也是不確定性。這種引發結構變動的衝擊，會導致路徑變化，也就是之前的預測通通沒用。

3. 多數時間序列資料都具有隨機過程 (Stochastic Process) 的特性，機器學習資料探勘等演算法所訓練的數據，基本上都不是隨機過程。當隨機過程的性質很強時，很多分類方法在預測這一端都派不上用場。因此，必須在時間序列模式的基礎，尋求資料科學的解析，這真不是一個容易的工作。

數據思考

預測失靈？

　　本書完稿時，筆者正在上海同濟大學講學；當時正在舉辦世界盃足球賽，整個中國都很火熱。在 2018/6/27 星期三，德國 0:2 輸給南韓，確定在世界盃淘汰出局。當時四個不同來源的預測模型，幾乎都預測德國隊在前 3 名內。我們回顧一下：

機率預測：

(1) Poisson 模型

　　Model-1 德國 13%，巴西 13%，西班牙 12%

　　Model-2 巴西 16%，西班牙 8%，德國 8%

(2) Bradley-Terry 模型 (eeecon.uibk.ac.at/~zeileis//news/fifa2018/)

　　巴西 16.6%，德國 15.8%，西班牙 12.5%

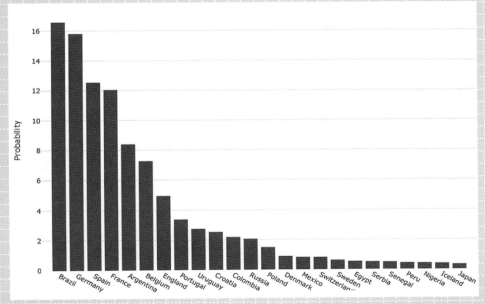

■ Bradley-Terry 預測

AI 預測

(1) 德國多特蒙德科技大學 (www.limitlessiq.com/news/post/view/id/5291/)

西班牙 17.8%，德國 17.1%，巴西 12.3%

(2) 高盛金融 (Goldman Sachs)：(udn.com/fifa2018/story/12030/3198053)

巴西 18.5%，法國 11.3%，德國 10.7%

排名錯和淘汰是個極端的差距。大數據的機器學習、數據探勘方法，甚至人工智慧，為什麼會出現這麼極端的錯？一個預測失靈的模型是沒有用的嗎？答案在「隨機性」。

第一，大數據對資料結構的分析，並不是從資料的隨機性出發。即便是機率預測，依然受制於一個既定的機率分布函數，對於「模型不確定 (Model Uncertainty)」並沒有妥善考量。

第二，人工智慧或大數據預測，對於隨機性強的預測對象，並不會有太好的表現。最好的例子就是金融市場，金融市場表現出隨機過程 (Stochastic Process) 的漫步特性，即時 (Real-time) 事件的意外衝擊往往影響整個趨勢；競賽正也是這樣的一個隨機戰場：過去往往不能代表未來。

更何況，1998 年開始有一種類型，並沒有被納入——前一屆的冠軍，下一屆在分組賽就被淘汰。例如：1988 年法國贏得世界盃冠軍，2002 年卻輸掉分組賽；在 2006 年贏得世界盃冠軍的義大利隊，2010 年也在分組賽被淘汰；2010 年抱回冠軍獎盃的西班牙隊，同樣也在下一屆的分組賽失利。而 2014 年的冠軍德國隊，這一屆也沒能逃出這個魔咒，痛失十六強賽門票。

所以，如果我們預測的對象，本身有很大隨機特性，那麼對於演算法產生的預測，必須謹慎解讀，並考慮模型不確定：這樣的預測，在隨機環境的可靠性有幾成？後面的講次，我們還會繼續探討這個問題。

第4講

線性模式的分類原理
——期望值與信賴區間

健康大數據的 Apixio

　　Apixio 是一間 2006 年設立於加州的科技公司，專長於認知運算。這間公司的主要業務是應用認知演算建立醫療大數據，它們利用人工智慧演算法辨識醫院診斷的手寫記錄，建立資料庫，從而改善健康照護決策。

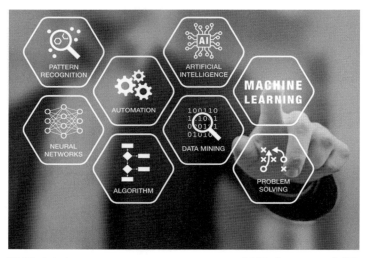

■圖 4.0-1　　　　　　　　　　　　　　　　　　　(圖取自 Apixio 官網)

　　在數位化普及之前，大多數的醫療記錄都是醫生用手寫的，也就是所謂的非結構性資料。這些資料都是珍貴的醫療記錄，但過去只能用人工翻閱，慢慢翻，慢慢讀。所以其實醫療機構不缺資料，只是因資料的非結構特性讓大數據解析無法計算。在之前，健康電子記錄 (EHRs, Electronic Health Records) 雖然已經漸次採用，但是，在記錄的格式上並不是為了分析，而是為了讓各科的醫療記錄便於儲存。

　　一個美國公民的醫療記錄，是來自醫院病歷、各科醫師的注解和政府醫療補助。所以，Apixio 第一個工作是從各個來源的記錄中擷取資料，然後進行整合與分析。擷取資料的技術上採用 OCR 光學辨識，可以將掃描後的手寫記錄辨識出來，再存成數位檔。Apixio 提取出文字後，再用機器學習的文字分析，將醫療記錄作分類和分析。這麼一來，過去的醫療記錄產生的治療經驗，就能成為一個知識庫，醫師診斷時遇到類似疾病就可以參考過去其他醫師的經驗，相當有助益。

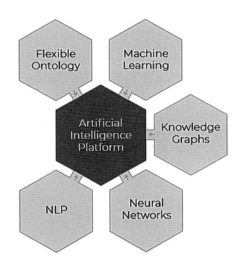

Proprietary AI-based
text analysis

■ 圖 4.0-2　　　(圖取自 Apixio 官網)

　　病情物件 (Patient Object) 是對這個行業的一個生動描述。在傳統以實驗證據為基礎的醫療，其所依賴的研究多少具有方法論上的瑕疵或某種隨機性 (治療巧合)；而這裡所謂的醫療大數據，則是以臨床實踐類型為基礎的大數據解析，在各方面都更有可靠的支持。

　　技術面上，Apixio 也布局大數據分析於亞馬遜的雲端服務 AWS。除了標準的機器學習方法外，為了保障病人資安，Apixio 所有的分析工具都自己一手打造，不仰賴第三方商業軟體。同時，Apixio 也建構知識圖譜 (Knowledge Graph) 來辨識數以千萬計的醫療與保險記錄，以及兩者之間的連帶關係。

　　將醫療機構和保險公司整合起來，跨機構的共同分享數據其實相當有挑戰。Apixio 的大數據知識器，以 OCR 為基礎，再轉換成其演算法可以辨識的格式，是全新打造的系統；所以，適合 Netflix 的方法，無法適合 Apixio。Apixio 的許多工具都是機密，且客戶多是醫療機構，想了解更多，可至 Apixio 官網。

　　Apixio 企業官網：https://www.apixio.com/

統計學方法論對資料分析的基準是「期望值」：期望 (Expectation) 就是預期，預期就是預測 (Prediction)。統計學提供理論基礎估計期望值，最主要的就是平均數。期望值有兩類：樣本期望值 (簡單加權平均數) 和條件期望值 (迴歸分析)。

4.1 簡易統計原理

　　資料的統計分析方法中，中央趨勢常用的一組參數為：期望值和變異數。期望值，顧名思義就是用來預測或期望的參數，一般用平均數代表期望值。

　　假設我們又分析某餐廳日營收資料 (單位，千)，變數代號為 Y，期望值符號是 E[Y]。圖 4.1-1 的上圖把原始資料放在 X 軸排序，然後畫出中間的平均值，分類就依照 X 軸上的數字和期望值的遠近距離，分成被期望值預測較準的 (近的一群)，和比較不準的 (遠的一群)。這就是第 2 講的信賴區間法。

換句話說，原始資料減去期望值可以看成預測誤差，用 e 代表這個測量，寫成：

Y = E[Y] + e

圖 4.1-1 的下圖則把 e 放在 X 軸排序，原本在上圖期望值的位置就會是 0，也就是被平均數 100% 正確預測的那些金額。

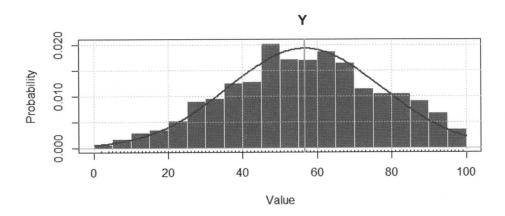

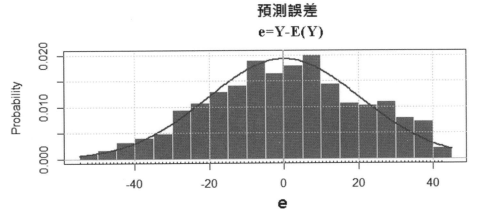

■ 圖 4.1-1　樣本期望值，Y = E[Y] + e

　　樣本平均數往往是一個很粗糙的測量。雖然理論上，自己的平均數對自己而言是不偏 (Unbiasedness) 的估計式；但是，因為這個數字是固定的常數 (Constant)，由之產生的誤差就會相對得大。也就是說，樣本觀察值偏離平均數的離散程度高；簡單地說，就是變異數偏大。

　　要解決這個問題，就是引入條件期望值，也就是 Y 的期望值不再只是由固定平均數來，而是還有一部分受到 X 的影響，寫成 E[Y|X]，故 Y 可表示如下：

Y = E[Y|X] + e

　　由圖 4.1-2 來看，誤差小了很多。因此，變異數也會相對小得多。我們用這樣的圖形來判斷一個分群：預測較可信的，和較不可信的。如果我們在 X 軸，由 e = 0 當作中央向左右兩端展開一個自己覺得可以的範圍，這樣的範圍，就是 e = 0 的信賴區間，描述這裡所有的數值，都可以視為 e = 0 為中心定位的一家人；範圍以外就是差異偏大的，不能視為以 e = 0 為中心定位的一群。

　　E[Y|X] 長得如何？我們必須做假設。常用的假設，就是一條線性方程

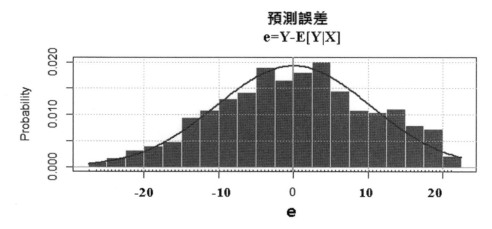

■ 圖 4.1-2　條件期望值，Y = E[Y|X] + e

式，例如：E[Y|X] = a + bX。所以，Y 可以寫成如下線性方程式：

Y = a + bX + e

線性方程式可畫成圖 4.1-3 之坐標圖，圖上的圓圈是 X-Y 坐標散布點，正斜率的直線就是條件期望值 a + bX，而點和線的差距，就是誤差。在圖 4.1-3 另注明了 Y 平均數的水平線，大約在 6.96 附近。這樣我們可以比較樣本期望值和條件期望值對散布點的預測能力。事實上，這種預測能力，就是斜線的涵蓋範圍：條件期望值能夠找到一個斜率，靠近更多的樣本觀察值。

迴歸分析第一件工作就是「估計」：用數理方法估計出這一條線的截距

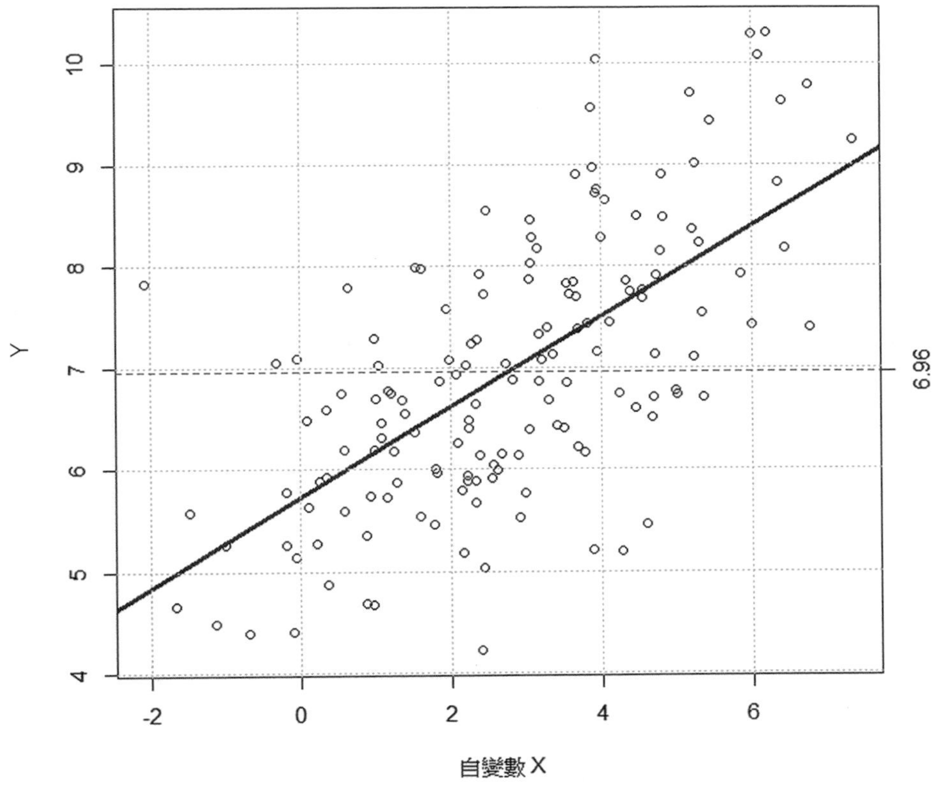

■ 圖 4.1-3　線性方程式

和斜率 (統稱參數或係數)，而不是用目測。由圖 4.1-3 可以知道，線性模式的預測就是「畫延長線」，所謂的學習，就是當新資料出現時的斜率修正 (Update)。

線性迴歸最通用的估計方法是最小平方法 (LS, Least Square)，我們除了介紹最小平方法，也會介紹機器學習的演算法如何完成這項工作。同時也藉此介紹第 1 講提到的梯度下降法，如何操作。

4.1-1　隨機梯度下降法

第 1 講提到隨機梯度下降法，類似 Gauss-Seidel 疊代運算。假設我們有一個線性方程式：

$$Y = a + bX + e$$

a 和 b 是我們要估計的參數。在機器學習演算裡，將之視為權重 (Weights)，我們寫成 $W = [W_a, W_b]$。

$$Y = W_a + W_b X + e$$

在 k-步驟的演算中，疊代法如下：

$$W_a(k + 1) = W_a(k) - alpha \cdot error$$
$$W_b(k + 1) = W_b(k) - alpha \cdot error \cdot X$$

上式中，alpha 是學習進步率，一般事前給定為 0.01；error = 預測的 Y − 資料 Y。

我們用如下 5 筆資料，當作說明的範例 (務必開啟本講附檔 ch4.xlsx，參照閱讀)，這筆資料的散布如圖 4.1-4，顯示出正相關。表 4.1-1 則簡列出梯度下降法計算階段產生的數值表，圖 4.1-5 的演算誤差是此表的誤差欄，其代表每一個演算步驟，可以發現誤差都在下降。繼續算下去後，表 4.1-2 列出的就是最後的結果，圖 4.1-6 就是最後產生的正相關直線。

表 4.1-1 最右邊兩欄的最下方就是「隨機梯度下降法」演算收斂出的 a
和 b，也就是 0.228 和 0.801。

x	y
1.115	1.036
2.043	3.029
4.074	3.151
3.015	2.131
5.197	5.062

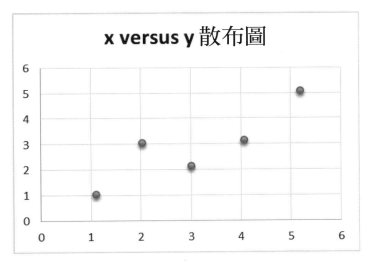

■ 圖 4.1-4　X-Y 散布圖

● 表 4.1-1　梯度下降法數值表

k	x	y	$W_{a,k}$	$W_{b,k}$	預測值	Alpha	誤差	誤差²	$W_{a,k+1}$	$W_{b,k+1}$
1	1.115	1.036	0	0	0	0.01	-1.036	1.073	0.010	0.012
2	2.043	3.029	0.010	0.012	0.034	0.01	-2.995	8.970	0.040	0.073
3	4.074	3.151	0.040	0.073	0.337	0.01	-2.814	7.919	0.068	0.187
4	3.015	2.131	0.068	0.187	0.633	0.01	-1.498	2.244	0.083	0.233
5	5.197	5.062	0.083	0.233	1.292	0.01	-3.770	14.215	0.121	0.428
6	1.115	1.036	0.121	0.428	0.599	0.01	-0.437	0.191	0.126	0.433
7	2.043	3.029	0.126	0.433	1.011	0.01	-2.018	4.073	0.146	0.475
8	4.074	3.151	0.146	0.475	2.079	0.01	-1.071	1.148	0.156	0.518
9	3.015	2.131	0.156	0.518	1.719	0.01	-0.412	0.170	0.161	0.531
10	5.197	5.062	0.161	0.531	2.919	0.01	-2.144	4.595	0.182	0.642
11	1.115	1.036	0.182	0.642	0.898	0.01	-0.138	0.019	0.183	0.644
12	2.043	3.029	0.183	0.644	1.498	0.01	-1.531	2.343	0.199	0.675
13	4.074	3.151	0.199	0.675	2.948	0.01	-0.202	0.041	0.201	0.683
14	3.015	2.131	0.201	0.683	2.261	0.01	0.129	0.017	0.199	0.679
15	5.197	5.062	0.199	0.679	3.730	0.01	-1.333	1.776	0.213	0.749
16	1.115	1.036	0.213	0.749	1.047	0.01	0.011	0.000	0.213	0.748
17	2.043	3.029	0.213	0.748	1.741	0.01	-1.288	1.658	0.225	0.775
18	4.074	3.151	0.225	0.775	3.382	0.01	0.231	0.053	0.223	0.765
19	3.015	2.131	0.223	0.765	2.531	0.01	0.399	0.159	0.219	0.753
20	5.197	5.062	0.219	0.753	4.134	0.01	-0.928	0.862	0.228	0.801

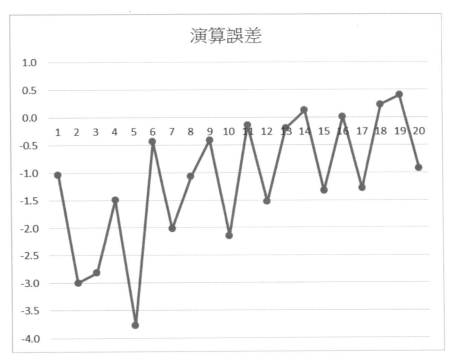

■ 圖 4.1-5　演算誤差

● 表 4.1-2　梯度方法結果

x	預測值	y	誤差	誤差²
1.115	1.122	1.036	0.0861	0.0074
2.043	1.866	3.029	-1.1633	1.3532
4.074	3.494	3.151	0.3431	0.1177
3.015	2.645	2.131	0.5137	0.2639
5.197	4.394	5.062	-0.6682	0.4465
			加總 =	2.189
			RMSE =	0.662

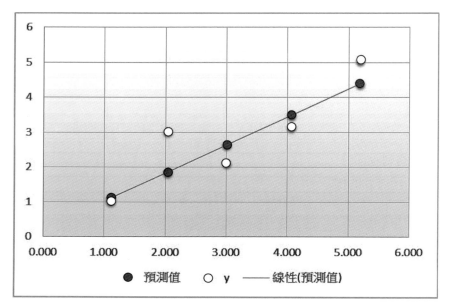

■ 圖 4.1-6 梯度方法結果圖

4.1-2 最小平方法

對於線性關係的估計，最好的方法就是最小平方法，這個方法求解參數的目標為：使殘差平方和為最小的所有參數。以前面的簡單迴歸，$Y = a + bX + e$ 為例，一個非矩陣的表示如下：

$$\min_{a,b} \sum_{i=1} e_i^2$$

二次規劃的解，可以得到：

$$b = \frac{\sum (Y - \overline{Y})(X - \overline{X})}{\sum (X - \overline{X})^2}$$

本講次附的資料檔 ch4.xlsx，有詳細的展示，格內公式可以看得到。比較 LS 和梯度法，梯度法 20 次疊代的 RMSE 偏高。LS 最好的地方就是有一個殘差最小的封閉解，帶入就簡單明瞭。

進一步利用矩陣，一個一般的線性迴歸可以矩陣表示如下：

$$y = X\beta + e$$

上式中 y 是樣本數為 n 個資料的被解釋變數 (或稱為 n-維向量)，X 是解釋變數，假設有 k 個，故 X 為 n × k 的獨立變數矩陣；循上可知 β 則為 k-維的係數向量 (或稱為參數向量)。e 為殘差項，也就是變數 y 的變異，不被 Xβ 解釋的剩餘部分。

令 b 代表 β 的樣本估計式，則滿足下式的解，即為迴歸係數：

$$\min_{\beta}(y - X\beta)'(y - X\beta)$$

上述目標函數，即是「殘差的平方和」，以偏微分解出最適值如下：

$$b = (X'X)^{-1}X'y$$

這個估計式的共變異數矩陣 (Covariance Matrix) 的式子為：

$$cov(b) = s^2(X'X)^{-1}$$

上式中 $s^2 = \dfrac{\hat{e}'\hat{e}}{n-k}$，且 $\hat{e} = y - Xb$。如果是複迴歸，則第 j 個係數的變異數為：

$$var(b_j) = \frac{1}{1 - R_j^2}\frac{s^2}{\sum_j(x_{ji} - \overline{x}_j)^2}$$

因為有 k 的係數，所以共變異數矩陣 cov(b) 為 k × k 的方陣：

$$cov(b) = \begin{bmatrix} \sigma_{11} & \sigma_{21} & \cdots & \sigma_{k1} \\ \sigma_{12} & \sigma_{22} & \cdots & \sigma_{k2} \\ \cdots & \cdots & \ddots & \vdots \\ \sigma_{1k} & \sigma_{11} & \cdots & \sigma_{kk} \end{bmatrix}$$

上式中，主對角線 (Diagonal) 的 k 個數值，就是係數自己的變異數，取根號後，就是標準差，可以用來檢定個別參數的性質，好比是否顯著異於 0。

離對角線 (Off-diagonal) 為交叉成分 σ_{ij}，代表參數間的共變異。可以用來檢定參數間的關係、相關性等結合檢定 (Joint Tests)。

4.2 R GUI 實作

本節的範例資料檔是 tips.csv，這是 200 筆記錄小費金額的數據，餐廳發現每張帳單的小費，差距頗大。因此想知道，有哪些因素影響了小費額度。圖 4.2-1 為部分資料畫面：

1	tip	total_bill	sex	smoker	day	time	size
2	1.01	16.99	Female	No	Sun	Dinner	2
3	1.66	10.34	Male	No	Sun	Dinner	3
4	3.5	21.01	Male	No	Sun	Dinner	3
5	3.31	23.68	Male	No	Sun	Dinner	2
6	3.61	24.59	Female	No	Sun	Dinner	4
7	4.71	25.29	Male	No	Sun	Dinner	4
8	2	8.77	Male	No	Sun	Dinner	2
9	3.12	26.88	Male	No	Sun	Dinner	4
10	1.96	15.04	Male	No	Sun	Dinner	2
11	3.23	14.78	Male	No	Sun	Dinner	2
12	1.71	10.27	Male	No	Sun	Dinner	2
13	5	35.26	Female	No	Sun	Dinner	4
14	1.57	15.42	Male	No	Sun	Dinner	2
15	3	18.43	Male	No	Sun	Dinner	4
16	3.02	14.83	Female	No	Sun	Dinner	2
17	3.92	21.58	Male	No	Sun	Dinner	2
18	1.67	10.33	Female	No	Sun	Dinner	3
19	3.71	16.29	Male	No	Sun	Dinner	3

■ 圖 4.2-1 tips.csv 資料格式

欄位說明：

tip = 小費金額，美金

total_bill = 帳單金額，美金

sex = 結帳者性別

smoker = 結帳者是否抽菸

day = 用餐日

time = 用餐時段

size = 帳單顧客人數 (table size)

　　此例中資料分析人員可以提出的問題是：哪些因素和小費金額有關？也就是說，我們以 tip 作為被解釋變數 Y，我們先看看這筆資料簡單的敘述統計。

● 表 4.2-1　tip 的簡單統計摘要

mean	sd	IQR	min.	25%	50%	75%	max.	n
2.998	1.384	1.563	1	2	2.9	3.56	10	244

　　表 4.2-1 是被解釋變數「小費 (tip)」的簡單敘述統計。我們發現 244 個顧客給的小費，標準差是 1.384，約 3 元的樣本平均數不太有代表性。分量散布已是這樣，從中位數看，左右很不對稱。

　　進一步，由圖 4.2-2 可以看四種重要的資料特性。由左上角的次數分布圖開始順時針解釋。

　　首先，次數分布指出小費集中最高是 2 元和 4 元為中的兩個區間。

　　其次，密度圖的尖峰代表一個集群。2、3、5 是三個集中的區塊。也就是說，一個總樣本平均數，不足以代表群體分布的特點。

　　第三，盒鬚圖確認了以中位數的集中度，數據有很大的正偏，且離散度大。

　　第四，QQ 圖繪製資料是否是常態分布。如果是常態分布，則散布點會和理論畫出的那一條直線重疊。如果散布點的形狀像是 S 型或是香蕉型，就沒有常態的性質。就此圖來看，距離常態甚遠。也就是說，資料不是對稱，樣本平均數就沒有太大預測的用處。

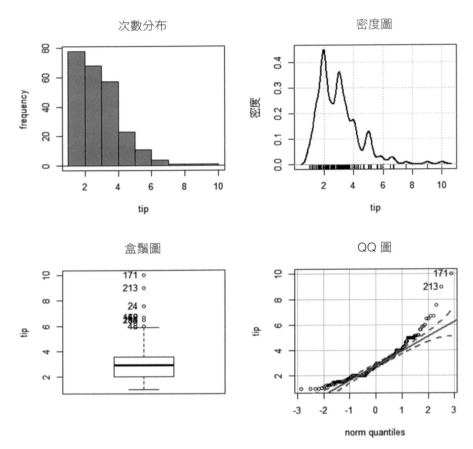

■ 圖 4.2-2　小費 (tip) 資料的基本特性

　　因此，綜合來說，樣本期望值不是一個好的資料預測。用它預測，偏誤會很大。所以，我們用迴歸來估計條件期望值，初步以 total_bill 和 size 作為解釋變數 X。配適的方程式示範如下：

$$tip = a + \beta_1 \cdot (total\_bill) + \beta_2 \cdot (size) + residuals$$

　　這一條方程式可以驗證「帳單金額」和「用餐人數」與「小費」關係如何。如圖 4.2-3，從主選單的「統計量」進入「模型配適」，再選擇「線性

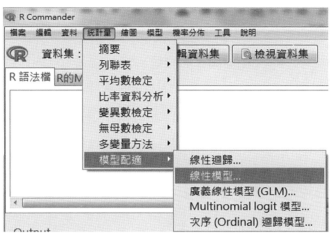

■ 圖 4.2-3　【模型配適】處，啟動【線性模型】

模式」，在此，比較不建議選擇第一項「線性迴歸」，因為這個選項，對於輸入之變數，不允許做額外處理，比較沒有彈性。

　　圖 4.2-4 是線性模式主視窗，中間的長方形框，就是方程式的 Y 和 X。另外，裡面有一些選項，如果弄清楚了，資料分析的功力必然大增，由上至下，標注了三個解說。

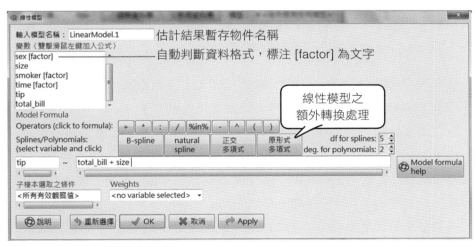

■ 圖 4.2-4　線性模式主視窗

1. LinearModel.1 是一個物件名稱，是估計結果暫時存放之處。執行線性模型幾次，就會自動編號。

2. 載入變數，R-Commander 會自動辨認其格式。目前對於資料分析的類型，主要是數值和文字，如果是文字就會編成「因子 (factor)」。

3. 最後就是以線性模型為基礎的轉換，例如：多項式轉換、正交多項式轉換等等。

按 OK 後，R-Commander 頁面會產生兩塊，如圖 4.2-5：

上半部是圖 4.2-4 線性模式主視窗的選項調整後，對 R 送出的指令碼：

```
LinearModel.1 <- lm(tip ~ total_bill + size, data=tips)
```

其實，R 的線性模式就是利用函數 lm()，這個語法複製起來存成批次檔 (script file)，可以在程式視窗獨立執行。R-Commander 的好處在於它會將任何執行動作的 R 指令語法，完整地列出來。需要的人，可以複製單獨儲存，有利後續使用。

這個式子左邊的名稱 LinearModel.1 就是估計結果物件，也是圖 4.2-4 最上面填入的模型名稱，在圖4.2-5 右上角「模型」欄也記錄了這個名稱。估計完後，下半部是估計結果，和 R^2 以及 F 統計量。

圖 4.2-5 的估計結果，解讀範例如下：

線性模型的估計結果，在 5% 顯著水準之下，指出帳單金額和人數與小費金額都呈現正相關。帳單金額愈大，人數愈多，小費就愈高。兩個係數由平均解釋如下：當帳單多於平均帳單 1 元，小費則高於平均小費 0.093 元；人數多於平均人數 1 人，小費高於平均小費 0.193 元。照 p-value 來看，帳單金額的 p-value 遠遠小於 5%，故顯著性最強。最後，此模型的 R^2 約為 0.47，所以，200 筆小費和平均小費的差異，由兩個變數和個別平均值差異可以解釋的程度為 47%，另有 53% 無法被解釋。

■ 圖 4.2-5　線性模式估計結果

　　R-Commander 的子樣本迴歸，操作上也很簡單。我們用兩個練習題來
說明即可。

練習　　

> 　　圖 4.2-4 的左下角有一個子樣本迴歸選項「子樣本選取之條件」的
> 空格，輸入文字條件 sex = "Female"，按 OK，看看結果如何？

注：「子樣本選取條件」可以輸入各種條件，不只是文字字串。「＝」
代表條件設定，若有文字字串要在上述情形輸入，需使用符號「""」將
文字條件框住。如果是數值，就不需要。

練習

　　圖 4.2-4 的左下角「子樣本選取之條件」的空格，輸入數值條件
total_bill > 3，按 OK，看看結果如何？

　　圖 4.2-5 回報的結果，是在同質變異的假設下，也就是資料殘差計算的
變異數都是一樣的，意指：在 244 個殘差值，不論如何取個數，隨機取 50
個、80 個或 150 個，計算出的變異數都一樣。接下來，我們就看一看殘差
診斷的結果圖。

4.2-1　殘差診斷

　　如圖 4.2-6，進入「繪圖」，有六個選項。選擇「基本診斷圖」，
R-Commander 會對所選擇的物件繪製殘差診斷圖。如果你的工作產生了很

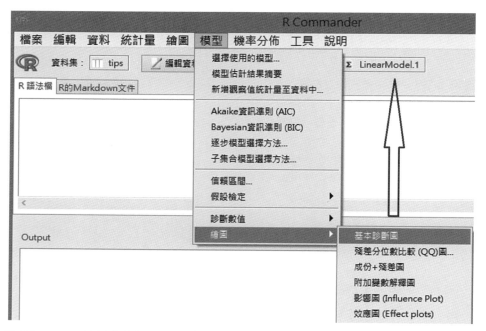

■ 圖 4.2-6　繪製殘差診斷圖

多物件，例如：LinearModel.1、LinearModel.2，此時就必須透過第一個選項
「選擇使用的模型...」，或在圖 4.2-6 箭頭位置直接更改物件名稱，來選擇
其他要後續處理的物件。

基本診斷圖

殘差診斷圖總共產生四張，每張都必須詳細解讀。我們從左上角開始一
個一個來解釋。

A 圖是「殘差與配適值」散布圖，如果是一個好的模型，在此圖不會有

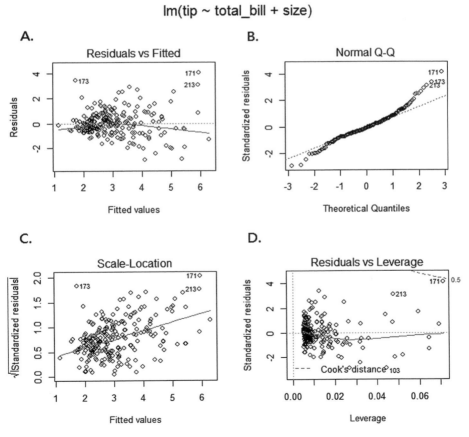

■ 圖 4.2-7　殘差診斷圖

任何斜率，像是正相關或負相關。圖形中的一條微微下凹的線就是依據這個判斷準則：好的模型，會和水平虛線很相近。如果這條曲線有明顯的斜率，則代表模型的設定不完善，可能是有遺漏變數或者非線性關係。

　　B 圖的功能是診斷殘差是否為常態分布。如果是常態分布，則散布點會和模型畫出的那一條斜直線重疊。如果散布點的形狀像是 S 型或是香蕉型，就沒有常態的性質。不過線性模型沒有常態性質其實並不嚴重，如果違反常態，只要顯著性檢定的標準嚴格一點就可以，例如：改用 1% 的水準來看，不用 5%。當然，這還要評估整體狀況而定。

　　C 圖是 A 圖的正值版本： A 圖的殘差值標準化後，取絕對值再開根號。功能是用來判斷變異數是否是固定常數 (同質變異)。如果是同質變異，則畫出的輔助線，會是水平的，如果有趨勢，就不是同質變異。我們的輔助線呈現出正斜率的趨勢，這表示我們有異質變異。

　　D 圖是 Cook's Distance 圖，它將標準化殘差和槓桿 (Leverage) 值放一起。圖形右上角的弧形虛線稱為 Cook's Contour，愈接近它的點，對模型有最大的離群影響 (Outlier Influence)。這個圖形告訴我們，第 171 個顧客的行為最與眾不同，對模型估計影響最大，同時，它也有著最大的 Leverage 值。

Cook's Distance 公式如下：

$$D_i^2 = \frac{(\hat{y} - \hat{y}_i)'(\hat{y} - \hat{y}_i)}{k\hat{\sigma}^2}$$

Cook's Distance 計算了每一個樣本點的資訊，圖內的標號是依照 Cook's Distance 判斷出來的離群樣本。如果原始資料的列名稱有字串，好比人名或地名，則會直接顯示文字。

　　我們也解釋一下槓桿值為何。槓桿值也稱為 hat 值 (h_i)，定義如下：

$$h_i = x_i(X'X)^{-1}x_i$$

　　下標 i 代表第 i 個被移除的樣本所計算的值。h_i 表示為這個值的臨界值，學者訂為 2k/N，k = 解釋變數 X 的個數 (本例為 2)，N 是總觀察值 (本例為 244)。觀察值的 h_i 大於 2k/N (＝0.0164) 的 2 倍 (0.032) 或 3 倍 (0.048)，都需要配合其他標準進一步檢視。

影響圖

影響圖 (Influence Plot) 則是一種結合三個評量觀察值的離群特性統計量，放一起的做法：槓桿值、Studentized 殘差和 Cook's Distance，如圖 4.2-8。

X 軸則是所謂的槓桿值或 hat 值 (h_i)，解釋如前。Y 軸是 Studentized 殘差，Studentized Residual 則依據上面的統計量，讓每一個殘差做一個「除」的動作，如下：

$$\text{Studentized Residual}_i = \frac{\text{resid}_i}{s_i \sqrt{1 - h_i}}$$

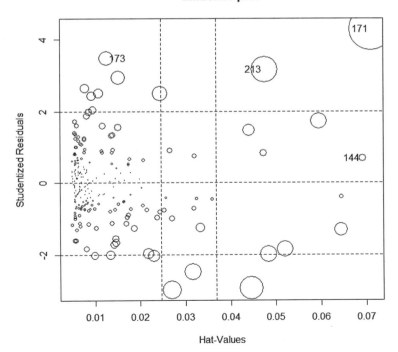

圖 4.2-8　三合一的 Influence plot

　　分子是第 i 個觀察值的原始殘差，分母則是將第 i 個觀察值移除的測量。若觀察值的 Studentized Residual 絕對值大於 2 就需要注意。

　　第三個資訊就是將每一個觀察值的 Cook's Distance，進一步視覺化為泡泡圖，呈現在平面。因此，三個標準都違反的，應該就是離群值。

效應圖 (Effect Plot)

　　效應圖的解說比較曲折。先就選項來解釋，進入 R-Commander 的選單後，先全選「用來預測的變數」，再勾選圖 4.2-9 中圓圈內的選項。

　　按 OK 後，會產生兩個效應圖，如圖 4.2-10。顧名思義，效應圖就是要呈現 Y 和個別解釋變數的散布圖中，畫入另一個解釋變數產生的直線。圖 4.2-10 中兩個圖的 Y 軸都是一樣的。total_bill 和 tip 的散布圖，置入 0.1925 size 這條配適線；size 和 tip 的散布圖，置入 0.093 total_bill 這條配適線。如圖所見，一邊較為陡峭，一邊較為平緩。同時也配上了一條虛線代表散布點的 Kernel fit。

　　散布狀況隱含了 total_bill 對於 tip 的掌握更好，因為即使是用 size 配置的直線，在 totla_bill 和 tip 的散布關係中，呈現出相當包容性的解釋力。後

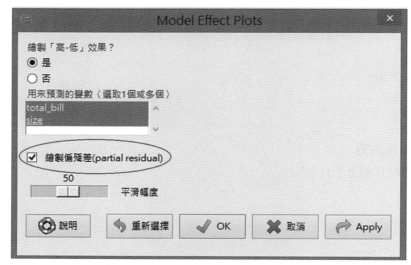

■ 圖 4.2-9　R-Commander 的選單

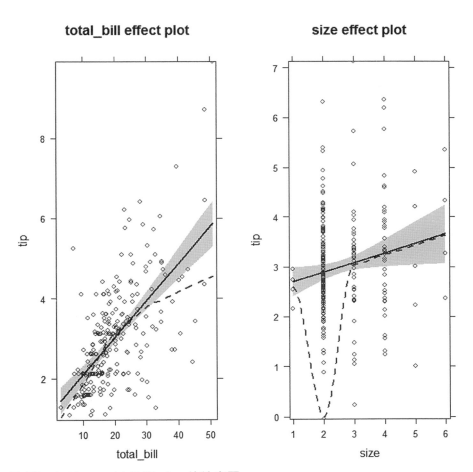

■ 圖 4.2-10　total-bill 和 size 的效應圖

面就會看出這種效果，size 對 tip 解釋能力的顯著程度，會逐次消失。

成分 + 殘差圖

要解釋圖 4.2-11 的意義，用方程式最簡單，前面的方程式如下：

$$tip = a + \beta_1 \cdot (total\_bill) + \beta_2 \cdot (size) + residuals$$

以 total_bill 而言，它的成分就是 $\beta_1 \cdot (total\_bill)$，這個圖的 Y 軸為 $\beta_1 \cdot$

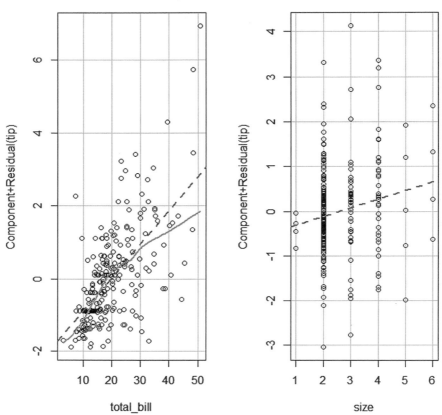

■ 圖 4.2-11　成分 + 殘差圖

(total_bill) + residual，X 軸則是 total_bill。透過此圖可以知道殘差對條件期
望值內的特定解釋變數有多少影響，也就是說，特定解釋變數在配適線的地
位或重要性。

附加變數解釋圖 (Added Variables Plot)

此類圖的目的，是要檢視每一個解釋變數的重要性。首先需決定一個解
釋變數，然後產生兩筆殘差的 X-Y 軸散布圖。圖 4.2-11 的範例中，以 total_
bill 為解釋變數，size 就是其他變數 (other)。

Y 軸的殘差：tip = $a_1 + \beta_1 \cdot$ (total_bill) + resid.Y

X 軸的殘差：total_bill = $a_2 + \beta_2 \cdot$ (size) + resid.X

這兩筆數據，有相當意義。因為 Y 軸殘差是 tip 數據不被 total_bill 解釋的部分，也就是說，這筆殘差數據，雖和 total_bill 無關，但是包含了 size 的成分 (依照原方程式)。X 軸則是 total_bill 數據，不被 size 解釋的部分，也就是說，這筆殘差和 size 無關。

所以 resid.Y 和 resid.X 的迴歸應該是「無關係」才正確。

圖 4.2-12 為繪製這條方程式的兩個解釋變數的附加變數解釋圖。

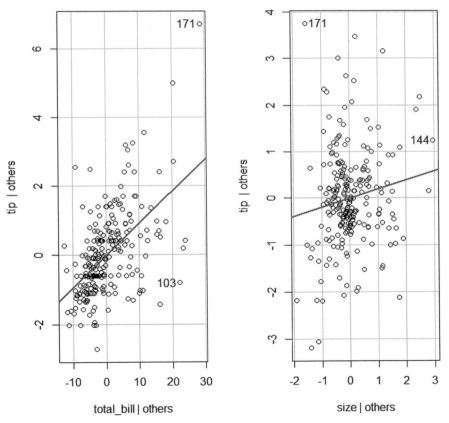

Added-Variable Plots

■ 圖 4.2-12　附加變數解釋圖

4.2-2　修正殘差異質變異的穩健共變異數 (Robust Covariance)

　　如果我們遇到殘差出現不知道形式的異質變異，因為不知道它的形式，所以也不知道要如何修正異質變異，這時候，我們會希望用一些一般化的做法，讓標準差穩健一點，也就是所謂的穩健共變異數。在 R-Commander，我們選定估計後模型，點選圖 4.2-13 的「模型→模型估計結果摘要」進入圖 4.2-14 的穩健共變異數選單。

　　接著，請在圖 4.2-14 上半部勾選框線中的選項，啟動專門計算穩健共變異數的套件 Sandwich。如果不勾選，就是原來的 OLS 估計結果。sandwitch 提供六種方法，分別是 HC0、HC1、HC2、HC3、HC4 和 HAC，HC 是 Heteroscedasticity Consistent 的縮寫，意思是「在異質性之下，仍一致」的「變異數－共變異數」估計式。HAC 的意思則是Heteroscedasticity and Auto-Correlation，如果資料有異質變異，又有自我相關，這個選項可以幫助我們讓變異數的估計，更保守。

　　由圖 4.2-14 下半部，我們可以知道，穩健共變異數，只修正變異數／標準差，對於參數估計值不會影響。

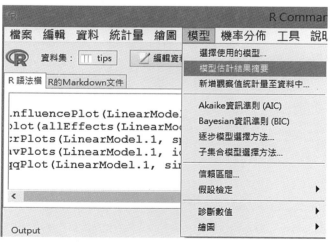

■ 圖 4.2-13　模型估計結果摘要

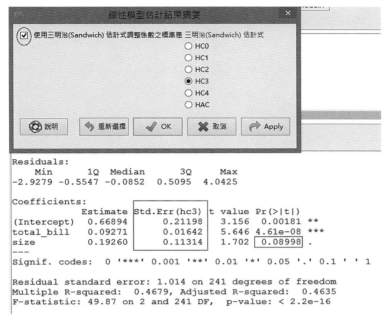

■ 圖 4.2-14　穩健共變異數修正後的估計結果

4.2-3　解釋變數間的交叉效果 (Interaction Effect)

迴歸分析中，我們常常需要知道兩個變數或以上的交互關係 (Interaction)，以此例而言，原方程式增加了第三項：

$$tip = a + \beta_1 \cdot (total\_bill) + \beta_2 \cdot (size) + \beta_3 \cdot (total\_bill \cdot size) + residuals$$

第三項的係數如果為正，就代表了 total_bill 對 tip 的影響，隨著 size 增加而增加；同樣，也可以解讀成 size 對 tip 的影響，隨著 total_bill 增加而增加。這一項的輸入，可以參考圖 4.2-15 框線中的寫法，其實這一項不一定需要用 I() 框起來，只是希望使用者養成好習慣，後面我們會介紹這個符號的功能在「相加」是很重要的區隔，因為目前我們知道，在 R 的公式規則，解釋變數間的 +，不是運算的「加」，如果需要運算的「加」，就需要添加 I()。

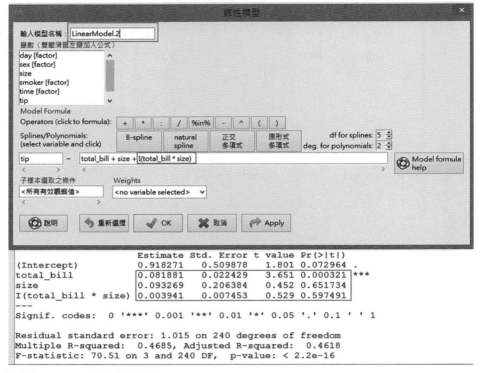

■ 圖 4.2-15　輸入交互項

　　圖 4.2-16 提供了另一種模型輸入法，如果遇到複雜多項的模型，這就是一個好方法。基本上，我們發現，只要添加一個解釋變項，size 的顯著程度就會明顯地消失。

4.2-4　信任區間

　　在圖 4.2-13 的中間有一個「信賴區間」選項，除了點選估計，有許多時候我們也需要提列信賴區間。只要擇定物件，再點選這個選項就會根據標準差計算信賴區間。信賴區間的原理如下：

　　令估計係數為 b，信賴區間的定義為：

$$\hat{b} \pm t_{\frac{1}{2}\alpha,df} \cdot \hat{s}_b$$

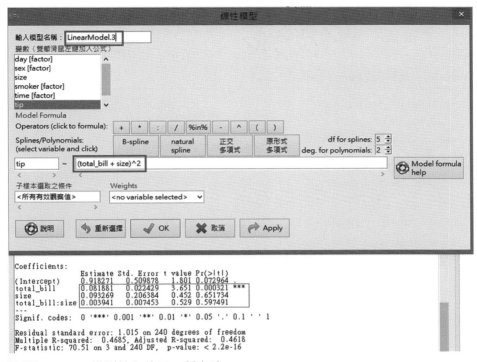

■ 圖 4.2-16 模型輸入的另一種方法

$t_{\frac{1}{2}\alpha,df}$ 為特定信賴水準之下的臨界值 (Critical Value)

$\hat{s}_b$ 為估計係數的標準差

4.3 R 程式碼實作

我們先打開資料檔中 IS_CA.csv 這個檔案，這個檔案是全球 140 個國家 1980-2010 年的經常帳資料，這筆資料是橫斷面資料。變數定義如下：

INVEST = 投資率 (投資毛額/GNP)

SAVING = 儲蓄率 (儲蓄毛額/GNP)

CA = 經常帳餘額 (經常帳/GNP)

Countries ＝ 國名

Group ＝ 經濟發展程度分類

R Code：資料整理與簡易統計性質

```
1.  temp=read.csv("IS_CA.csv",header=TRUE)
2.  head(temp)
3.  summary(temp)
4.  myData=na.omit(temp)
5.  fBasics::basicStats(myData[,1:3])
6.  fBasics::basicStats(myData[,1:3])["Sum",]
7.  fBasics::basicStats(myData[,1:3])[9,]
8.  timeSeries::colStats(myData[,1:3],mean)
9.  colMeans(myData[,1:3])
10. timeDate::skewness(myData[,1:3])
11. timeDate::kurtosis(myData[,1:3])
12. cov(myData[,1:3])
13. var(myData[,1:3])
14. cor(myData[,1:3])
```

說明

1. 載入外部資料，存入暫存物件 temp
2. 看看資料變數前 6 筆。如果要看最後 6 筆，則用 tail()
3. 看看資料的統計摘要
4. 移除缺值 (na.omit() 是將缺值移除的函數)
5. 對前 3 筆連續資料，看 16 項統計摘要
    使用模組 fBasics 內的函數 basicStats
6. 計算前 3 筆連續變數的加總
7. 同前
8. 使用模組 timeSeries 內的函數 colStats 計算「欄平均」
9. 使用 R 內建的欄平均函數 colMeans 計算「欄平均」(與前比較)
10. 使用模組 timeDate 內的函數 skewness 計算前 3 欄連續變數的偏態
11. 使用模組 timeDate 內的函數 kurtosis 計算前 3 欄連續變數的峰態
12. 計算前 3 欄連續變數的共變異數矩陣

13. 同前
14. 計算前 3 欄連續變數的相關係數矩陣

　　summary(temp) 是資料的摘要，不是較詳細的敘述統計量。但是，對於資料的狀況、分布和缺值等等，都有重要資訊。例如：Countries 和 Group 均是文字，比對的數據，其實就告訴了我們，不同經濟發展程度各有多少國家，例如：Advanced Economies 有 34 國。

R Code：線性迴歸估計

15. FH_1vlm=lm(INVEST~SAVING, data=myData)
16. summary(FH_1vlm)
17. FH_1vlm$coef
18. summary(FH_1vlm)$coef
19. confint(FH_1vlm, level=0.9)

說明

15. 執行線性迴歸 lm()，定義物件 FH_1vlm 儲存估計結果
16. 在螢幕上列印估計結果的摘要
17. 取出簡單估計係數
18. 取出完整估計係數
19. 檢視估計係數之信賴區間

　　最後 3 行程式碼的結果，如下：

```
> FH_1vlm$coef
(Intercept)        SAVING
 17.3286436     0.3233299

> summary(FH_1vlm)$coef
                Estimate    Std. Error    t value         Pr(>|t|)
(Intercept)   17.3286436   1.19014654   14.560092   1.293509e-28
```

SAVING	0.3233299	0.05439557	5.944049	2.627034e-08

```
> confint(FH_1vlm, level=0.9)
```

	5 %	95 %
(Intercept)	15.3562912	19.3009961
SAVING	0.2331837	0.4134761

R Code：兩個圖

四個殘差診斷圖(圖 4.3-1)

```
20.  par(mfrow=c(2,2))
21.  plot(FH_1vlm)
22.  par(mfrow=c(1,1))
```

預測圖(條件期望值)(圖 4.3-2)

```
23.  FH_pred=predict(FH_1vlm, interval="confidence")
24.  with(plot(INVEST~SAVING),data=myData)
25.  abline(FH_1vlm)
26.  with(lines(FH_pred[,2]~SAVING, lwd=0.1, lty=4, col=2),data=myData)
27.  with(lines(FH_pred[,3]~SAVING, lwd=0.1, lty=4, col=2),data=myData)
28.  legend("topleft", c("regression line", "low", "upper"), lty=c(1,4,4), lwd=0.1, bty="n")
```

說明

```
20.  略
```

完成上述程式碼後，產出四個殘差診斷圖，如圖 4.3-1。

```
> par(mfrow=c(2,2))
> plot(FH_1vlm)
> par(mfrow=c(1,1))
```

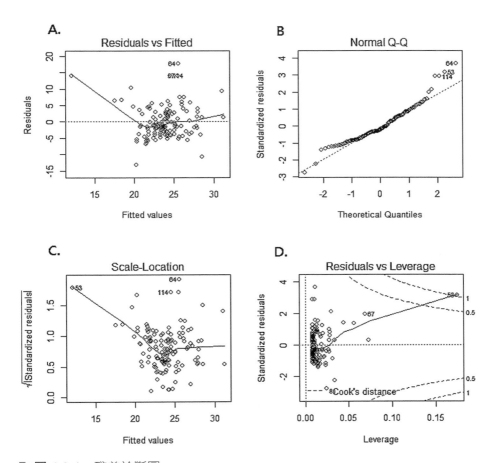

■ 圖 4.3-1　殘差診斷圖

練習

完成圖 4.3-1 的解說。

　　相關說明在本講的第 2 節都做了詳述，此處就不占篇幅，重要的是如何完成一個統計迴歸分析。

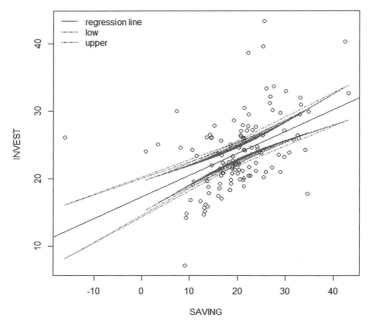

■ 圖 4.3-2　預測信賴區間

練習

完成圖 4.3-2 的說明：儲蓄預測的投資，表現如何？

練習

後續的程式碼，請參考第 2 節由 R-Commander 產生的程式碼，
適度編修，將後面的診斷一一完成。

4.4　提審大數據

4.4-1　決策思考與意義探勘

就一個決策相關的統計分析而言，我們想要知道的就是模型預測能力的

範圍如何？如果你是一個決策者，面對圖 4.3-2，你接下來必須如何提問，來提取決策資訊？有很多可以思考的問題，舉例如下：

1. 落在信賴區間內，幾乎完美預測的國家是哪些？該如何顯示在圖上？
2. 落在信賴區間外，預測爛到不行的國家是哪些？該如何顯示在圖上？
3. 在儲蓄率為 20% 左右的預測能力最好，所以，在這個數值畫一條垂直線，看看哪些國家落在信賴區間之內，哪些落在外面。

技術上，我們可以取出殘差項，然後排序，就可以知道解答。首先，要先取出殘差項，然後再用國家名稱作為列名稱，接著，再給予新的欄名，最後進行排序，再轉成資料框架。如下 4 個語法：

```
RESID=as.matrix(resid(FH_1vlm))
rownames(RESID)=myData[,4]
colnames(RESID)="rsd"
as.data.frame(sort(RESID[,1]))
```

下面簡列幾個預測準的，就是殘差接近 0，絕對值不大於 1 的國家。

New Zealand	-0.83876683
Austria	-0.77949846
Croatia	-0.75258847
Philippines	-0.72715986
Costa Rica	-0.41118152
Slovenia	-0.29676310
Egypt	-0.12689675
Mexico	-0.08980548
Vietnam	-0.07058976
Lithuania	-0.05396575

Spain	0.07312271
Japan	0.21181853
Cyprus	0.78680990
Belize	0.79788111
India	0.94105861
Hungary	0.95567625

同理，我們也可以把排序後的頭尾兩端取出來，也就是預測最差的那兩群，這樣是哪些國家，就會很清楚。最後，要問為什麼？什麼原因導致儲蓄和投資脫勾？分類的關鍵就從此開始，只要知道三群：預測好的、低估的和高估的，接下來用別的特性來將其分類，只要能產生一個分類妥善的數據，對於決策就很有幫助。後面幾講的方法，會繼續談到這些分類問題。

4.4-2　謹慎面對統計估計的結果

Statistical Significance 一般翻譯成「統計上顯著」，英文字典上 Significance 這個字彙的意思是「意義」。也就是說，「統計上顯著」意味著統計上有意義。反之，Statistical Insignificance 即統計上不顯著，或統計上無意義。

「統計上顯著」時，我們可以自在地去解讀意義；但是，導致統計上顯著的原因很多，好比資料其實有潛在異質性，但是估計時，卻將之視為同質樣本，就很容易估計出顯著的結果。經過適當分類，或者穩健性處理，顯著性就會下降。這僅僅是因為統計上忽略資料本身的性質所導致的問題，在實際的數據上，更多不可知的事務如何影響顯著性，甚或產生假性顯著，都是十分嚴重之事。同理，「統計上不顯著」時，我們不宜將之解讀為「無關」或「可忽略」，甚至將之視為「影響力不存在」這樣的態度就好比將一個 5.5 不顯著的係數，視為 0，相當地危險。意義探究上，後面的主成分主題會進一步探究這問題。

數據思考
基於區塊鏈的決策思考

大數據商業模式是數據科技革命造成的，一部分是大數據資料庫和演算法突飛猛進，另一方面是區塊鏈。基於區塊鏈的思考是什麼？

最近幾家機構的區塊鏈服務上線，持續看到很多區塊鏈會帶來巨變的言論。區塊鏈角色在何處？筆者做了一張表，把一個 IT 系統由 Layer vs. Aspect 分成 2 x 2 矩陣，以提款機為例，Layer 1 應用層是直接接觸客戶的表層；Layer 2 執行層是 Layer 1 的運算層。Aspect 1 功能是「動詞」，如提款，Aspect 2 非功能是指修飾功能的「副詞」，例如：方便地提款。因此，區塊鏈提供的智慧合約／去中心化等 Block & Chain 特性，是右下角那部分：「非功能的底層」。

常常聽到很多人講區塊鏈在講 Layer 1「表層」應用那塊，筆者覺得很詭異。創新者們天馬行空，決策者不然。必須知道在數據科技的架構之下，自己的決策環節在哪裡。

層級 (Layers)	方面 1 (Aspect 1)：功能性的	方面 2 (Aspect 2)：非功能性的
Layer 1 應用層	存款 提款 轉帳 餘額查詢	美觀的 UI 良好的 UX 快速的轉帳 系統有許多成員參與，例如各式金融機構
Layer 2 執行層		24 小時開放 詐騙預防 資料的一致性和正確性 使用者隱私保護

2018/4/20 大陸迅雷集團發布了全球首個擁有百萬級併發處理 (Concurrent Processing) 能力的區塊鏈應用——迅雷鏈，號稱突破 Smart

Contract 的限制，形成與實體經濟相結合的應用場景。基於拜占庭容錯共識演算法，迅雷鏈實現超低延遲的即時寫入和查詢；單鏈出塊速度可達秒級，而且保證強一致性無分叉，快速可靠地完成上鏈請求。然而，區塊鏈的實體應用多是畫蛇添足，但是，最近的〈華為區塊鏈白皮書〉一文中的「兩大誤區」寫得很棒，尤其是「X + 區塊鏈」的觀點。兩點摘要如下：

誤區 1　區塊鏈等同於比特幣。實際上虛擬貨幣僅是區塊鏈的一種應用，而企業或政府多在探討如何解決交易安全問題提高商業價值，並試圖在更多的場景下釋放智慧合約和分散式帳本帶來的科技潛力。

誤區 2　區塊鏈是萬能的，可取代傳統資料庫和 Internet。業界一些神話認為區塊鏈的分散式資料庫，將取代傳統的集中式資料庫。分散式帳本並不會替代也不會作為獨立資料庫，區塊鏈無法離開Internet和資料庫等技術，脫離這些技術將無法形成技術體系。因此，區塊鏈是「X + 區塊鏈」的技術組合型態。

筆者另外再補充誤區 3：

誤區 3　區塊鏈的演算機制是密碼學，不是機器學習，也不是統計學，因此不是用來做大數據分析的，在金融科技也和資產訂價無關；這個資訊治理的架構有資訊成本的意義。

第 5 講

二元模式的分類原理
——Logistic 迴歸

美國女子單車如何獲得 2012 年奧運銀牌

　　運動場上的競賽採用數據分析改善成效，最著名的就是棒球、籃球等職業運動。Michael Lewis 在《魔球》(Moneyball) 一書詳細說明這個數據的力量如何征服大聯盟。迄今，職業競賽用數據解析不一定會加分，但是，不用一定扣分。

　　當年為了訓練美國女子單車選手，Sky Christopherson 成立了一個名為 OAthlete (Optimized Athletes) 的女單專案，當時的美國體壇，正被 Lance Armstrong 的禁藥醜聞籠罩，Christopherson 的女單專案以「用數據，不用藥 (Data not Drugs)」的訴求，獲得了支持 (圖 5.0-1)。

■ 圖 5.0-1　　　　　　　　　　　　　　　　　　(圖取自官網)

　　女單專案的目的在於利用單車和賽道的物理數據及選手的生理數據結合成大數據，藉此改善每一次訓練的績效。專案中採用了感應器偵測並記錄影響選手表現的數據，包括飲食、睡眠、社交圈和訓練強度。Christopherson 指出，適當地調整各方面的因素，就可以改善選手的表現。例如：飲食和睡眠。在數據中顯示，某位選手若前一晚在低溫下睡眠，次日訓練會表現很好；因此，教練就讓她的床墊有一張涼蓆。在體溫控制得宜之下，選手的生理修復會優化，除了可以進入深度睡眠讓精神更好，還可以讓身體自然生成所需的荷爾蒙。另一位選手則是維生素 D 缺乏，因此就在飲食中控制。這樣的措施，不但提升選手的表現和體能，也避免了運動傷害。

　　女單專案的大數據型態包括了結構式和非結構式數據，以及內部與外部數據。內部數據來自選手，透過行動裝置貼附於選手身體，藉以測量體溫、血糖、皮膚參數以及脈搏等等。外部數據則包括溫度、濕度、陽光、雲層、噪音和路況等等。選手的表現也拍攝成影片來分析觀察，睡眠型態則使用腦波圖 (EEG, Electroencephalography) 來測量。女單專案的大數據架構採用了商業平台 datameer，架構如圖 5.0-2：

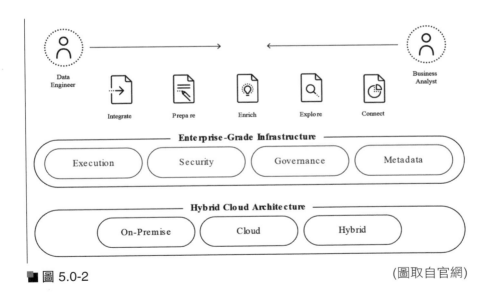

■ 圖 5.0-2　　　　　　　　　　　　　　　　　　　　(圖取自官網)

　　有興趣了解這個數據分析平台的讀者，可以進入 datameer 官網瀏覽。這家公司的數據分析理念和本書十分契合。也就是在商業數據解析和商業智慧的脈絡，建構大數據；而不是先建立一堆資料庫底層，再從互相串接的管線中去擠出商業智慧。datameer 公司有白皮書 14 頁 PDF，可以下載閱讀。

　　這個女單專案最令筆者覺得重要的點，在於專業知識的結合：首先專案負責人本身就是運動員，Christopherson 是美國奧運男子單車選手，曾是單車場地賽的世界紀錄保持人。其次，資料平台公司 datameer 的執行長 Stefan Groschupf 是德國國手級的游泳選手。這樣的組合，將運動知識和數據解析，藉由個人經驗與知識中介，巧妙地整合起來。

專案官網：http://www.skychristopherson.com/
datameer 官網：https://www.datameer.com/

5.1　簡易廣義線性模型

　　若研究目標的被解釋變數 Y 用 (0, 1) 這樣的二元選擇型態所測量，一般也稱為選擇問題 (Choice Problem)。這是決策科學常遇到的數據，(0, 1) 分別代表決策者二分的行為。研究人員會想知道什麼因素決定了特定行為的發生。也因為 (0, 1) 區間的特性，期望值可以解讀為機率。行為測量還有 (0, 1, 2, 3, 4) 這樣的排序整數，例如：滿意度測量；還有計數 (Counts)，例如：餐廳在一定時間的用餐人數。

　　本講的附檔 vote.csv 如圖 5.1-1，這是 2,000 位美國公民投票行為的資料。資料分析人員，想要知道哪些因素影響了選民決定去或不去投票。

	A	B	C	D	E
1	vote	race	age	educate	income
2	1	white	60	14	3.3458
3	0	white	51	10	1.8561
4	0	white	24	12	0.6304
5	1	white	38	8	3.4183
6	1	white	25	12	2.7852
7	1	white	67	12	2.3866
8	0	white	40	12	4.2857
9	1	white	56	10	9.3205
10	1	white	32	12	3.8797
11	1	white	75	16	2.7031
12	1	white	46	15	11.2307
13	1	white	52	12	8.6696
14	0	white	22	12	1.7443
15	0	white	60	12	0.2253

■ 圖 5.1-1　投票與否的資料格式

vote = 1，有去投票；= 0，沒有去投票

race = 種族別：white = 白人；others = 其他

age = 年齡

educate = 受教育年數

income = 年所得 (萬美元)

　　稱為線性模式的被解釋變數 (或 Y)，其數值是連續資料，也就是實數 (正、負和小數都可以)。本講次要研究的 Y 是 (0, 1)，不適宜配適線性模式。因為線性配適線是一條直線，直線的延長會超過 (0,1) 這個界，如圖 5.1-2：向右方看，要預測高所得的行為機率，就會大於 1；往左方看，低所得的機率就會是負的。雖然，線性機率模型預測大體上還可以，但是對於雙尾極端狀況，就會出現預測問題。

　　鑑於這種問題，用機率分布的累積機率密度去配適這樣的資料，應該比

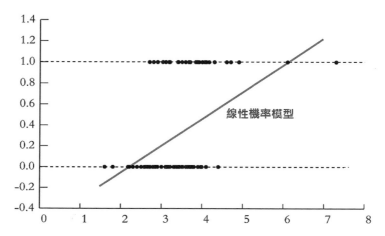

■ 圖 5.1-2　線性機率模型

較好。也就是圖 5.1-3。

　　統計學家開發了 Logistic 函數來處理這問題，定義如下：

$$\frac{1}{1+e^{-value}}$$

圖 5.1-4 為 Value 從 -6 到 6 的 Logistic 曲線圖，由 Y 軸可見是介於 (0, 1)

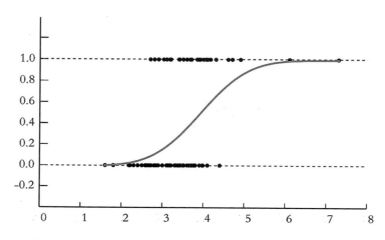

■ 圖 5.1-3　機率分布的累積機率密度 CDF

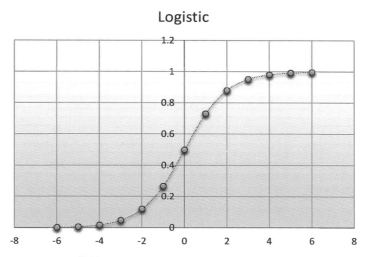

■ 圖 5.1-4　Logistic 曲線

之間的 S 型，因此，這就是一個機率測度。

如圖 5.1-1 的資料，一個單一解釋變數 X 的 Logistic 模型可以表示如下：

$$Y = \frac{e^{a+bX}}{1+e^{a+bX}} \tag{5.1}$$

以年齡為解釋變數為例，也就是說：我們用「年齡 (X)」預測「投票與否 (Y)」。Y = 1 是既定類別 (Default Class)，因此這個機率預測函數可以寫成如下條件機率：

P(Vote = 1|Age)

換句話說，上式描述了「在特定年齡下，有去投票者」此分類的機率，如下：

P(X) = P(Vote = 1|Age)

故這個機率轉換，意味：

$$p(X) = \frac{e^{a+bX}}{1+e^{a+bX}}$$

可寫成：

$$1 - p(X) = 1 - \frac{e^{a+bX}}{1+e^{a+bX}}$$

$$\Rightarrow \frac{p(X)}{1-p(X)} = \frac{\dfrac{e^{a+bX}}{1+e^{a+bX}}}{1 - \dfrac{e^{a+bX}}{1+e^{a+bX}}} = \frac{\dfrac{e^{a+bX}}{1+e^{a+bX}}}{\dfrac{1+e^{a+bX}-e^{a+bX}}{1+e^{a+bX}}} = e^{a+bX}$$

$$\Rightarrow \ln\left(\frac{p(X)}{1-p(X)}\right) = \ln(e^{a+bX})$$

故，$\ln\left(\dfrac{p(X)}{1-p(X)}\right) = a + bX$

左式一般也稱為優勢比 (Odds)，因為取了對數，也稱為 log Odds。

$$\ln(\text{Odds}) = a + bX \tag{5.2}$$

(5.2) 式可以用最大概似 MLE 或梯度下降法求解。因此，只要解出 a、b 就可以用 (5.1) 式解出預測機率。假設，a = -3，b = 0.03，則一個 40 歲的選民投票機率為：

$$P(\text{Age} = 40) = \frac{e^{-3+0.03\times40}}{1+e^{-3+0.03\times40}} \approx 14\%$$

這個預測，就是一個分類演算，一般常用的準則是：

預測 = 1，如果 P (Age) > 0.5
預測 = 0，如果 P (Age) ≤ 0.5

因此，Logistic 的模式就是分類預測。除了二元，實際上有更多的形式。當 Y 為測量程度，例如：(不滿意, 普通, 滿意, 很滿意) 這樣的情形時，就不是二元選擇 (Binary Choice)，而是多元排序 (Ordered Choice)，就要編成 (0, 1, 2, 3)，我們就需要用 ordered probit/logit；如果 Y 是「計數」型，好比某時某地的旅遊人數。廣義線性的估計需要一個連結函數 (Linking Function) 來和機率函數連結。要連結哪一個機率密度函數，就要看 Y 的型態是如何。連結函數就是將這種「隨機變數的條件期望值」和「機率密度函數」連結的函數，一般「計數」型是布阿松函數，所以就是和布阿松函數連結。

因為機率函數是非線性，所以，這一部分也稱為非線性模型。然而，廣義的線性，指的是線性連結函數。綜合來說，GLM 有三個重要特徵：殘差結構、線性關係和連接函數。

首先，殘差結構，在線性模式往往用常態去處理。但是，這一章的資料則不是常態，被解釋變數的特徵，會出現高度的偏態和峰態，上下界被限制住一定的區間，以及期望值不可為負。所以，殘差結構往往用隨機變數的家族一詞表示。例如：二項式、布阿松、Gamma 等等。其次，解釋變數和被解釋變數之間，是一個線性關係。

最後，連結函數就是將線性關係產生 Y 的期望值，與真正的 Y 觀察值連結起來的函數。基本上，就是一個轉換。線性期望值可能是一個負的值，但是，真正的觀察值卻必須在 0 和 1 之間，因此，就需要再轉換一次，讓它更接近 Y 所描述的現象。這就是連結函數的功能。

接下來，我們透過 R-Commander 實作。

5.2 R GUI 的實作

Logistic 迴歸

本節的範例資料檔用第一節提過的 2,000 位美國公民投票行為的資料 (vote.csv)。我們先研究「投票與否」和「所得」與「教育水準」的關係。也就是說，我們配適以下三元方程式：

$$\text{vote} = a + b_1 \cdot \text{Age} + b_2 \cdot \text{Income} + b_3 \cdot \text{Education}$$

我們先繪製投票與否和所得的線性關係。圖 5.2-1 指出很明顯的線性問題，而且這筆資料的線性配適造成的問題頗為嚴重。

估計

估計 Logistic 模型，依照圖 5.2-2 選 GLM，進入圖 5.2-3 的視窗。GLM 視窗和 LM 很像。

圖 5.2-3 的 GLM 選單左下的分配 (Family) 是隨機變數 Y 的格式，我們的 Y 數據是二元，所以分配部分選擇「binomial」；右邊是連結的機率函數，選「logit」就是 logistic。圖 5.2-3 下半部的估計結果，框線中三個參數的 p-value 都很顯著，只能由符號正負作機率增減的解讀，不能解釋成機率增減幅度。所以，以 Income 為例，我們可以從正相關解釋：「所得愈高，

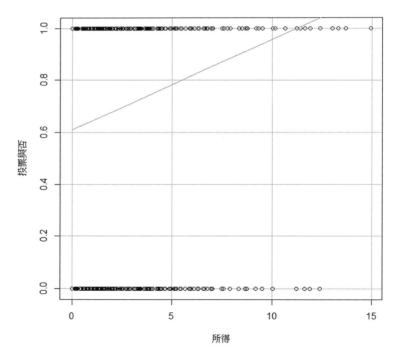

■ 圖 5.2-1　投票行為與所得的線性機率模型

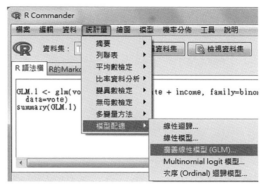

■ 圖 5.2-2　進入 GLM 視窗

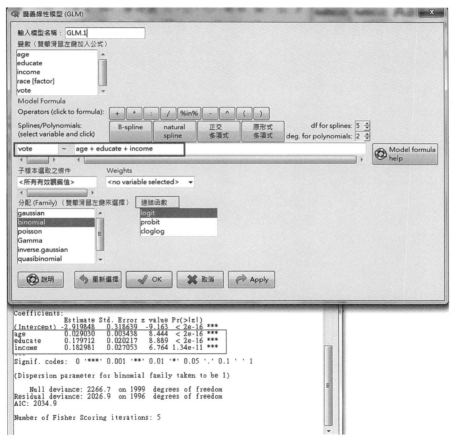

■ 圖 5.2-3　Logistic 模式估計結果

投票的機率愈高。」但是不能解釋成：「所得增加一單位，投票機率增加 0.183。」

接下來，我們必須審視由模型產生的機率期望值。R-Commander 沒有內建指令，在圖 5.2-4 的 R-Commander 程式視窗，設定物件 GLM.1 只要輸入命令 fitted(GLM.1) 就可以。但是，fitted(GLM.1) 產生的機率格式不是資料框架 data.frame，所以，沒辦法顯示在像「vote」的位置。因此，我們利用圖 5.2-5 的方法，做資料框架轉換。

圖 5.2-5 利用框線中的指令 as.data.frame()，可以將圖 5.2-4 產生的機率，轉換成資料框架，顯示在資料集。

fitted(GLM.1) 的另一個相同指令是 predict(GLM.1, type="response")，兩個會產生一樣的結果。

配適檢定

線性模型的配適度，有一個 R^2；廣義線性模型的配適度，其中一個則是 McFadden R^2，定義如下：

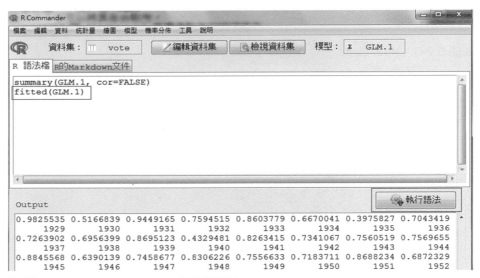

■ 圖 5.2-4　fitted(GLM.1) 產生預期機率

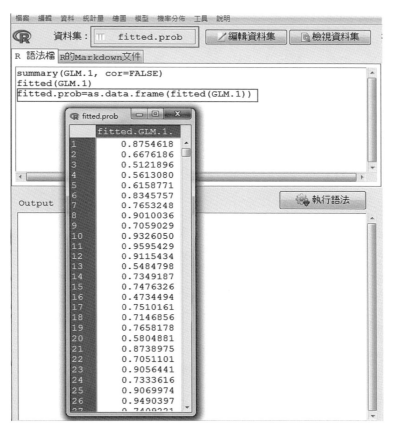

■ 圖 5.2-5　利用 as.data.frame( ) 轉換資料框架

McFadden R^2 =1-(residual.deviance/null.deviance)

在語法視窗，輸入1 - (GLM.1\$deviance/GLM.1\$null.deviance) 就可以得出。或者，根據圖 5.2-3 下方兩個值，計算得：1 - (2,026.9/2,266.7) = 0.106。

另外，估計結果會回傳一個 AIC，這個指標愈小愈好。例如： 150 比 200 好。

優勢比 (Odds Ratio)

在二元模式的機率模型中，每一個期望值都是 y = 1 時的一個機率值，也就是「事件發生」的機率 p。同理，「事件沒發生」的機率為 1-p，兩者相除，就是所謂的優勢比率：

$$\text{odds ratio} = \frac{p}{1-p}$$

利用圖 5.2-3 計算的機率期望值，就可以計算。

練習

這筆資料 (vote.csv) 有一個類別變數：「race (白人與非白人)」。請依照線性模式的做法，增加這個變數，看看種族類別是否與投票行為有關？

Over-dispersion 和參數變異數修正

在 GLM 的架構下，理論上殘差的最適表現就是卡方分布。但是，實際上會出現較大的殘差變異，這就稱為 Over-dispersion。如果我們模型的解釋變數都是正確的，但是出現這種狀況時，可能的原因是數值刻度沒有適當轉換，或者函數的結構形式不正確。處理這種問題的方法，就是先計算 Over-dispersion數值，將殘差平方和除以自由度，也就是模型的變異數。再用這個數值去修正原來的估計結果。由圖 5.2-4，估計物件名稱是 GLM.1，故作為分子的殘差平方和是 sum(residuals(GLM.1)^2)，分母自由度是 GLM.1\$df.res，故我們定義 Over-dispersion 參數如下：

OD = sum(residuals(GLM.1)^2)/GLM.1\$df.res

其實這個數字在輸出表中已經有了，就是圖 5.2-6 最下方箭頭處 Residual deviance: 2026.9，自由度是 1996。

計算成功之後，我們重新檢視數據：

```
GLM.1 <- glm(vote ~ age + educate + income, family=binomial(logit),data=vote)
summary(GLM.1)
```
計算over-dispersion，並存成物件OD
```
OD<-2026.9/1996
```
```
summary(GLM.1, overdisperson=OD)
```
用OD修正估計係數

Output   執行語法

```
Deviance Residuals:
    Min      1Q   Median      3Q     Max
-2.7660  -0.8675   0.5592   0.7835   1.7173

Coefficients:
             Estimate Std. Error z value Pr(>|z|)
(Intercept) -2.919848   0.318639  -9.163  < 2e-16 ***
age          0.029030   0.003438   8.444  < 2e-16 ***
educate      0.179712   0.020217   8.889  < 2e-16 ***
income       0.182981   0.027053   6.764 1.34e-11 ***
---
Signif. codes:  0 '***' 0.001 '**' 0.01 '*' 0.05 '.' 0.1 ' ' 1

(Dispersion parameter for binomial family taken to be 1)

    Null deviance: 2266.7  on 1999  degrees of freedom
Residual deviance: 2026.9  on 1996  degrees of freedom  <----
AIC: 2034.9

Number of Fisher Scoring iterations: 5
```

■ 圖 5.2-6　基於 Over-dispersion 的參數修正

summary(GLM.1, overdisperson=OD)

　　參考圖 5.2-6 的說明。比較圖 5.2-3 和圖 5.2-6，標準差變得比較保守。
這也就是線性模式中所稱的 robust covariance。

5.3　R 程式的實作

　　我們用一筆抽菸的數據來介紹 R 程式碼。

欄位說明如下：

smoker：抽菸與否，0=no, 1=yes

	A	B	C	D	E	F	G	H	I	J
1	smoker	smkban	age	hsdrop	hsgrad	colsome	colgrad	black	hispanic	female
2	1	1	41	0	1	0	0	0	0	1
3	1	1	44	0	0	1	0	0	0	1
4	0	0	19	0	0	1	0	0	0	1
5	1	0	29	0	1	0	0	0	0	1
6	0	1	28	0	0	1	0	0	0	1
7	0	0	40	0	0	1	0	0	0	0
8	1	1	47	0	0	1	0	0	0	1
9	1	0	36	0	0	1	0	0	0	0
10	0	1	49	0	0	1	0	0	0	0
11	0	0	44	0	0	1	0	0	0	0
12	0	0	33	0	0	1	0	0	0	1
13	0	0	49	0	1	0	0	0	0	1
14	0	1	28	0	0	1	0	0	0	0
15	0	1	32	0	0	1	0	0	0	0
16	0	1	29	0	0	1	0	0	0	1
17	0	0	47	0	1	0	0	0	0	0
18	0	1	36	0	0	1	0	0	0	1
19	0	1	48	0	0	1	0	0	0	1
20	1	1	28	0	0	1	0	0	0	1
21	1	1	24	0	0	1	0	0	0	0
22	1	1	39	0	1	0	0	0	0	0
23	0	0	32	0	1	0	0	0	0	1
24	1	0	60	0	1	0	0	0	0	1
25	0	1	37	0	0	0	0	0	0	1
26	1	1	31	0	0	1	0	0	0	0
27	1	0	33	1	0	0	0	0	0	1
28	0	0	49	0	0	0	1	1	0	0
29	0	1	28	0	1	0	0	0	0	1
30	1	0	24	0	1	0	0	0	0	0
31	0	0	27	0	0	0	1	0	0	0
32	0	1	31	0	0	0	0	0	0	0

■ 圖 5.3-1　smoking.csv 部分截圖

smkban：工作場所是否禁止抽菸，0=no, 1=yes

age：年齡

hsdrop：高中退學與否，0=no, 1=yes

hsgrad：高中是否畢業，0=no, 1=yes

colsome：唸過大學與否，0=no, 1=yes

colgrad：大學畢業與否，0=no, 1=yes

black：是否是黑人，0=no, 1=yes

hispanic：是否是西裔，0=no, 1=yes

female：是否是女性，0=no, 1=yes

R 程式碼範例，第 1 步：

```
> myData=read.csv("smoking.csv")
> summary(myData)
```

上面第 1 行為載入資料表，第 2 行為快速瀏覽欄位摘要

```
> fit=glm(smoker~., data=myData, family=binomial)
```

glm() 完成估計，二元數據，所以裡面的 family = binomial。「smoker ~.」代表除了 smoker 之外所有的欄位，統統要當作右邊的解釋變數。

```
> summary(fit)
Call:
glm(formula = smoker ~ ., family = binomial, data = myData)
Deviance Residuals:
   Min     1Q  Median     3Q     Max
```

-1.2202 -0.8144 -0.5972 -0.3849 2.3944

Coefficients:

	Estimate Std.	Error	z value	Pr(>|z|)
(Intercept)	-1.696765	0.138696	-12.234	< 2e-16 ***
smkban	-0.250735	0.049164	-5.100	3.40e-07 ***
age	-0.007452	0.001987	-3.751	0.000176 ***
hsdrop	1.931075	0.131261	14.712	< 2e-16 ***
hsgrad	1.523305	0.114308	13.326	< 2e-16 ***
colsome	1.180080	0.116518	10.128	< 2e-16 ***
colgrad	0.424753	0.125801	3.376	0.000734 ***
black	-0.149472	0.089994	-1.661	0.096732 .
hispanic	-0.584845	0.083085	-7.039	1.93e-12 ***

```
female          -0.188720    0.049105      -3.843    0.000121 ***
---
Signif. codes:
0 '***' 0.001 '**' 0.01 '*' 0.05 '.' 0.1 ' ' 1
(Dispersion parameter for binomial family taken to be 1)
    Null deviance: 11074  on 9999  degrees of freedom
Residual deviance: 10502  on 9990  degrees of freedom
AIC: 10522
Number of Fisher Scoring iterations: 4
```

估計結果顯示除了 black 之外，其餘的統計上都相當顯著。

練習

請參考 R-Commander 的做法，計算 McFadden R^2 和穩健修正 Over-dispersion 後的估計表。

接下來我們進行預測機率：

```
> probs=predict(fit, type="response")
> probs[1:8]
     1       2       3       4       5       6       7       8
 0.285   0.217   0.300   0.359   0.238   0.307   0.213   0.313
```

這樣還不夠，必須把預測機率轉成原始資料的「No」和「Yes」，才能知道我們的模型預測能力如何。函數 contrasts() 可以顯示 smoker 的啞變數「No」和「Yes」，如何被 glm() 編碼成 0,1，如下：

```
> contrasts(myData$smoker)
    Yes
No   0
Yes  1
```

轉數字為文字，以下兩行，原資料有 1 萬個人，先產生 10,000 個 No。

```
> glm.pred=rep("No",10000)
```

然後把滿足條件 probs > 0.5 的資料單位，覆寫為 "Yes"，程式碼如下：

```
> glm.pred[probs > 0.5]="Yes"
```

接下來使用 table() 函數呈現結果，並計算預測正確的比率，程式碼如下：

```
> Result=table(glm.pred,myData$smoker)
> (7562+40)/10000
> sum(diag(Result))/10000
> mean(glm.pred==myData$smoker)
```

上面最後三行是一樣的，(7562+40)/10000 是人工輸入數字，這樣寫只是確認下面兩個計算方法的正確。正確預測的比率為 7 成，至於這個勝率適不適合決策參考，可以依照前講次的後續分析，要求更多分類配適，以蒐集更多的決策資訊。

5.4　提審大數據

　　Logistic Regression 產生的預測，和線性迴歸不太一樣，必須自己定一個基準，例如：「> 0.5」。基準定得愈嚴格，勝率就會愈低。勝率和基準彼此抵消，因此在實務預測時，要採行一些做法來檢視預測可靠性，其中一個就是平滑。

第 1 步　增加基準，例如：0.3, 0.4, 0.5, 0.6。
第 2 步　計算勝率。

　　這樣可以知道模型產生的預測，有沒有平滑，如果 0.5 和 0.4 比較勝率從 7 成劇烈增加，那就代表模型的可靠度不太行；反之亦然，0.5 和 0.6 比較勝率從 7 成劇烈降低，也就代表模型不太可靠。

　　其次，用 summary(probs) 檢視預測能力分布。

```
> summary(probs)
    Min.    1st Qu.    Median     Mean    3rd Qu.     Max.
 0.03573   0.14788   0.25234   0.2423   0.31482   0.52502
```

　　由上式可知最大的預測能力只有 52.5%，不到 6 成。所以，模型有需要再繼續下功夫。

練習　

　　逐次減少解釋變數，看看是否會改善預測能力？

練習　

　　將少量解釋變數增加平方項，看看是否會改善預測能力？

Logistic Regression 應用很多，比如說電子商務網站分析顧客行為時，會記錄如下數字：

Y={退出 (0); 結帳 (1)}
X={性別; 品類; 單價; 逗留時間; ......}

這樣的數據就可以從事 Logistic Regression，只要能夠找出影響結帳機率的因素，對於業務就有明確的策略範疇。在未來，無人商店對於這類分析的需求一定更多，甚至也關係到交友平台的撮合是否成功。

這類型態數據不一定是直接由資料產生，也可以是經過資料編碼過的；例如：金融市場可以依據一定期間的表現編碼成 {熊市 (0); 牛市 (1)}，經濟成長可以依照進出口和 GDP 變化，編成 {衰退 (0); 繁榮 (1)}。

只要對象的選擇行為定義明確，Logistic Regression 的選擇變數 Y，可以是二元，也可以是多元。

數據思考

大數據的經濟預測

聯準會 (FRB of New York) 刊出一篇〈大數據的經濟預測〉，作者指出資料維度並無法改善經濟預測，反而增加了模型不確定。基本上作者結論的 4 成算可接受，但是他沒用資料科學，只是用統計大迴歸；一個大迴歸不就只是迴歸嗎？

簡單說，作者只擴充模型，並沒有在 4V 的演算維度分析問題。如果要評估大數據計量經濟解析 (Analytics)，第一件事是「大規模探索性分析 (Large Scale Explanatory Data Analysis)」，其次是界定資料結構，最後是預測型態與評估。基本上，計量的大數據預測是「建立在資料結構上的型態 (Patterns)」，不是雞尾酒療法；是 Analytics，不只是 Analysis。

多數的預測是預測落點，但是從大數據決策者的角度，必須提出這樣的預測有什麼「型態」。例如：有人說下一季預測增長 5%，我們就必須知道為什麼是 5%，5% 是平均嗎？增長的數據可以分類說明嗎？好比，20 個產業和 30 個區域分別是多少。我們必須掌握更多分類型態的預測估計。

全文：http://libertystreeteconomics.newyorkfed.org/2018/05/
economic-predictions-with-big-data-the-illusion-of-sparsity.html

第6講

主成分的分類原理
——把資料變少了

阿凡達——美國政府的大數據防恐系統

電影《倒數行動》有這麼一段情節，一位在倫敦任職的美國海關安檢專員 (蜜拉喬娃維琪飾演)，因察覺一位由倫敦申請入境美國的案主和一場即將引爆的恐怖事件有關，不僅被恐怖分子栽贓，更遭深信的同僚背叛與誣陷。她被迫展開一場洗刷罪名的大逃亡，同時還得設法阻止這場危及全美國的恐怖攻擊。007 皮爾斯布洛斯南在此劇飾演大反派，一路追殺蜜拉喬娃維琪。

2001 年的 911 事件之後，在外地核發入境許可與入境把關，成為國土安全的重要事項。因此，美國國家安全局 (DHS, Department of Homeland Security) 與 University of Arizona 合作開發了一套大數據系統 (AVATAR, Automated Virtual Agent for Truth Assessments in Realtime)，中譯「饒舌」，我們就稱之為 AVATAR，是一個即時自動偵測真假的機器人。

美國海關安檢過去是用孟子的方法：「聽其言也，觀其眸子，人焉廋哉。」經驗雖然寶貴，但是經驗的載體是人，在大量工作之下，人

■ 圖 6.0-1　　　　　　　　　　　　　　　(圖截自 YouTube)

會疲勞，警覺性會下降，因此會犯錯。AVATAR 的工作，依靠三支感應器：紅外線掃描、影像記錄和聲紋麥克風。AVATAR 用感應器掃描記錄受檢人員的肢體語言和表情眼神，以及各種微細的動作，篩選出可疑人士後，由虛擬助手機器人以英文問幾個問題，透過聲音以及回答問題時的生理變化，據此判斷出高度可疑人士之後，再由有經驗的人員接手。

數據庫基本是過去案例的影像和對話內容。AVATAR 逐年增長，是一個標準的成長型大數據。這套系統除了在美墨邊境海關，歐洲機場的赴美出境站也採用，包括羅馬尼亞首府 Bucharest 的主要機場。

傳統的測謊器需要人在旁邊解讀訊號，AVATAR 則利用了機器學習的模式，稱為 AI Kiosk 偵謊器 (Lies Detector)，透過大量非結構化資料的訓練提高預測準確度。美國每年出入境上千萬人，隨著時間增長，這套系統也愈見愈靈光。

Youtube 介紹：https://youtu.be/QuFvNiBosM8
讀者只要在 Google 搜尋關鍵字，就可以看到許多相關報導。

6.1　簡易原理

　　假設某大學畢業生，因為資料解析的能力獲得香港 7 家外商的青睞，他善用自己的專長評估這 7 家外商公司。他首先建構了一張 5 個構面的表：家庭生活、區位、工作挑戰、財務和學習。然後，根據自己的認知，給予分數，結果如下：

● 表 6.1-1

公司	家庭生活	區位	工作挑戰	財務	學習
Accenture	1	3	8	8	7
Microsoft	9	4	4	4	5
Looker	5	6	6	5	3
Start-up	2	8	9	2	8
Salesforce	8	9	4	3	4
Google	7	8	3	4	5
Safeway	5	3	5	3	6

　　上表的資訊，可以先由 5 個構面取出 2 個 (家庭生活 vs. 工作挑戰)，來繪製數據之間關係，如下圖 6.1-1。

　　圖 6.1-1 呈現的負相關意味著家庭生活和工作挑戰之魚與熊掌不可兼得的性質，如果依照中庸之道，或許 Safeway 是不錯的選擇。

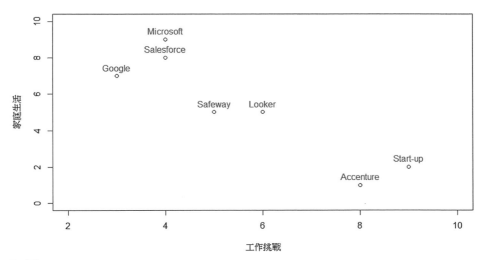

■ 圖 6.1-1

問題來了！圖 6.1-1 只是 2 構面，這個自我問卷有 5 構面，另 3 個構面的資訊要如何採納？

把 5 個構面用線性組合綜合起來，成為一個構面主成分 (Principal Component)，如下：

PC1 = 0.57 家庭 − 0.55 挑戰 − 0.48 學習 + **0.28** 區位 − **0.27** 財務
PC2 = 0.11 家庭 − 0.24 挑戰 − 0.34 學習 − **0.61** 區位 + **0.68** 財務

(0.57, -0.55, -0.48, 0.28, -0.27) 稱為因子負載 (Factor Loadings)，就是線性組合的係數；主成分分析中，不直接稱係數，是因為這些數字的產生，不是線性迴歸。

這個時候，PC1 和 PC2 就是構面的綜合體，利用表 6.1-1 的數字代入，PC1 就會產生 7 家公司的分數 (Score)，分數的意義可以由係數正負來看。例如：PC1 正值愈大的公司，根據方程式，家庭和區位的重要性愈高。

我們將 PC1 和 PC2 的值，分別繪製於 X 軸和 Y 軸，這就是稱為 biplot (雙標圖)，可以在兩兩關聯之外，檢視此人對 7 家公司的綜合評分。如下圖

6.1-2：

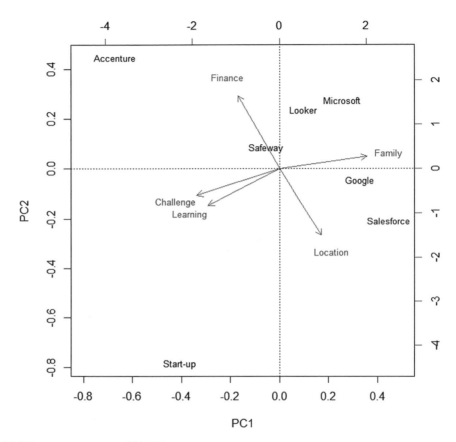

■ 圖 6.1-2　bi-plot (雙標圖)

　　如果由 X 軸開始順時針四邊分別以代號稱為 1、2、3、4 (X 軸是 1，
Y 軸是 2)，X 軸的對面是 3，刻度為 PC1 的 5 個構面的因子負載 (Factor
Loadings)；Y 軸的對面是 4，刻度為 PC2 的 5 個構面的因子負載。一個構面
有兩個因子負載 (Factor Loadings)，例如：家庭有 (0.57, 0.11)，這點坐標定
好後，就可以畫一條源自原點 (0, 0) 的射線。

　　數學上，5 個構面最多產生 5 個彼此獨立 (無關) 的主成分，利用解釋能力，可以萃取少量主成分，代表大量的變數 (構面)。所以，如果一筆資料有成千個變數，主成分方法可以提取少量主成分，但是不失千個變數的資訊；就是將變數縮減，也稱為降維方法 (Dimension Reduction)，也是大數據常用的方法。

前述採用簡單方法說明主成分分析的核心觀念，進一步的討論，我們將換一筆資料，並用 Excel 表單來解釋。

承上，高維度資料指的是資料左右的寬很多，好比欄位 A～Z，不是指觀察值有 100 萬或更多。圖 6.1-3 是 1986 年美國犯罪率：記錄了 50 個州加上 DC (哥倫比亞特區) 每 10 萬人的犯罪人數。如果我們不是要研究特定犯罪率 (Y) 受哪些犯罪率 (X) 的影響時，之前的迴歸方法就用不上 (雖然換個角度，主成分也可以是迴歸)。因為沒有明確的被解釋變數 Y，機器學習稱此為非監督式學習 (Un-supervised Learning)，統計學將此歸類為解釋性資料分析 (Explanatory Data Analysis) 的一部分。

迴歸用預測好壞 (殘差)，用信賴區間把列的樣本分類：預測「精準的」和「不準的」。主成分分析把犯罪欄 (直行) 的數字組成一個成分，將 50 個州 (橫列) 予以分類。

要解釋 PCA 的概念，我們先從一個變數開始解釋，假設我們只有 50 個州的謀殺 (Murder) 數據，要分類很簡單：用 Murder 對50 個州簡單排序

	Murder	Rape	Robbery	Assault	Burglary	Theft	Vehicle
AK	8.6	72.7	88	401	1162	3910	604
AL	10.1	28.4	112	408	1159	2304	267
AR	8.1	28.9	80	278	1030	2305	195
AZ	9.3	43.0	169	437	1908	4337	419
CA	11.3	44.9	343	521	1696	3384	762
CO	7.0	42.3	145	329	1792	4231	486
CT	4.6	23.8	192	205	1198	2758	447
DC	31.0	52.4	754	668	1728	4131	975
DE	4.9	56.9	124	241	1042	3090	272
FL	11.7	52.7	367	605	2221	4373	598
GA	11.2	43.9	214	319	1453	2984	430
HI	4.8	31.0	106	103	1339	3759	328
IA	1.8	12.5	42	179	956	2801	158

■ 圖 6.1-3　美國 50 州的犯罪率 (每 10 萬人)

(Simple Sorting)，就可以看出高謀殺和低謀殺的州。當我們有兩個變數時，例如：增加竊盜 (Theft)，簡單排序就派不上用場，甚至會遇到很多兩難的地方，如果有 3 個變數又更困難了。

這個時候，可以用一個想法：Murder 和 Theft 之間形成一個 a × Murder + b × Theft = P 的線性組合，這樣就把 2 筆數據變成 1 筆數據，就可以簡單排序。係數 a 和 b 決定了 Murder 和 Theft 有多少成分要貢獻出來組成一個主要的成分，所以這個線性組合產生的一筆因子數據 P，就稱為主成分 (Principal Component)。數學上，兩維空間恰有兩個正交向量：[0,1] 和 [1,0]，因此，此例有兩個變數，係數就有兩組：$[a_1, b_1],[a_2, b_2]$；且這兩組係數計算的主成分彼此線性獨立[1]。因此，如果有 10 個變數，就有 10 個主成分產生。每個主成分都解釋了整體數據的一部分變異，要幾個主成分，就看累加解釋變異有多高。當變數很多導致對分類困難時，這樣的方法簡化了大量資料帶來的分析難度。如果一筆 100 個欄位變數，10 個主成分解釋了 85% 的資料變異，那麼就等於維度下降 (Dimension Reduction)，我們就可以用 10 個主成分對列樣本分類。下面會以實作來解釋這個問題。

把大量變數簡化成幾個主成分的演算方法，歸為多變量統計學。多變量統計方法 (Multivariate Statistics) 是一個專門處理高維度資料 (High-dimension) 的方法，多變量統計方法往往也歸類於降維方法，一般所講的因子分析法 (Factor Analysis) 都是這些方法。將觀察不到的資料，但是可以由觀察到的資料所產生的稱為因子 *F*。但是，多變量方法不一定是資料維度要非常非常高，而是對觀察不到的潛在變數 (Potential Variables)，產生測量；例如：消費者滿意程度的測量，可以透過 10 個問題 (維度) 的問卷，問 2,000 個消費者 (觀察值)，就可以產生一個「消費者滿意程度」的測量指數。也就是說，一個不能直接觀察的變數或無法蒐集的資料，就稱為因子 (Factor) 或主成分 (Principal Components)。

1　理論上要求正交，但因為正交過於嚴格，實務上要求線性獨立。在線性代數，「正交和獨立」都有嚴格數學定義，若讀者不易理解正交，就用線性獨立；再從簡，可以用「無關」來暫時協助理解。

　　主成分分析法藉助於一個正交變換，將其分量相關的原隨機向量轉化成不相關的新隨機向量，這在代數上表現為將原隨機向量的共變異數矩陣變換成為對角形陣，在幾何上表現為將原坐標系變換成新的正交坐標系，使之指向樣本點散布最開的 p 個正交方向，然後對多維變數系統進行降維處理，使之能以一個較高的精確度轉換成低維變數系統，再透過構造適當的價值函數，進一步把低維系統轉化成一維系統。

　　如下面系統方程式：$x_1 \sim x_q$ 是實際變數資料，$F_1 \sim F_q$ 是未知的因子。也就是說，實際變數資料 $x_1 \sim x_q$ 的線性組合產生一個因子主成分 P，q 個 x 變數，最多是 q 個線性組合，故最多也是 q 個因子 P。

$$P_1 = a_{11}x_1 + a_{12}x_2 + \cdots + a_{1q}x_q$$
$$P_2 = a_{21}x_1 + a_{22}x_2 + \cdots + a_{2q}x_q$$
$$\vdots$$
$$P_q = a_{q1}x_1 + a_{q2}x_2 + \cdots + a_{qq}x_q$$

$$\mathbf{a}_1^T = (a_{11}, a_{12}, \cdots, a_{1q}) \qquad \mathbf{a}_2^T = (a_{21}, a_{22}, \cdots, a_{2q})$$
$$\mathbf{a}_1^T \mathbf{a}_1 = 1 \qquad \mathbf{a}_2^T \mathbf{a}_1 = 0$$
$$\text{var}(x_q) = s_q^2 \qquad\qquad \text{cov}(x_i, x_j) = s_{ij}$$

共變異數矩陣 S，可以寫成：

$$S = \begin{bmatrix} s_1^2 & s_{12} & \cdots & s_{1q} \\ s_{21} & s_2^2 & \cdots & \vdots \\ \vdots & \vdots & \cdots & \vdots \\ s_{q1} & \cdots & \vdots & s_q^2 \end{bmatrix}$$

解特徵值 (Eigenvalues 或 Characteristics Values)

$$\text{eigen}(S) = \{\lambda_1, \cdots \lambda_q\}$$

$$\sum_{i=1}^{q} \lambda_i = s_1^2 + s_2^2 + \cdots + s_q^2 = \text{trace}(S)$$

$$R_j = \frac{\lambda_j}{\text{trace}(S)} (\text{proportion accounted by j-th PC})$$

R_j 的累進，可以判斷要多少個 PC。

6.2 R GUI 的實作

我們用 1988 年漢城奧運七項全能的資料檔 (heptathlon.RData) 為例 (圖 6.2-1)，其中記錄了多個選手的成績。PCA 會產生一個向量，可以用於判斷選手的優勢項目，也可以產生一個 PCA 的積分。因為有的項目，成績數字愈大愈好，例如：跳高跳遠；有的項目，數字愈小愈好，例如：賽跑。

7% heptathlon	hurdles	highjump	shot	run200m	longjump	javelin	run800m	score
Joyner-Kersee (USA)	12.69	1.86	15.80	22.56	7.27	45.66	128.51	7291
John (GDR)	12.85	1.80	16.23	23.65	6.71	42.56	126.12	6897
Behmer (GDR)	13.20	1.83	14.20	23.10	6.68	44.54	124.20	6858
Sablovskaite (URS)	13.61	1.80	15.23	23.92	6.25	42.78	132.24	6540
Choubenkova (URS)	13.51	1.74	14.76	23.93	6.32	47.46	127.90	6540
Schulz (GDR)	13.75	1.83	13.50	24.65	6.33	42.82	125.79	6411
Fleming (AUS)	13.38	1.80	12.88	23.59	6.37	40.28	132.54	6351
Greiner (USA)	13.55	1.80	14.13	24.48	6.47	38.00	133.65	6297
Lajbnerova (CZE)	13.63	1.83	14.28	24.86	6.11	42.20	136.05	6252
Bouraga (URS)	13.25	1.77	12.62	23.59	6.28	39.06	134.74	6252
Wijnsma (HOL)	13.75	1.86	13.01	25.03	6.34	37.86	131.49	6205
Dimitrova (BUL)	13.24	1.80	12.88	23.59	6.37	40.28	132.54	6171
Scheider (SWI)	13.85	1.86	11.58	24.87	6.05	47.50	134.93	6137
Braun (FRG)	13.71	1.83	13.16	24.78	6.12	44.58	142.82	6109
Ruotsalainen (FIN)	13.79	1.80	12.32	24.61	6.08	45.44	137.06	6101
Yuping (CHN)	13.93	1.86	14.21	25.00	6.40	38.60	146.67	6087
Hagger (GB)	13.47	1.80	12.75	25.47	6.34	35.76	138.48	5975
Brown (USA)	14.07	1.83	12.69	24.83	6.13	44.34	146.43	5972
Mulliner (GB)	14.39	1.71	12.68	24.92	6.10	37.76	138.02	5746
Hautenauve (BEL)	14.04	1.77	11.81	25.61	5.99	35.68	133.90	5734
Kytola (FIN)	14.31	1.77	11.66	25.69	5.75	39.48	133.35	5686
Geremias (BRA)	14.23	1.71	12.95	25.50	5.50	39.64	144.02	5508
Hui-Ing (TAI)	14.85	1.68	10.00	25.23	5.47	39.14	137.30	5290
Jeong-Mi (KOR)	14.53	1.71	10.83	26.61	5.50	39.26	139.17	5289
Launa (PNG)	16.42	1.50	11.78	26.16	4.88	46.38	163.43	4566

■ 圖 6.2-1　1988 年漢城奧運 Heptathlon 資料 (heptathlon.RData)

score 是大會依照選手成績計算的積分。因此，我們問一個問題：大會 score 積分計算的分數，是否能解釋選手狀況？

第 1 步 計算新變數，讓項目數字反應的名次彼此一致：

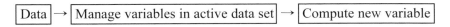

| Data | → | Manage variables in active data set | → | Compute new variable |

圖 6.2-2 的新變數 (New variable name) 設定，和原來變數名稱一樣也可以，另外給一個也行，但是不要給中文，這裡建議用 hurdles。分段 max(hurdles)-hurdles 是用極大值減掉原來數字，這樣就可以將障礙賽的「愈小愈好」，改成「愈大愈好」。其餘 run200m 和 run800m 都是賽跑，也同樣修改成 run200m1、run800m1。

第 2 步 相關係數矩陣 (Correlation matrix)：

| Statistics | → | Summaries | → | Correlation matrix |

選變數時，注意不要選 score。

在相關係數表中 (圖 6.2-3)，發現標槍 (javelin) 和 800 公尺 (run800m1) 數值為負，而且很小 (-0.02)，為了進一步了解選手是否因為某些因素 (例如：跌倒摔傷)，以致分數出現離群值，我們來看一看矩陣散布圖。

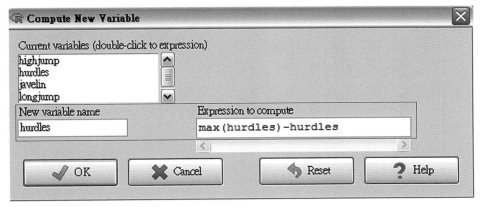

■ 圖 6.2-2　計算新變數

	highjump	hurdles1	javelin	longjump	run200m1	run800m1	shot
highjump	1.0000	0.8114	0.0022	0.7824	0.4877	0.5912	0.4408
hurdles1	0.8114	1.0000	0.0078	0.9121	0.7737	0.7793	0.6513
javelin	0.0022	0.0078	1.0000	0.0671	0.3330	-0.0200	0.2690
longjump	0.7824	0.9121	0.0671	1.0000	0.8172	0.6995	0.7431
run200m1	0.4877	0.7737	0.3330	0.8172	1.0000	0.6168	0.6827
run800m1	0.5912	0.7793	-0.0200	0.6995	0.6168	1.0000	0.4196
shot	0.4408	0.6513	0.2690	0.7431	0.6827	0.4196	1.0000

■ 圖 6.2-3　相關係數表

第 3 步　檢視圖 6.2-4 的散布矩陣圖 (Scatter plot matrix)：

| Graphs | → | Scatter plot matrix |

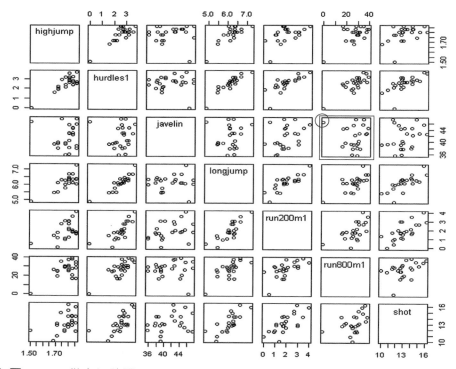

■ 圖 6.2-4　散布矩陣圖 (Scatter plot matrix)

　　觀察散布矩陣圖可以看出每一個觀察值 (選手) 的散布狀況，由此圖可以看出有選手的分數是離群值，再對照原始資料，得知是第 25 位。

第 4 步　移除 outlier 選手 (列)，再看一次相關係數與散布矩陣圖：

| Data | → | Active data set | → | Remove row(s) from active data set |

　　移除第 25 名離群選手後 (圖 6.2-5)，記得將該筆資料集 (data.frame) 重新命名為 heptathlon24，以茲區別。這筆資料，隨書附檔有提供，用 load() 可以直接載入，檔案名稱為 heptathlon24.RData。

　　移除離群選手後，重新計算相關係數矩陣時，原先的異常不再出現，如圖 6.2-6。

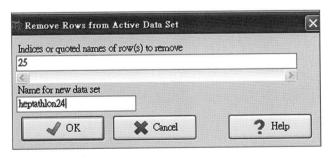

■ 圖 6.2-5　移除離群選手

	highjump	hurdles1	javelin	longjump	run200m1	run800m1	shot
highjump	1.0000	0.5817	0.3481	0.6627	0.3909	0.1523	0.4647
hurdles1	0.5817	1.0000	0.3325	0.8893	0.8300	0.5588	0.7667
javelin	0.3481	0.3325	1.0000	0.2871	0.4708	0.2559	0.3430
longjump	0.6627	0.8893	0.2871	1.0000	0.8106	0.5234	0.7840
run200m1	0.3909	0.8300	0.4708	0.8106	1.0000	0.5732	0.6694
run800m1	0.1523	0.5588	0.2559	0.5234	0.5732	1.0000	0.4083
shot	0.4647	0.7667	0.3430	0.7840	0.6694	0.4083	1.0000

■ 圖 6.2-6　新的相關係數矩陣

第 5 步 從新資料集,取出主成分:

Statistics → Dimensional analysis → Principal components analysis

如圖 6.2-7 的視窗中的「Data」分頁,除了 score 不選,其餘都選取。還有,記得要選擇第 1 步重新計算的資料。再來切換至「Options」分頁,如圖 6.2-8,全部勾選。

再來就是決定要萃取之主成分總數,如圖 6.2-9,如果是 7 個變數,最多只能選 7 個,我們就選 7。

按 OK,R-Commander 就會產生語法和估計結果,如圖 6.2-10。圖 6.2-10 分兩部,上半部語法視窗 (Script Window) 的第一格,是主成分的關鍵估計函數 princomp(),式中將估計結果存成物件 .PC。

1. 上半部語法中的 A 標 unclass(loadings(.PC)),對應下半部輸出的 A,
   就是主成分矩陣。

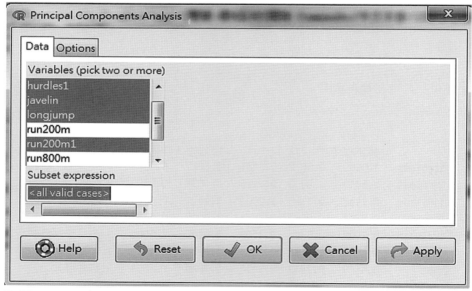

■ 圖 6.2-7　選擇計算主成分的資料變數

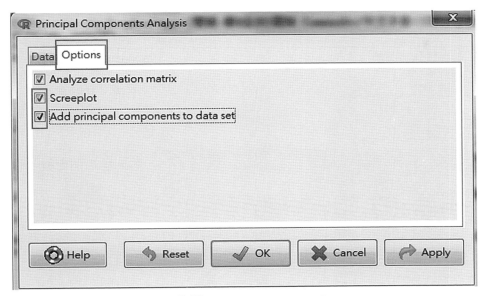

■ 圖 6.2-8　進入 Options，全選

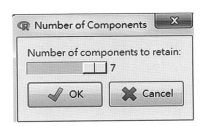

■ 圖 6.2-9　決定主成分總數量

2. 上半部語法中的 B 標 .PC$sd^2，對應下半部的 B，為輸出每個主成分占有的變異數 (Variance)。

3. 上半部語法中的 C 標 summary(.PC)，對應下半部的 C，為輸出的 Importance of components。這項輸出的倒數第二列的 Proportion of Variance，是個別主成分占總變異數的比率，就最前面解說的 R_j，可以理解成 R^2；例如：第一個主成分的變異數解釋能力有 0.6177，第二個有 0.1284。最下列標注的 Cumulative Proportion，是上列累計的

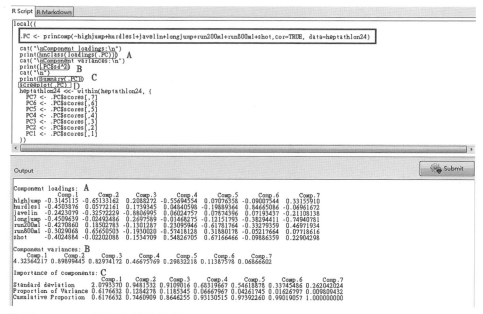

■ 圖 6.2-10　語法和估計結果

解釋能力。例如：第一個主成分的變異數解釋能力有 0.6177，第二個
有 0.7461 (0.6177 + 0.1284)。

綜合解說

　　3 個主成分聯手，可以解釋 87% 的資料變異 (Variations)，

　　4 個主成分聯手，可解說 93% 的資料變異。

　　一般而言，這種情況，3 個主成分或 4 個都可以接受。降維度就是這樣
達成的，原來的 7 筆資料，可以用 3 個或 4 個主成分變數代表。

4. 上半部語法中的 D 標 screeplot(.PC)，是繪製每一個主成分變異數的
圖，也稱為陡坡圖 (Screeplot)。就是下半部標號 B 的內容，如圖 6.2-
11。

　　R-Commander 的多變量分析，有一個重要的使用技巧，如果讀者想要

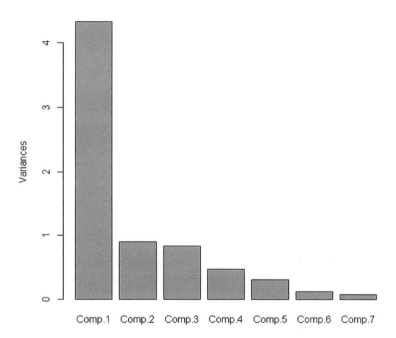

■ 圖 6.2-11　　繪製陡坡圖 (Screeplot)

重複執行圖 6.2-10 上半部的語法，請看第 1 行和最後一行的指令如下：

```
local({

})
```

　　這個括弧的內部，就是主成分分析的幾行語法。但是用 local 這個指令，語法執行完輸出結果後就不會存在記憶體。如果要再看結果，執行 summary(.PC) 是看不到的；必須從選單再 run 一次。

　　不過，我們可以用另一個技巧改善這個情形，做法是將「local({」和「})」刪除，然後將整段語法框起來，再按 Submit 按鈕執行。這樣所有的東西就會存於記憶體。之後，就可以逐行去執行，圖 6.2-12 為單獨執行之

```
> unclass(loadings(.PC))  # component loadings
          Comp.1   Comp.2   Comp.3   Comp.4   Comp.5   Comp.6   Comp.7
highjump -0.3145  0.65133  0.2088 -0.55695  0.07076 -0.09008  0.33156
hurdles1 -0.4504 -0.05772  0.1739  0.04841 -0.19889  0.84665 -0.06962
javelin  -0.2423  0.32572 -0.8807  0.06025  0.07874  0.07193 -0.21108
longjump -0.4510  0.02492  0.2698 -0.01468 -0.12152 -0.38294 -0.74941
run200m1 -0.4271 -0.18503 -0.1301  0.23096 -0.61782 -0.33279  0.46972
run800m1 -0.3029 -0.65651 -0.1930 -0.57418  0.31880 -0.05218  0.07719
shot     -0.4025  0.02202  0.1535  0.54827  0.67166 -0.09886  0.22904

> .PC$sd^2  # component variances
 Comp.1  Comp.2  Comp.3  Comp.4  Comp.5  Comp.6  Comp.7
4.32364 0.89899 0.82974 0.46676 0.29832 0.11388 0.06867

> summary(.PC) # proportions of variance
Importance of components:
                        Comp.1 Comp.2 Comp.3  Comp.4  Comp.5  Comp.6   Comp.7
Standard deviation      2.0793 0.9482 0.9109 0.68320 0.54619 0.33745 0.262042
Proportion of Variance  0.6177 0.1284 0.1185 0.06668 0.04262 0.01627 0.009809
Cumulative Proportion   0.6177 0.7461 0.8646 0.93131 0.97392 0.99019 1.000000
```

■ 圖 6.2-12 　去掉「local({」和「})」的執行結果

結果，完全沒問題。

在估計之初，我們選擇將估計出來的主成分和原始資料表存在一起，這時候打開資料選單檢視 (如圖 6.2-13)，裡面萃取出的 PC 其實可以看成是：每一個選手在系統內的分數 score。PC1 和奧運大會的 scores 變數，相關係數為 -0.99，代表了 PC1 這個主成分，也可以定義為「表現差異」因子。PC1 的第 1 名也是大會 score 的金牌選手 Kersee。

最後，我們可以利用 R-Commander 的 Script Window 檢視兩個項目 (如圖 6.2-14)：

biplot() 和 loading

若要檢視 7 個項目的 loadings，我們可以在 summary() 內，增加語法 loadings= TRUE。如下：

heptathlon24

	un200m1	run800m1	PC1	PC2	PC3	PC4	PC5	PC6	PC7
Joyner-Kersee (USA)	4.05	34.92	-4.85985	0.14287	0.00617	0.299727	-0.36962	-0.27632	-0.48611
John (GDR)	2.96	37.31	-3.21565	-0.96899	0.24917	0.560983	0.76985	0.38582	-0.05284
Behmer (GDR)	3.51	39.23	-2.98912	-0.71030	-0.63568	-0.566676	-0.19444	-0.26335	0.11293
Sablovskaite (URS)	2.69	31.19	-1.31584	-0.18286	-0.25602	0.650878	0.61660	-0.22040	0.54217
Choubenkova (URS)	2.68	35.53	-1.53579	-0.98246	-1.81889	0.800898	0.60238	0.08187	-0.30729
Schulz (GDR)	1.96	37.64	-0.97908	-0.35877	-0.42197	-1.137497	0.73021	-0.25984	0.03921
Fleming (AUS)	3.02	30.89	-0.97395	-0.51058	0.27084	-0.143218	-0.88444	0.03771	0.23501
Greiner (USA)	2.13	29.78	-0.64686	-0.38401	1.16486	0.145624	0.21255	-0.14542	-0.06512
Lajbnerova (CZE)	1.75	27.38	-0.38978	0.72745	0.06987	0.089088	0.69184	0.25553	0.36320
Bouraga (URS)	3.02	28.69	-0.53356	-0.79360	0.49142	0.289848	-1.21339	0.40739	0.20136
Wijnsma (HOL)	1.58	31.94	-0.22238	0.23872	1.17905	-1.287231	0.38304	-0.20704	0.17835
Dimitrova (BUL)	3.02	30.89	-1.09913	-0.52662	0.31918	-0.129765	-0.93971	0.27302	0.21566
Scheider (SWI)	1.74	28.50	0.00308	1.47801	-1.61678	-1.281395	-0.20968	0.17976	-0.04000
Braun (FRG)	1.83	20.61	0.11153	1.67114	-0.47968	0.370379	-0.15029	0.26696	-0.01363
Ruotsalainen (FIN)	2.00	26.37	0.21336	0.70347	-1.17692	-0.115343	-0.32218	0.18746	-0.14431
Yuping (CHN)	1.61	16.76	0.23751	2.00215	1.57438	0.611194	0.17827	-0.51255	0.05107
Hagger (GB)	1.14	24.95	0.67370	0.08965	1.83515	-0.186297	-0.05214	0.56243	-0.47386
Brown (USA)	1.78	17.00	0.77313	2.08686	-0.46122	0.487184	-0.38975	-0.27179	-0.11338
Mulliner (GB)	1.69	25.41	1.92139	-0.93499	0.36704	0.816817	-0.07092	-0.74835	-0.31954
Hautenauve (BEL)	1.00	29.53	1.86749	-0.74192	1.07119	-0.727102	0.14395	0.07083	-0.07711
Kytola (FIN)	0.92	30.08	2.16376	-0.40780	-0.19425	-0.805403	0.42714	-0.03436	0.12404
Geremias (BRA)	1.11	19.41	2.83030	-0.03538	-0.17394	1.415363	0.29155	0.38903	0.35318
Hui-Ing (TAI)	1.38	26.13	3.98507	-1.22760	-0.96397	-0.002481	-0.68524	-0.53891	0.09640
Jeong-Mi (KOR)	0.00	24.26	3.98066	-0.37445	-0.39900	-0.155576	0.43439	0.38052	-0.41939

■ 圖 6.2-13　檢視分析後的資料表

File　Edit　Data　Statistics　Graphs　Models　Distributions　Tools　Help

Data set:　heptathlon24　　Edit data set　　View data set　　Model: Σ <No active model>

Script Window

```
.PC <- princomp(~highjump+hurdles1+javelin+longjump+run200m1+run800m1+shot
, cor=TRUE, data=heptathlon24)

summary(.PC, loadings=TRUE)
biplot(.PC, col=c("grey", "black")) #biplot
```

Submit

Output Window

■ 圖 6.2-14　檢視 biplot

```
summary(.PC, loadings=TRUE)
```

結果如圖 6.2-15：

loadings 是對主成分給予解譯的重要資訊，為避免這部分占據太多篇幅，我們將解讀留到下面 biplot 再說，以免重複。

接下來就是繪製 biplot 雙標圖，R-Commander 沒有產製這個進階的分析圖形，所以我們要在語法視窗，執行以下語法：

```
biplot(.PC, col=c("grey", "black"))
```

執行後，會生成 biplot 雙標圖，如圖 6.2-16。

圖 6.2-16 指出：金牌選手 Kersee，主要的積分來自 4 項：long jump、shot、hurdle、200m。hurdle 和 long jump 高度相關；javelin 和 high jump 也是高度相關。800m 和其他 6 項運動相關較低；和 javelin 及 high jump 幾乎無關。

```
> summary(.PC, loadings=TRUE)
Importance of components:
                   Comp.1 Comp.2 Comp.3 Comp.4 Comp.5 Comp.6 Comp.7
Standard deviation   2.08   0.95   0.91  0.683  0.546  0.337 0.2620
Proportion of Variance 0.62  0.13   0.12  0.067  0.043  0.016 0.0098
Cumulative Proportion  0.62  0.75   0.86  0.931  0.974  0.990 1.0000

Loadings:
         Comp.1 Comp.2 Comp.3 Comp.4 Comp.5 Comp.6 Comp.7
highjump -0.315  0.651  0.209 -0.557                0.332
hurdles1 -0.450         0.174        -0.199  0.847
javelin  -0.242  0.326 -0.881                      -0.211
longjump -0.451         0.270        -0.122 -0.383 -0.749
run200m1 -0.427 -0.185 -0.130  0.231 -0.618 -0.333  0.470
run800m1 -0.303 -0.657 -0.193 -0.574  0.319
shot     -0.402         0.153  0.548  0.672         0.229
```

■ 圖 6.2-15　執行 summary(.PC, loadings=TRUE)

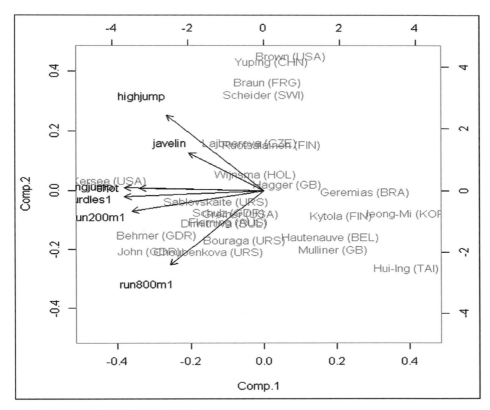

■ 圖 6.2-16　繪製 biplot 雙標圖

　　Comp.1 指出區分各個選手的總分差異，Comp.2 則是每個選手的拿手絕活是哪一個。例如：800 公尺是 John、Choubenkova 和 Behmer 三人的相對強項。

　　biplot 雙標圖是一種視覺化技術，將 n × p 的資料矩陣 (如同 PC score)，呈現在二維平面：將資料矩陣的變異數和共變異數與樣本單位間的距離，共同呈現。令 scores matrix 為 X，其 rank two 的近似為 X_2，如下式：

$$X_2 = \begin{bmatrix} p_1 & p_2 \end{bmatrix} \begin{bmatrix} \sqrt{\lambda_1} & 0 \\ 0 & \sqrt{\lambda_2} \end{bmatrix} \begin{bmatrix} q_1^T \\ q_2^T \end{bmatrix}$$

λ_i : eigenvalue; $\quad$ q_i : eigenvectors

$$p_i = \frac{1}{\sqrt{\lambda_i}} X q_i$$

經過處理後的圖形可以用向量箭頭呈現：

1. 兩個向量角度代表相關程度：角度愈小，相關程度愈高。

2. 由原點射出的向量「長度」，代表了此變數的變異數。

為了更了解主成分分析法的好用之處，我們再來看一個個案分析：都市汙染。資料檔名是 USairpollution.RData (圖 6.2-17)。這筆資料，我們不作細部分析，只在關鍵處設計練習題，讓讀者練習。

這筆資料是 41 個都市的汙染物監測記錄，共有 7 個變數，因為英文的說明比較順暢，我們就直接摘錄英文說明如下：

'SO2' (二氧化硫)：SO2 content of air in micrograms per cubic metre.

'temp' (溫度)：average annual temperature in Fahrenheit.

'manu' (製造業數量)：number of manufacturing enterprises employing 20 or more workers.

'popul' (人口數目，千人)：population size (1970 census); in thousands.

'wind' (年平均風速)：average annual wind speed in miles per hour.

'precip' (年平均降雨量)：average annual precipitation in inches.

'predays' (年平均降雨日)：average number of days with precipitation per year.

這筆資料的相關係數，如圖 6.2-18。

	SO2	temp	manu	popul	wind	precip	predays
Albany	46	48	44	116	8.8	33.4	135
Albuquerque	11	57	46	244	8.9	7.8	58
Atlanta	24	62	368	497	9.1	48.3	115
Baltimore	47	55	625	905	9.6	41.3	111
Buffalo	11	47	391	463	12.4	36.1	166
Charleston	31	55	35	71	6.5	40.8	148
Chicago	110	51	3344	3369	10.4	34.4	122
Cincinnati	23	54	462	453	7.1	39.0	132
Cleveland	65	50	1007	751	10.9	35.0	155
Columbus	26	52	266	540	8.6	37.0	134
Dallas	9	66	641	844	10.9	35.9	78
Denver	17	52	454	515	9.0	12.9	86
Des Moines	17	49	104	201	11.2	30.9	103
Detroit	35	50	1064	1513	10.1	31.0	129
Hartford	56	49	412	158	9.0	43.4	127
Houston	10	69	721	1233	10.8	48.2	103
Indianapolis	28	52	361	746	9.7	38.7	121
Jacksonville	14	68	136	529	8.8	54.5	116
Kansas City	14	54	381	507	10.0	37.0	99
Little Rock	13	61	91	132	8.2	48.5	100
Louisville	30	56	291	593	8.3	43.1	123
Memphis	10	62	337	624	9.2	49.1	105
Miami	10	76	207	335	9.0	59.8	128
Milwaukee	16	46	569	717	11.8	29.1	123
Minneapolis	29	44	699	744	10.6	25.9	137
Nashville	18	59	275	448	7.9	46.0	119
New Orleans	9	68	204	361	8.4	56.8	113
Norfolk	31	59	96	308	10.6	44.7	116
Omaha	14	52	181	347	10.9	30.2	98
Philadelphia	69	55	1692	1950	9.6	39.9	115
Phoenix	10	70	213	582	6.0	7.0	36
Pittsburgh	61	50	347	520	9.4	36.2	147
Providence	94	50	343	179	10.6	42.8	125
Richmond	26	58	197	299	7.6	42.6	115
Salt Lake City	28	51	137	176	8.7	15.2	89

■ 圖 6.2-17　資料檔 USairpollution.RData 之部分畫面

	manu	negtemp	popul	precip	predays	wind
manu	1.0000	0.1900	0.9553	-0.0324	0.1318	0.2379
negtemp	0.1900	1.0000	0.0627	-0.3863	0.4302	0.3497
popul	0.9553	0.0627	1.0000	-0.0261	0.0421	0.2126
precip	-0.0324	-0.3863	-0.0261	1.0000	0.4961	-0.0130
predays	0.1318	0.4302	0.0421	0.4961	1.0000	0.1641
wind	0.2379	0.3497	0.2126	-0.0130	0.1641	1.0000

■ 圖 6.2-18　資料檔 USairpollution. RData 之相關係數

練習

請利用主成分分析法嘗試產生出如圖 6.2-19 的結果。

圖 6.2-19 產生了 factor loadings，由主成分的 Loadings 解讀成分：

1. 可以判斷都市之「生活品質」類型：因為這些成分值數字愈大，環境愈糟。

2. 可以判斷都市之「濕度」類型：因為降雨量和降雨日數的分數最高。

3. 可以判斷都市之「氣候」類型：因為 negtemp=0.672，precip= -0.505，這兩個變數可將都市區分為「濕熱」與「乾冷」兩型。所以，對取出的主成分，需要相當的專業背景才可。

接下來，我們輸出它的分數 .PC$scores。執行 .PC$scores 後，每個都市的三個主成分的分數就出現了，見圖 6.2-20。根據三個主成分的定義，由汙染定義的生活品質，分數愈大愈不好，因此，最差的是鳳凰城 (Phoenix)，有 2.44 分。

```
> summary(.PC, loadings=TRUE)  # component loadings
Importance of components:
                         Comp.1    Comp.2    Comp.3    Comp.4     Comp.5      Comp.6
Standard deviation     1.4819456 1.2247218 1.1809526 0.8719099 0.33848287 0.185599752
Proportion of Variance 0.3660271 0.2499906 0.2324415 0.1267045 0.01909511 0.005741211
Cumulative Proportion  0.3660271 0.6160177 0.8484592 0.9751637 0.99425879 1.000000000

Loadings:
        Comp.1 Comp.2 Comp.3 Comp.4 Comp.5 Comp.6
manu    -0.612 -0.168 -0.273 -0.137  0.102  0.703
negtemp -0.330  0.128  0.672 -0.306  0.558 -0.136
popul   -0.578 -0.222 -0.350                -0.695
precip          0.623 -0.505  0.171  0.568
predays -0.238  0.708        -0.311 -0.580
wind    -0.354  0.131  0.297  0.869 -0.113
```

■ 圖 6.2-19　PCA 估計結果和 factor loadings 計算

```
Kansas City      0.131303464 -0.25205976   0.27549603
Little Rock      1.611599761  0.34248684  -0.83970812
Louisville       0.423739264  0.54055336  -0.37446946
Memphis          0.577848813  0.32506654  -1.11488311
Miami            1.533160553  1.40469861  -2.60660585
Milwaukee       -1.391024518  0.15761872   1.69127813
Minneapolis     -1.500032786  0.24675569   1.75081328
Nashville        0.910052287  0.54346445  -0.85923113
New Orleans      1.453857066  0.90075225  -1.99187430
Norfolk          0.589141903  0.75219052  -0.06092797
Omaha            0.133637672 -0.38478358   1.23581021
Philadelphia    -2.797074676 -0.65847826  -1.41511547
Phoenix          2.440096802 -4.19114925  -0.94155229
Pittsburgh      -0.322264830  1.02663680   0.74808213
Providence      -0.069936477  1.03390711   0.88774002
Richmond         1.171998946  0.33494902  -0.50862036
Salt Lake City   0.912393969 -1.54734758   1.56510204
San Francisco    0.502073845 -2.25528717   0.22663991
Seattle         -0.481679438  1.59742576   0.60871204
St. Louis       -0.286187330 -0.38438239  -0.15567183
```

■ 圖 6.2-20　各個都市的主成分分數

Reporting PCA 的結果

　　因此，主成分的結果報告，需要依照資料性質。奧運資料的重點在於：兩個主成分的定義解讀，也就是評估大會積分系統 (score) 與選手的強項分布。都市汙染資料的重點，則放在三個因子給每個都市打的成績，也就是 loading。

練習　

　　重複上述兩個範例，請問你能如何解讀奧運資料的兩個主成分？

練習　

　　將汙染的例子所得到的 6 個 PC，執行一個迴歸，將 SO2 對這 6 個 PC 迴歸，並檢視其結果。

　　主成分分析在研究上的重要應用是無庸置疑的，在我們進行的許多研究中，扮演相當重要的角色，它的重要應用有：形成構面、建立加總尺度、提供信度與提供效度。

　　為成分命名形成構面：構面是概念性的定義，當我們以理論為基礎，以定義概念來代表研究的內容，我們所使用量表的項目經由因子分析的轉軸後，通常相同概念的項目會在某個因素下，我們將此因素命名，就形成我們要的構面。

　　建立加總尺度：在形成構面後，代表單一成分是由多個項目所組成，因此，我們可以建立加總尺度 (Summated Scale)，以單一的值來代表單一的一個成分或構面。

　　效度 (Validity)：用來確保量表符合我們所給的概念性的定義，符合信度的要求和呈現單一維度的情形，效度包含有收斂效度 (Convergence Validity) 和區別效度 (Discriminant Validity)，收斂效度指的是構面內的相關程度要高，區別效度指的是構面之間相關的程度要低。

6.3　R 程式的實作

　　我們用第 1 節的犯罪數據來解說程式碼。

R Code：資料載入與分布性質

```
1.   print(load("crime.RData"))
2.   head(crime)
3.   apply(crime, 2, mean)
4.   apply(crime, 2, var)
```

說明

1. 載入 RData，並顯示物件名稱。如果沒有 print() 就不知道 load 進來的資料表名稱
2. 檢視 crime 資料前六筆
3. 計算每個變數的平均值
4. 計算每個變數的變異數

其中，最重要的是最後兩條程式碼。

```
> apply(crime, 2, mean)
   Murder      Rape   Robbery   Assault   Burglary      Theft
     7.25     34.22    154.10    283.35    1207.08    2941.96
  Vehicle
   393.84
```

以平均數而言，Rape 比 Murder 多了 5 倍，Theft 又比 Rape 多了近 9 倍，這樣代表資料刻度差異很大。接下來我們再看這些變數的變異數：

```
> apply(crime, 2, var)
    Murder       Rape    Robbery    Assault   Burglary
    23.202     212.31   18993.37   22004.31  177912.83
     Theft    Vehicle
 582812.84   50007.38
```

在變異數方面，Rape 比 Murder 高了 9 倍，Theft 又比 Rape 多了約 2,750 倍。每 10 萬人的犯罪數，這樣代表州與州之間的差異很大。因此，做主成分分析，就必須將之標準化為平均數 0 和標準差 1 的資料。否則，PCA 分析結果會被變異數最大的 Theft 影響。

R Code：執行 PCA

```
5.   pr.out=prcomp(crime, scale=TRUE)
6.   names(pr.out)
7.   pr.out$center
8.   pr.out$scale
9.   pr.out$rotation
10.  head(pr.out$x)
```

說明

5. 估計 prcomp，把估計結果存於物件 pr.out。裡面的 scale=TRUE 就是宣告要標準化資料

6. 檢視 pr.out 有哪些輸出物件

7. 變數用來標準化的平均數，與第 3 行一樣

8. 變數用來標準化的標準差，與第 4 行一樣

9. rotation 矩陣是主成分的負載係數 (loadings)

10. 檢視產生的主成分數據前 6 筆

---

rotation 是負載係數矩陣，以 PC1 為例，數據是這樣產生的：

PC1 = 0.38 · Murder + 0.38 · Rape + 0.39 · Robbery + 0.41 · Assault
+ 0.39 · Burglary + 0.32 · Theft + 0.37 · Vehicle

> pr.out$rotation

	PC1	PC2	PC3	PC4	PC5	PC6	PC7
Murder	0.38	-0.35	0.54	-0.03	0.27	-0.37	0.48
Rape	0.38	0.28	0.02	0.83	0.25	0.07	-0.15
Robbery	0.39	-0.42	-0.13	-0.27	0.39	0.07	-0.65
Assault	0.41	-0.12	0.34	-0.03	-0.56	0.62	0.01
Burglary	0.39	0.37	0.01	-0.16	-0.47	-0.62	-0.28
Theft	0.32	0.63	-0.08	-0.45	0.39	0.28	0.26
Vehicle	0.37	-0.28	-0.76	0.07	-0.16	-0.04	0.42

7 個主成分數據前 6 筆如下：

```
> head(pr.out$x)
           PC1      PC2      PC3      PC4      PC5      PC6      PC7
AK        1.95     1.23    -0.28     1.81     0.49     0.92     0.81
AL       -0.22     -0.7     1.13     0.06    -0.71     0.11     0.13
AR       -1.05    -0.36     0.88     0.22    -0.21    -0.09     0.02
AZ        2.14     1.57     0.37    -0.66    -0.36     0.01      0.1
CA        3.03    -0.54    -0.46    -0.17    -0.54     0.22    -0.07
```

所以 pr.out$x 是 50 個州的數據分數，PC1 就是第 1 個主成分給 50 個州打的分數，分數最高的州，就是 7 項組合犯罪率最高。

R Code：繪圖 biplot

11. biplot(pr.out, scale=0, col=c("grey", "blue"))
12. pr.out$rotation=-pr.out$rotation
13. pr.out$x=-pr.out$x
14. biplot(pr.out, scale=0, col=c("grey", "blue"))

說明

11. 繪製 biplot，如圖 6.3-1
12. 將 rotation 反向
13. 將主成分反向
14. 繪製反向的 biplot，如圖 6.3-2，scale=0 代表圖形上的箭頭長度是 loading 數字 (對應軸是上方和右方)

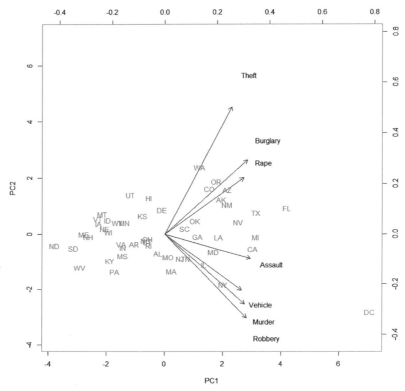

■ 圖 6.3-1　雙標圖

R Code：計算 PVE (Proportion of variance explained)

15. pr.out$sdev
16. pr.var=pr.out$sdev^2
17. pr.var
18. pve=pr.var/sum(pr.var)
19. pve
20. plot(pve, xlab="Principal Component", ylab="",main="Proportion of Variance Explained", ylim=c(0,1),type='b',col="blue")
21. plot(cumsum(pve), xlab="Principal Component", ylab="",main="Cumulative Proportion of Variance Explained", ylim=c(0,1),type='b',col="blue")
22. screeplot(pr.out,main="Scree plot", xlab="Principal Component",col="lightblue")

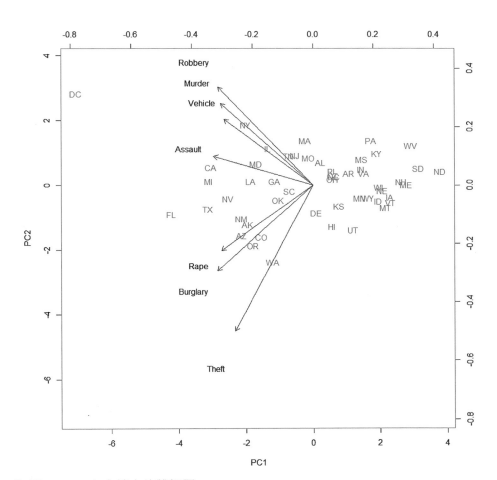

■ 圖 6.3-2　左右轉向的雙標圖

說明

15. 顯示原始資料的標準差

16. 計算變異數

17. 顯示變異數

18. 計算 7 個主成分的 PVE

19. 顯示 7 個主成分的 PVE

20. 繪製 7 個主成分的 PVE圖，如圖 6.3-3

21. 繪製 7 個主成分的 PVE累進圖，如圖 6.3-4

22. 內建陡坡圖，如圖 6.3-5

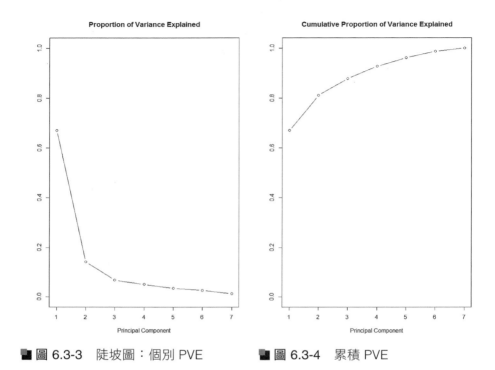

■ 圖 6.3-3　陡坡圖：個別 PVE　　■ 圖 6.3-4　累積 PVE

　　圖 6.3-3 就是一般所稱的陡坡圖。由圖 6.3-4 可以知道，兩個主成分就可以解釋超過 80% 的資料變異。

　　內建函數繪製的陡坡圖和我們計算 PVE 的差別在於 Y 軸的刻度。內建函數是標示原始變異數，PVE 則用加總為 1 的比例。

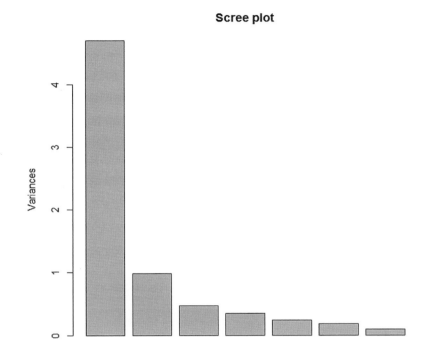

Scree plot

■ 圖 6.3-5　內建函數繪製的陡坡圖

6.4 提審大數據

　　主成分分析的雙標圖解讀，需要對資料來源有一定認識，所有的問題也都在此。圖 6.2-16 的雙標圖解讀如果用在圖 6.3-1 會如何？

　　圖 6.3-2 雙標圖的 7 種犯罪，成直角的相關性低，這樣看起來，犯罪模式可以分兩群，一群是強盜和殺人，另一群是竊盜和性侵。這樣的分類似乎有理，可是如果放在州或都市解讀就比較危險了。犯罪是一層一層的社會同心圓，也就是說社會什麼犯罪都有，我們很難去認為某些地區的罪犯特別傾向殺人，某些地區特別傾向偷竊。也就是說，如果數據的抽樣單位是有整體

性質 (例如：區域、都市和國家)，個體性質 (例如：個人、公司) 不明顯，PCA 歸類關係的解讀就很重要。以此例，如果取樣是罪犯 (Criminals) 而不是州，那就可以解讀為罪犯的犯罪項目彼此間的關係，因為很多犯罪和犯罪人的個人身心特徵是有關的。

PCA 是一個線性技術，它的處理方式能夠對決策分析帶來什麼樣的好處？

1. 把彼此相關的一堆變數，組成不相關的成分因子；且這個技術不管觀察值比變數多還是少，都可以使用。
2. 降維：把大量變數壓縮成少數成分因子。
3. 用最小平方法就可以由少量成分因子，還原原始資料。
4. 辨認資料內的特殊集群 (Cluster)。

雖然 PCA 有這些好處，在某些情況，PCA 會誤導資料分析。第一，PCA 受離群值的影響甚巨，嚴重的程度類似照片被汙染一樣。因此，穩健 (Robust) PCA 就是一個重要方向。商業決策使用 PCA 結果時，務必求資料分析結果穩健。第二，線性 PCA 會是把資料有效降維的障礙，因此，數據愈大時，考慮非線性 PCA 也就愈必要。

數據思考

都是預測惹的禍

人工智慧、大數據或機器學習，一切都是為了預測。2018 年初有一本經濟學家寫的好書出版，書名為 *Prediction Machines: The Simple Economics of Artificial Intelligence*。

作者的論點簡單明瞭：Prediction Efficiency 和 Accuracy Trade-off。從古典理論到認知行為，經濟學是對決策科學提出最完整理論的學科。作者是三位著名的經濟學家，點出了人工智慧的問題和市場炒作的泡沫。簡單地說：「沒預測，沒決策」。人工智慧並未帶來智能，只是改善了預測表現，但是決策依然受制於有限資源的彼此互相抵消 (Trade-off)，這種 Trade-off 的代表就是「效率和公平」。資訊科技代表的是效率，然而解決方案的對象

需要的是公平,科技涉入決策的程度就必須謹慎。例如:如果人力資源部門要評估員工的 KPI 時,量化指標是一個最常用的工具,然而,根據指標排序出來的員工,必須用人工去了解狀況。因為,找出問題改善工作表現,才是智慧決策。要讓數據活起來,而不是玩到死。

KEY POINTS

- The current wave of advances in artificial intelligence doesn't actually bring us intelligence but instead a critical component of intelligence: prediction.

- There is often no single right answer to the question of which is the best AI strategy or the best set of AI tools, because AIs involve trade-offs: more speed, less accuracy; more autonomy, less control; more data, less privacy. We provide you with a method for identifying the trade-offs associated with each AI-related decision so that you can evaluate both sides of every trade in light of your organization's mission and objectives and then make the decision that is best for you.

■ Prediction Machines: The Simple Economics of Artificial Intelligence的主要論點

回到我介紹這本書的動機。在很多情況之下,決策是沒有數據的,那預測要怎麼辦?是呀,一些很資深的公司,開創之初根本沒有數據,主管決策全靠那一股蠻荒之力。也就是說:當你沒有數據時,如何探索出有參考價值的數據,最後發現目標,做出決策?這種思考模式,就是常常在一個對立的語句中琢磨:「是,但也不是。」好比說,這個人可靠嗎?「他可靠,也不可靠。」這其實並不矛盾,而是一種認知學習從經驗和觀察中累積學習,就是條件式的分類。精準地說，就是在哪些情況下可靠，哪些情況下不可靠。一個資深的職業棒球教練心中，對球員的看法就是這樣：在平常他是好投手，但是，兩好三壞時，他的抗壓力不夠，就不是好投手。

　　大陸化妝品電商創辦人劉勇明，從學習海洋科學，後來變成電子商家創業者，擅長於數據思考。據他說，他很重視客服，他擅長於透過客服來觀測商業情勢，通過前端，預測後端，這就是資訊探索。他發現一條規律：當交易量上升的同時，要暫停廣告流量，因為電腦演算資源必須更好地處理訂單。

　　Excel 式的狹義數據很重要，但是沒有這類數據時，就可以採取廣義數據，例如：脈絡和邏輯思考就是你的位元。很多時候，關注身邊的小數據，就可以琢磨探索出有意義的決策資訊。經濟學案例、他方經驗等等，都是重要的數據。

第7講

集群分析的分類原理

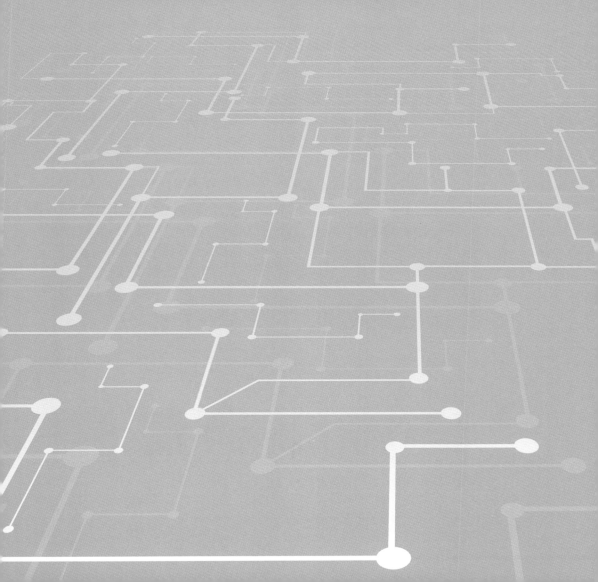

Etsy 的資料科學

　　Etsy 是一個線上交易平台，把來自世界各地的手工藝品賣家和買家撮合。在 2005 年發跡於紐約一間公寓，目前平台上每月交易量達百萬。在 R 社群極有名的大數據才女 Dr. Hilary Parker 就是此處的資料科學家。

　　Etsy 的賣家多半是出於興趣，用閒暇做做自己有興趣的小東西，屬於正職外的小副業。因此，和 Amazon 或 eBay 不同，Etsy 更講究個人化和獨特性，所以吸引很多人前往尋找特色禮品。從手工製作的圍巾、毛毯到馬克杯等應有盡有，Etsy 網站上有超過 3 千萬個獨特性商品，因此，如何協助顧客找到想要的東西，就成了重大的資料科學任務。

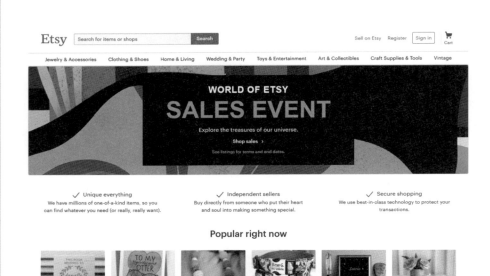

■ 圖 7.0-1　Etsy 網站首頁

　　Etsy 的數據分析基本上就是電子商務網站後台的使用者行為分析，例如：顧客點擊次數、停留時間和瀏覽商品等等。資料工程師蒐集這些數據，再由資料科學家進行分類探勘形成推薦系統。同時，他們也從瀏覽行為發現沒有加入會員的顧客，較不會使用書籤功能標注自己喜歡的商品；因此，他們首要工作就是讓瀏覽者加入會員。

　　不限於行銷，數據解析是每一個部門的事，因此，內部營運流程允許資料工程師在線上即時測試網頁程式碼，做檢測實驗。Etsy 內部稱此為「換胎不停車」。所以，Etsy 網站每天約有 20-30 項更新，公司 80% 的工作量透過資料中心數據存取完成。2009 年Etsy 併購 Adtuitive，用以增加精準行銷的能力。Etsy 的數據科學帶來業績成長，從 2015 年 IPO (首次公開募股) 後，比 2014 年成長了40%，目前 (2018/6) 股價約 30 美元上下。

　　和 Netflix 相較，Etsy 的數據比較偏向結構化資料，以交易數據和網頁足跡為主。由於目前有接近 3 千萬的積極買家和 2 千萬的賣家，網頁每日產生大量的點擊數據。技術上，Etsy 用 SQL 作為大數據工具，主要使用 Hadoop 分散式系統和 Apache Kafka，然後數據解析採用開源機器學習程式 Conjecture。因為資料型態簡單，Hadoop 就已經是最理想的 SQL 平台。

　　Etsy 官網：https://www.etsy.com/

7.1 集群分析的基本概念

　　集群分析 (Cluster Analysis) 是指將資料檔中的觀測值或變數加以歸類成各個集群，也就是把沒有分類的個體按相似程度歸於同一群，如圖 7.1-1，圖中的兩軸，就是第 6 講所介紹的主成分。原始資料可以被兩個因子妥善的分類，所以，集群分析可以作資料簡化。

　　即便如此，因子分析和集群分析並不是一樣的。因子分析是將相似性高的變數集成一群；集群分析則是將變數相似性高的觀察值集成一群。集群分析的大部分應用都屬於探索性研究，最終結果是產生研究對象的分類。集群分析使在同一集群內的事物具有高度的同質性 (Homogeneity)，而不同集群的事物具有高度的異質性 (Heterogeneity) 或互相沒有交集。

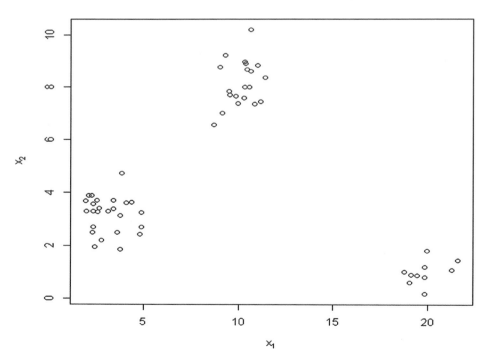

■ 圖 7.1-1　模擬範例

集群分析分類的方法有兩大形式，階層法 (Hierarchical) 與非階層法 (Non-hierarchical)，結合兩種方法的集群分析則稱為兩階段法：

1. 階層法：以個體間某項量測的距離或相似性將個體連結，但是事前並不知道分類的個數，通常可表示成樹型圖。
2. K-Means 非階層法：事前依據其他研究或主觀認定，決定要將群體分成幾群。演算上，給予所有樣本隨機歸群，然後計算中央距離，再調整，疊代演算直到誤差最小。

階層法不需要事先給予集群，而且有視覺化的樹狀顯示。兩個方法分類的共識，我們會在本講第 3 節最後做一個比較。

7.1-1　集群分析的原理

集群分析的目標變數 (Target Variable，或指標變項) 為連續變項，同一集群內觀察體相似性高，集群與集群間相異性最大。觀察量的單位須一致，常用 z scale 轉換。變數觀察值大於 200 時，較適合使用 K-Means 法，也可用 PCA/EFA 篩選出解釋力較大的因素來當作集群分析所需的指標變項。

選擇分類變數時要注意克服「加入盡可能多的變數」這種錯誤觀念，此外所選擇的變數之間不應高度相關。選定了分類變數後，下一步就是計算研究對象間的相似性，相似性反應了研究對象間的親疏程度。計算出相似性矩陣之後，下一步就是要對研究對象進行分類。這時主要涉及到兩個問題：一是選定集群方法；二是確定形成的分類數。得到集群結果後，最後一步還應對結果進行驗證和解釋。

7.1-2　距離衡量方法

很多種相似的衡量方法，都從不同的角度衡量了研究對象的相似性，其主要分為距離衡量和關聯衡量兩種，我們此處主要介紹距離法，關聯依賴相關係數，在 7.3 實作時會提到。

1. 歐基里得直線距離 (Euclidean Distance)：

$$Distance(X,Y) = \sqrt{\sum_i (X_i - Y_i)^2}$$

2. 歐基里得直線距離平方： $Distance(X,Y) = \sum_i (X_i - Y_i)^2$

3. 區塊 (Block) 距離： $Distance(X,Y) = \sum_i |X_i - Y_i|$

觀察值之間的距離必須採用歐氏距離。最小變異數法和平均連結法分類效果較好，是在社會科學領域應用較廣泛的集群方法。

7.1-3 歸群連結方法

計算完距離後的歸群方法有多種，下面介紹六種連結方法，最常用的是前三種：

1. 完整法 (Complete)：使用最大集群差異 (Dissimilarity)，計算所有成對差異，然後記錄最大的差異。

2. 單一連結法 (Single Linkage) 或稱最短距離法 (Nearest Neighbor)：

$$D_{pq} = \min_{x_i \in G_p, x_j \in G_q} d_{ij}$$

最短距離法主要的缺點為容易形成一個比較大的組。大部分的觀察值皆被聚集在同一組，故最短距離法在研究上很少被使用。

3. 平均連結法 (Average Linkage)：

$$D_{pq} = \frac{\sum_{i \in p} \sum_{j \in q} d_{ij}}{n}$$

把兩群間的距離定義為兩群中所有觀察值之間距離的平均值，不再依賴於特殊點之間的距離。平均連結法效果較好，也是為應用較廣泛的一種集群方法。

4. 重心法 (Centroid Clustering)：

$$D_{pq} = D(\overline{x}_p, \overline{x}_q) = \left\|\overline{x}_p - \overline{x}_q\right\|^2$$

每一群的重心是該群中所有觀察值在各個變數上的均值所代表的點。每合併一次群，都需要重新計算新群的重心。與重心法相似的方法為中位數法。

5. 中位數法 (Median Clustering)：中位數法把兩群之間的距離定義為兩群中位數之間的距離。

6. 最小變異數和 (Wald Method)：

$$D_{pq} = n_p \cdot \left\|\overline{x}_p - \overline{\overline{x}}\right\|^2 + n_q \cdot \left\|\overline{x}_p - \overline{\overline{x}}\right\|^2$$

其做法是同一群內觀察值的「變異數加總」應該較小，不同群之間觀察值的「變異數加總」應該較大。

所有的階層集群法都可以用樹狀圖 (Dendrogram) 表示。被分類的單位過多時，樹狀圖視覺化的缺點就很明顯。最重要的還是用 K-Means 和階層法比較，7.3 會講解這一點實際操作方法。

7.2 R GUI 實作

7.2-1 階層式集群 (Hierarchical Clustering)

【範例一】measure.RData

我們在 R-Commander 內載入本講附的資料檔 measure.RData (如圖 7.2-1)。開啟後利用函數 dist( ) 測量變數間的距離，如下：

```
dist(measure[, c("chest", "waist", "hips")])
```

dist( ) 函數執行後，結果如圖 7.2-2。

	chest	waist	hips	gender
1	34	30	32	male
2	37	32	37	male
3	38	30	36	male
4	36	33	39	male
5	38	29	33	male
6	43	32	38	male
7	40	33	42	male
8	38	30	40	male
9	40	30	37	male
10	41	32	39	male
11	36	24	35	female
12	36	25	37	female
13	34	24	37	female
14	33	22	34	female
15	36	26	38	female
16	37	26	37	female
17	34	25	38	female
18	36	26	37	female
19	38	28	40	female
20	35	23	35	female

■ 圖 7.2-1　載入的數據型態

```
      1     2     3     4     5     6     7     8     9    10    11    12    13    14    15    16    17    18    19
2   6.16
3   5.66  2.45
4   7.87  2.45  4.69
5   4.24  5.10  3.16  7.48
6  11.00  6.08  5.74  7.14  7.68
7  12.04  5.92  7.00  5.00 10.05  5.10
8   8.94  3.74  4.00  3.74  7.07  5.74  4.12
9   7.81  3.61  2.24  5.39  4.58  3.74  5.83  3.61
10 10.10  4.47  4.69  5.10  7.35  2.24  3.32  3.74  3.00
11  7.00  8.31  6.40  9.85  5.74 11.05 12.08  8.06  7.48 10.25
12  7.35  7.07  5.48  8.25  6.00  9.95 10.25  6.16  6.40  8.83  2.24
13  7.81  8.54  7.28  9.43  7.55 12.08 11.92  7.81  8.49 10.82  2.83  2.24
14  8.31 11.18  9.64 12.45  8.66 14.70 15.30 11.18 11.05 13.75  3.74  5.20  3.74
15  7.48  6.16  4.90  7.07  6.16  9.22  9.00  4.90  5.74  7.87  3.61  1.41  3.00  6.40
16  7.07  6.00  4.24  7.35  5.10  8.54  9.11  5.10  5.00  7.48  3.00  1.41  3.61  6.40  1.41
17  7.81  7.68  6.71  8.31  7.55 11.40 10.77  6.71  7.87  9.95  3.74  2.24  1.41  5.10  2.24  3.32
18  6.71  6.08  4.58  7.28  5.39  9.27  9.49  5.39  5.66  8.06  2.83  1.00  2.83  5.83  1.00  1.00  2.45
19  9.17  5.10  4.47  5.48  7.07  6.71  5.74  2.00  4.12  5.10  6.71  4.69  6.40  9.85  3.46  3.74  5.39  4.12
20  7.68  9.43  7.68 10.82  7.00 12.41 13.19  9.11  8.83 11.53  1.41  3.00  2.45  2.45  4.36  4.12  3.74  3.74  7.68
```

■ 圖 7.2-2　距離函數計算的矩陣

接著，請在 R-Commander 視窗點選「Statistics → Dimensional analysis → Cluster analysis → Hierarchical cluster analysis」(如圖 7.2-3)。

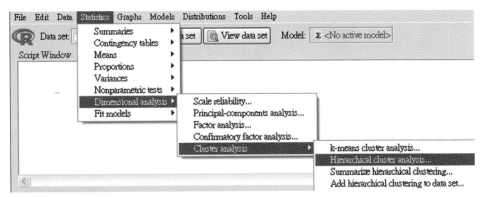

■ 圖 7.2-3 執行階層式集群分析 (Hierarchical Cluster Analysis)

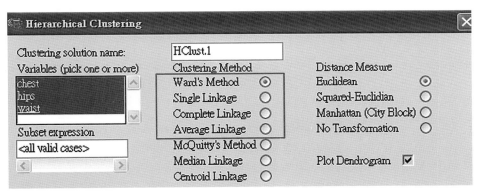

■ 圖 7.2-4 繪製 Cluster Dendrogram

依照圖 7.2-4 之設定，繪製成圖 7.2-5 的階層式集群樹狀圖 (Cluster Dendrogram)，此圖依照 Ward Method 所計算的距離遠近 (Y 軸)，做成有兩個分類之圖。

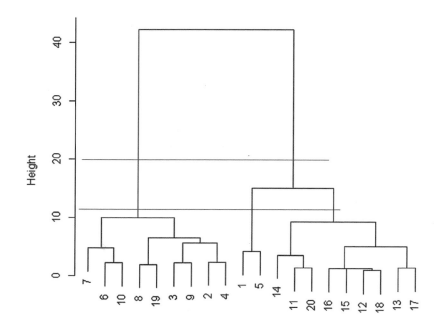

Observation Number in Data Set measure
Method=ward; Distance=euclidian

■ 圖 7.2-5　階層式集群樹狀圖

　　由階層式分析樹狀圖，最後決定要多少群的方法相當主觀——畫水平截線 (Cut)。以圖 7.2-5 為例，如果在 Height = 20 處畫一條水平線，就是 2 群；在 Height = 12 處畫一條水平線，就是 3 群。沒有客觀方法可做參考，所以，這就是資料科學家面對大數據要做的分析。

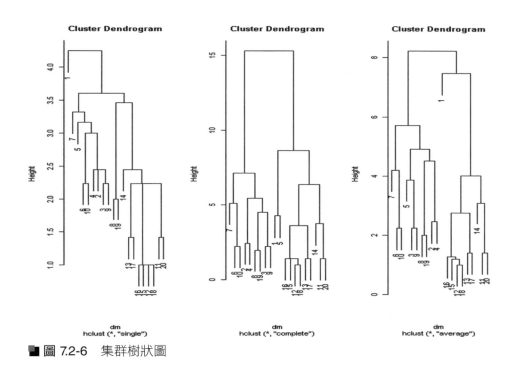

■ 圖 7.2-6　集群樹狀圖

　　階層式的集群樹狀圖依照不同的分類準則，會有不同的結果，如圖 7.2-6 分別顯示出依照 single、complete、average 等三個方法所做出的歸類都各不相同。面對這樣的問題時，重點在於分類完的結果對於預測有如何的協助，必須依照專業知識檢視合理性。

【範例二】jet.RData

　　資料內的變數介紹 (圖 7.2-7)：

FFD: First Flight Date

SPR: Specific Power, proportional to power per unit
　　　 weight

RGF: flight Range Factor

PLF: payload as a fraction of gross weight of aircraft

SLF: Sustained Load Factor

CAR: Whether the aircraft can land on a carrier

因為 FFD 是日期，CAR 是二元特徵，所以我們的分類用中間四個變數：SPR、RGF、PLF 和 SLF。由圖 7.2-7 檢視原始數據，可以看到資料的 scale 差距過大，所以在分析前，必須先將之標準化，免得刻度差距造成變異數估計失真。

	FFD	SPR	RGF	PLF	SLF	CAR
FH-1	82	1.468	3.30	0.166	0.10	no
FJ-1	89	1.605	3.64	0.154	0.10	no
F-86A	101	2.168	4.87	0.177	2.90	yes
F9F-2	107	2.054	4.72	0.275	1.10	no
F-94A	115	2.467	4.11	0.298	1.00	yes
F3D-1	122	1.294	3.75	0.150	0.90	no
F-89A	127	2.183	3.97	0.000	2.40	yes
XF10F-1	137	2.426	4.65	0.117	1.80	no
F9F-6	147	2.607	3.84	0.155	2.30	no
F-100A	166	4.567	4.92	0.138	3.20	yes
F4D-1	174	4.588	3.82	0.249	3.50	no
F11F-1	175	3.618	4.32	0.143	2.80	no
F-101A	177	5.855	4.53	0.172	2.50	yes
F3H-2	184	2.898	4.48	0.178	3.00	no
F-102A	187	3.880	5.39	0.101	3.00	yes
F-8A	189	0.455	4.99	0.008	2.64	no
F-104B	194	8.088	4.50	0.251	2.70	yes
F-105B	197	6.502	5.20	0.366	2.90	yes
YF-107A	201	6.081	5.65	0.106	2.90	yes
F-106A	204	7.105	5.40	0.089	3.20	yes
F-4B	255	8.548	4.20	0.222	2.90	no
F-111A	328	6.321	6.45	0.187	2.00	yes

■ 圖 7.2-7　jet.RData的噴射機資料表

在 R-Commander 視窗操作變數標準化如圖 7.2-8。

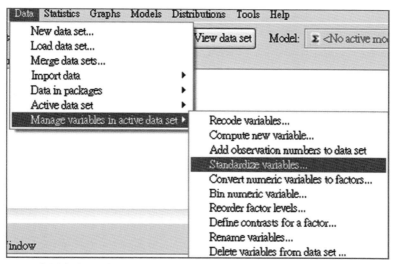

■ 圖 7.2-8　將變數標準化

　　依據四個變數對飛機分類做成的集群樹狀圖如圖 7.2-9，此圖是以階層式完全配對分類繪製而成。

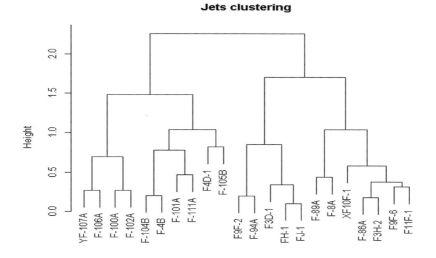

■ 圖 7.2-9　噴射機分類的集群樹狀圖

最後，可以利用兩個主成分 PC1 和 PC2，呈現出分類圖 (圖 7.2-10)。

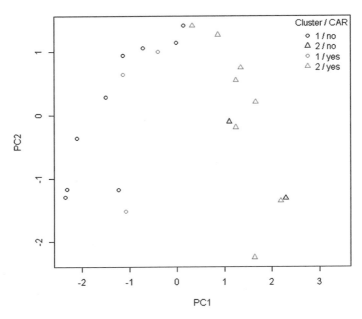

■ 圖 7.2-10　以主成分協助集群分類圖

7.2-2　K-Means 集群分析 (Hierarchical K-Means Clustering)

K-Means 集群法，將多變量資料的 n 個觀察值，分入 k 個集群內 $\{G_1, G_2, \cdots, G_k\}$ k 個集群，由極小化組內離均差平方和 (Within Sum of Squares) 所算出：

$$\text{min. WGSS} = \sum_{j=1}^{q} \sum_{l=1}^{k} \sum_{i \in G_l} (x_{ij} - \overline{x}_j^{(l)})^2$$

$$\text{where } \overline{x}_j^{(l)} = \frac{1}{n_i} \sum_{i \in G_l} x_{ij}$$

我們用第 6 講的資料檔 crime.Rdata，數據型態如圖 7.2-11。這個檔案是美國 1986 年的各州犯罪率 (每 10 萬人)，也包含華盛頓特區 (Washington D.C.)。

	Murder	Rape	Robbery	Assault	Burglary	Theft	Vehicle
ME	2.0	14.8	28	102	803	2347	164
NH	2.2	21.5	24	92	755	2208	228
VT	2.0	21.8	22	103	949	2697	181
MA	3.6	29.7	193	331	1071	2189	906
RI	3.5	21.4	119	192	1294	2568	705
CT	4.6	23.8	192	205	1198	2758	447
NY	10.7	30.5	514	431	1221	2924	637
NJ	5.2	33.2	269	265	1071	2822	776
PA	5.5	25.1	152	176	735	1654	354
OH	5.5	38.6	142	235	988	2574	376
IN	6.0	25.9	90	186	887	2333	328
IL	8.9	32.4	325	434	1180	2938	628
MI	11.3	67.4	301	424	1509	3378	800
WI	3.1	20.1	73	162	783	2802	254
MN	2.5	31.8	102	148	1004	2785	288
IA	1.8	12.5	42	179	956	2801	158
MO	9.2	29.2	170	370	1136	2500	439
ND	1.0	11.6	7	32	385	2049	120
SD	4.0	17.7	16	87	554	1939	99
NE	3.1	24.6	51	184	748	2677	168
KS	4.4	32.9	80	252	1188	3008	258
DE	4.9	56.9	124	241	1042	3090	272
MD	9.0	43.6	304	476	1296	2978	545
DC	31.0	52.4	754	668	1728	4131	975
VA	7.1	26.5	106	167	813	2522	219
WV	5.9	18.9	41	99	625	1358	169
NC	8.1	26.4	88	354	1225	2423	208
SC	8.6	41.3	99	525	1340	2846	277
GA	11.2	43.9	214	319	1453	2984	430
FL	11.7	52.7	367	605	2221	4373	598

■ 圖 7.2-11　美國 1986 年各州犯罪率資料 (部分截圖)

數據分析前，先繪製散布矩陣圖判斷離群狀況，如圖 7.2-12。

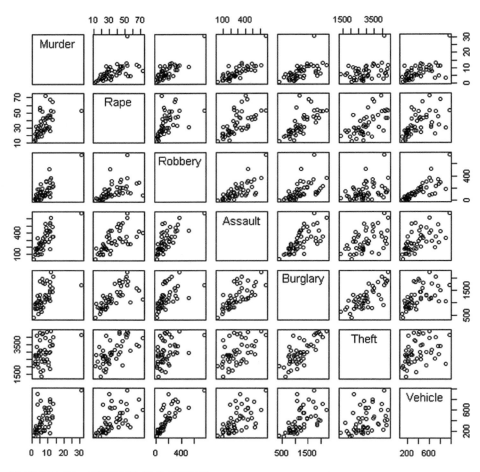

■ 圖 7.2-12　犯罪率的散布矩陣圖

如果 murder 有離群值，可以在語法視窗用以下指令判斷區域為何：

```
subset(crime, Murder > 15)
```

用以下指令畫散布圖，標出極端的狀況：

```
plot(crime, pch=c(".", "+")[(rownames(crime)=="DC")+1],cex = 1.5)
```

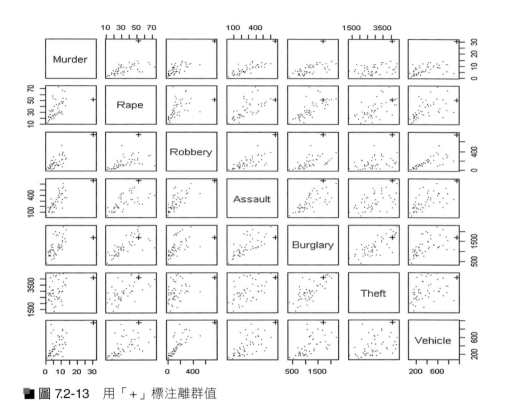

■ 圖 7.2-13　用「＋」標注離群值

　　透過視覺化檢查，這 7 種犯罪數量的差距很大，我們利用 R-Commander 的選單，再檢視一下標準差和分量，操作如下：

Statistics → Summaries → Numerical summaries

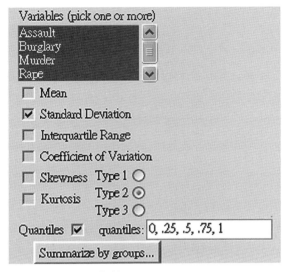

■ 圖 7.2-14　計算標準差和四分位數

```
              sd      0%      25%      50%       75%      100%  n
Assault  148.338508   32.0   177.00   252.0    385.50    668.0 51
Burglary 421.797148  385.0   901.00  1159.0   1457.00   2221.0 51
Murder     4.816861    1.0     3.80     6.6      9.70     31.0 51
Rape      14.570940   11.6    23.45    30.5     43.75     72.7 51
Robbery  137.816437    7.0    69.00   112.0    207.00    754.0 51
Theft    763.421796 1358.0  2385.00  2822.0   3400.50   4373.0 51
Vehicle  223.623288   99.0   211.50   328.0    544.50    975.0 51
```

■ 圖 7.2-15　標準差和四分位數計算結果

　　由圖 7.2-15 看得出來，資料的標準差很大。如果變異數差距過大，K-Means 方法就會不合用，所以我們先用 range 來標準化資料，方法是在 R-Commander 的語法視窗輸入如下語法：

```
rge <- sapply(crime, function(x) diff(range(x)))
crime_s <- sweep(crime, 2, rge, FUN = "/")
```

資料標準化後如下：

Murder	Rape	Robbery	Assault	Burglary	Theft	Vehicle
0.16	0.24	0.18	0.23	0.23	0.25	0.26

經由標準化產生一筆新的資料集 crime_s 後，我們接著用這筆資料集內被標準化的數據進行分析：依照圖 7.2-16 和 7.2-17 指示啟動 k-means cluster Analysis (K-Means 集群分析)。

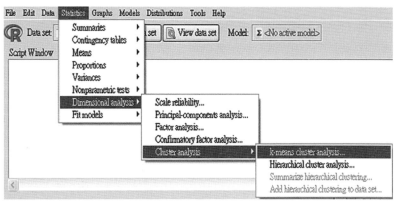

■ 圖 7.2-16　於主視窗中選取 K-Means 集群分析

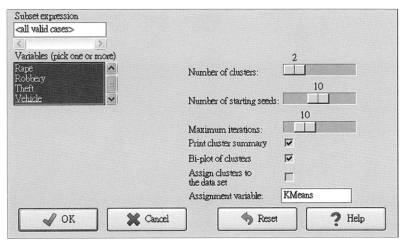

■ 圖 7.2-17　K-Means 集群分析設定視窗

按 OK 後，會產生出語法列如圖 7.2-18。如果需要做一些後續分析，這些語法的重複使用方法和第 6 講介紹的主成分一樣。需要注意的是，R-Commander 執行完分析並輸出結果之後，為了釋放記憶體，大多會移除物件。

```
Script Window

.cluster <-  KMeans(model.matrix(~-1 + Assault + Burglary + Murder + Rape +
  Robbery + Theft + Vehicle, crime_s), centers = 6, iter.max = 10, num.seeds
  = 10)
#remove(.cluster)   將 remove 用 # 框起，讓 .cluster 不被移除

names(.cluster)   看看估計物件名稱
plot(.cluster$withinss,type="b")  繪製圖形
```

■ 圖 7.2-18　K-Means 集群分析執行結果

圖 7.2-18 最後一列程式碼可繪製出集群圖 (如圖 7.2-19)，7 種犯罪之間，成接近直角的兩種犯罪為相關性低者。這些判讀和主成分分析法很類似，我們也發現 Comp.2 是犯罪集中之因子。

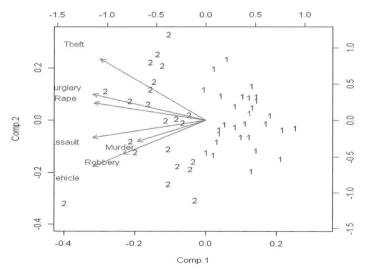

■ 圖 7.2-19　集群圖

集群圖很重要，可以輸入以下語法來顯示 RCA 對應圖 (如圖 7.2-20)：

```
crime_pca <- prcomp(crime_s)
plot(crime_pca$x[, 1:2], pch = kmeans(crime_s, centers = 2)$cluster)
```

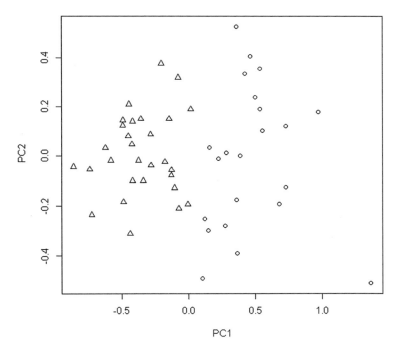

■ 圖 7.2-20　RCA 對應圖

7.3　R 程式的實作

　　本節程式介紹，使用主成分分析的犯罪率數據 (crime.Rdata)，但是尺度修改則用間距差：極大值 – 極小值。

R Code：資料載入與尺度修改

```
1.    print(load("crime.RData"))
2.    rangeDiff = sapply(crime, function(x) diff(range(x)))
3.    x = sweep(crime, 2, rangeDiff, FUN = "/")
4.    head(x)
```

說明

1.   載入 RData，並顯示物件名稱
2.   計算 crime 極大值和極小值的差
3.   將 7 筆犯罪率尺度，用前述資料重新修改尺度，新尺度犯罪率物件名稱為 x。把原始資料除以 rangeDiff
4.   檢視新資料前 7 筆

新資料前 7 筆如下：

```
> head(x)
```

	Murder	Rape	Robbery	Assault	Burglary	Theft	Vehicle
AK	0.29	1.19	0.12	0.63	0.63	1.3	0.69
AL	0.34	0.46	0.15	0.64	0.63	0.76	0.3
AR	0.27	0.47	0.11	0.44	0.56	0.76	0.22
AZ	0.31	0.7	0.23	0.69	1.04	1.44	0.48
CA	0.38	0.73	0.46	0.82	0.92	1.12	0.87
CO	0.23	0.69	0.19	0.52	0.98	1.4	0.55

R Code：K-Means 雙分類圖

```
5.    kmOut2=kmeans(x,2,nstart=20)
6.    kmOut2$cluster
7.    PCH=kmOut2$cluster
8.    PCH[PCH==1] <- 19
9.    PCH[PCH==2] <- 24
```

10. CEX=kmOut2$cluster

11. CEX[CEX==1] <- 1

12. CEX[CEX==2] <- 2

13. plot(as.matrix(x),col=(kmOut2$cluster+1),main="K-Means Clustering Results with K=2", xlab="", ylab="", pch=PCH, cex=CEX)

說明

5. 執行 kmeans 估計群數=2 的分類

6. 檢視集群分類標籤

7. 定義兩個分類的圖樣

8. 定義分類標籤編號 1 是 19 (實心圓，solid circle)

9. 定義分類標籤編號 2 是 24 (三角形)

10. 定義兩個分類的圖形增大倍數。(這樣做是為了增加視覺化的分別對比)

11. 定義分類標籤編號 1 是 1 倍，不變

12. 定義分類標籤編號 2 是 2 倍

13. 畫分類圖 7.3-1

K-Means 的分類由 1 開始，逐次遞增。我們可以檢視 51 個行政單位 (50 個州加華盛頓特別行政區) 的分類編號如下：

```
> kmOut2$cluster
 AK AL AR AZ CA CO CT DC DE FL GA HI IA ID IL IN KS
  2  1  1  2  2  2  1  2  1  2  2  1  1  1  2  1  1


 KY LA MA MD ME MI MN MO MS MT NC ND NE NH NJ NM NV
  1  2  2  2  1  2  1  1  1  1  1  1  1  1  2  2  2


 NY OH OK OR PA RI SC SD TN TX UT VA VT WA WI WV WY
  2  1  2  2  1  1  2  1  2  2  1  1  1  2  1  1  1
```

R 的內建 kmeans( ) 函數如下，分類演算法有 4 個。分類個數不需要給

代號，例如 k=2，只要在函數內用一個單獨數字即可，例如 kmeans(x,2)。

```
kmeans(x, centers, iter.max = 10, nstart = 1, algorithm = c("Hartigan-Wong",
"Lloyd", "Forgy", "MacQueen"), trace=FALSE)
```

　　因為畫圖需要對編號的州給予一致性的標號，所以程式碼第 7 行到第 9 行和程式碼第 10 行到第 12 行就是分別賦予 51 個行政單位圖示和放大倍數。這樣就可以提高視覺化的辨識度。如圖 7.3-1 所示。

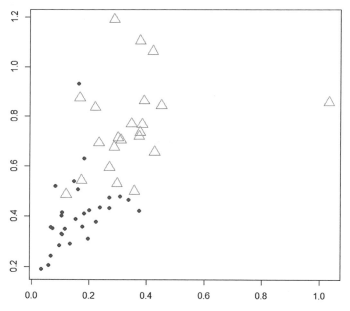

K-Means Clustering Results with K=2

■ 圖 7.3-1　K-Means 集群圖 (K=2)

　　圖 7.3-1 是 51 個行政單位的簡單散布圖，X-Y 軸是 Cluster means，可以用 kmOut2$centers 取出來看。由圖形可以看出來，這個雙分類的集中狀況還可以。

練習

> 檢視 kmOut2 的內容，並檢視 Available component 的內容。

　　接下來實作三分類圖，程式細節先不說，直接看圖 7.3-2，可見分類的重疊很多。因此，三分類會有比較多的兩難。資料科學常常會面對這種處境，處理這種問題一般是沒有標準方法，必須依賴分析者的經驗和技術。

R Code：K-Means 三分類圖

```
14. kmOut3=kmeans(x,3,nstart=20)
15. kmOut3$cluster
16. PCH=kmOut3$cluster
17. PCH[PCH==1] <- 19
18. PCH[PCH==2] <- 22
19. PCH[PCH==3] <- 24
20. CEX=kmOut3$cluster
21. CEX[CEX==1] <- 1
22. CEX[CEX==2] <- 2
23. CEX[CEX==3] <- 3
24. plot(as.matrix(x), col=(kmOut3$cluster+1), main="K-Means Clustering Results with
    K=3", xlab="", ylab="", pch=PCH, cex=CEX)
```

說明

14. 執行 kmeans 估計群數=2 的分類
15. 檢視集群分類標籤
16. 定義兩個分類的圖樣
17. 定義分類標籤編號 1 是 19 (實心圓，solid circle)
18. 定義分類標籤編號 2 是 22 (正方形)
19. 定義分類標籤編號 3 是 24 (三角形)
20. 定義兩個分類的圖形大小
21. 定義分類標籤編號 1 是 1 倍，不變
22. 定義分類標籤編號 2 是 2 倍
23. 定義分類標籤編號 3 是 3 倍
24. 畫分類圖 7.3-2

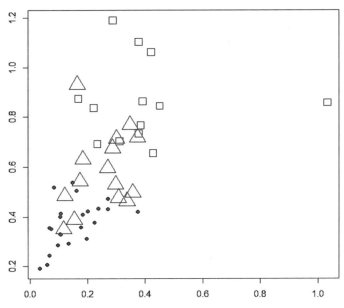

■ 圖 7.3-2　K-Means 集群圖 (K=3)

下面 3 行語法可以用來比較不同的 nstart 值最後收斂的 TWCSS，愈小愈好。tot.withinss 全名是 Total within-cluster sum of squares (TWCSS)，K-Means 演算法在於求得各數字極小化之下的集群個數。nstart 是控制隨機集群的參數，屬於演算法的部分，我們不細談。

```
set.seed(3)
kmeans(x,5,nstart=1)$tot.withinss
kmeans(x,5,nstart=15)$tot.withinss
```

R Code：階層式集群

1.　hc.complete=hclust(dist(x), method="complete")

2. hc.average=hclust(dist(x), method="average")

3. hc.single=hclust(dist(x), method="single")

4. par(mfrow=c(1,3))

5. plot(hc.complete,main="Complete Linkage", xlab="", sub="", cex=.9)

6. plot(hc.average, main="Average Linkage", xlab="", sub="", cex=.9)

7. plot(hc.single, main="Single Linkage", xlab="", sub="", cex=.9)

8. par(mfrow=c(1,1))

說明

1. 計算完整法階層集群

2. 計算平均法階層集群

3. 計算單一法階層集群

4. 4.-8. 繪圖步驟，略。結果如圖 7.3-3

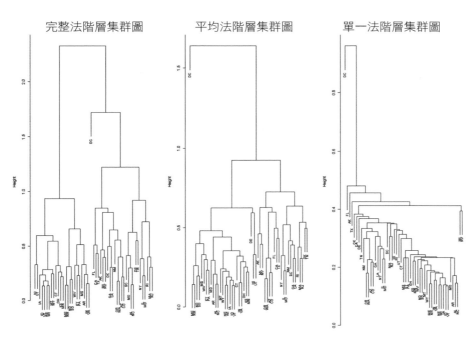

■ 圖 7.3-3　階層集群分類圖

　　上一頁的程式碼是 Hierarchical Clustering with Scaled Features (標準化後階層式集群)，因為 x 是標準化後的數據，所以強調「with Scaled Features」。如果要計算以相關程度當作距離，則可以執行下面指令：

```
dd=as.dist(1-cor(t(x)))
plot(hclust(dd, method="complete"), main="Complete Linkage with
Correlation-Based Distance", xlab="", sub="")
```

　　執行後，結果如圖 7.3-4。

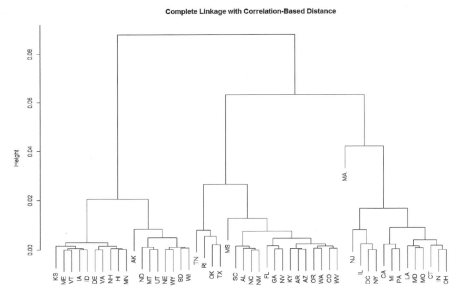

■ 圖 7.3-4　以相關係數為基礎的距離函數

　　兩個分類方法的正確率，可以先用 cutree 修剪階層式方法的群，再用下面的方法比較：

```
> table(cutree(hc.complete, 2),kmOut2$cluster)

          1        2
  1      22        5
  2       0       24
```

　　所以，兩個方法一致分成群 1 的有 22 州，一致分成群 2 的有 24 州，不一致的有 5 州。

7.4 　提審大數據

　　集群法是一個相當重要的技術。然而，集群分析的分類結果，並不能照單全收，有很多問題需要討論。例如：在階層式分析中，差異度 (Dissimilarity) 測量和連結 (Linkage) 函數的選擇，都必須討論，還有樹狀圖的截斷值也都必須有所決定。然後，這些改變會不會影響到分群結果？如果會，那麼就必須謹慎地處理，才能被決策採納。另外，圖 7.2-5 討論如何確定群數的「cut」問題，也是相當麻煩。K-Means 雖然好一些，但是集群數目的事先給定，也是一個無法事先驗證的問題。

　　另外，兩個集群方法都必須將「所有」的樣本單位給分群，這樣就會產生強迫分群。如果樣本單位出現離群值，強迫分群其實對結果是有害的。包容離群值的混合模式 (Mixture) 比較好，稱為軟性的 K-Means 法。

　　最後，集群方法的穩健性 (Robustness) 一般都不太好。除了上述離群值問題，子樣本的結果往往大不同。資料的增減，對分群結果常常出現很要命的差異。決策者如果用這方法來分析消費者行為，做成行銷決策，就要很謹慎。因為不穩健的結果，造成的損失是難以想像。

　　簡單地說，使用集群分析數據時，必須力求結果穩健，才能依照理論解讀內容，形成決策，千萬不可牽強附會。

數據思考

平台經濟的數據決策

社交平台 Snapchat 自從 IPO 以後，曾經光榮地衝破 25 元。但是，之後一直走低，5 月 1 日收在 14 元附近，整個下降更是明顯。本書定稿之時，於 6 月 28 日跌破 13 元。在社交平台由 FB 和 Twitter 兩個雙占的情況下，要殺出特色很不容易，因為網路外部性 (Network Externalities) 所帶來的移轉成本 (Switching Cost)，會導致會員人數成長受限，這也是 Snap 股價被看壞的原因。當年 Twitter 也曾陷入危機，好不容易才翻身一點。

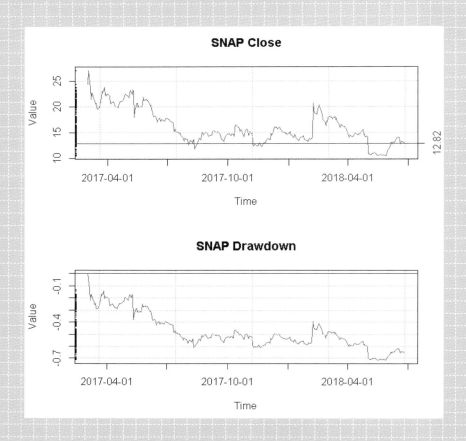

　　社交平台和電子商務平台是兩個重要的大數據應用場域，但是，卻面對完全不同的關注點。社交平台會以註冊會員數的成長為關鍵，也就是所謂的「前台」行為數據；電商平台則必須注重註冊會員的實際商業交易，也就是所謂的「後台」交易數據。然而，更關鍵的情況是——前端後端的數據必須整合起來。

　　例如：像三民書局這樣的實體書局，也紛紛開設電子商務平台，有一天他們發現前端註冊人數增加很多，瀏覽量也增加不少，但是實際下單數量卻沒有提升。原因會是什麼？資料分析師可能會被修理得滿頭包，卻不知所措。

　　大數據的一個關鍵就是「數據整合」，以電子商務為例，就是前端的行為數據和後端的商業數據必須結合起來。也就是說，後台的人員不是只會賣東西，也必須要會提出問題：這個重複購買的顧客 (回頭客)，平均在前端瀏覽的時間是何時？有多久？前台的工作人員也必須問：「有註冊和沒註冊的會員，他們的購買行為差距大嗎？註冊的會員有多少是沒有購買行為的？」能弄清核心用戶的模式，再客製化提升他們的購物體驗，這個商業模式不成功才怪。

　　類似這樣的問題就是「數據整合」。在大數據分工的環節，很多工作是沒有整合起來的，甚至在資料庫設計上，採取了各自的編碼，導致未來整合困難。

第 8 講

決策樹和隨機森林的原理

大都會保險用大數據進行一場風險革命

雖然多數疾病可以透過藥物來達到治療效果，但如何讓醫生和病人能夠專注參加一兩個可以真正改善病人健康狀況的項目卻極具挑戰。保險業正嘗試透過大數據達到此目的。例如：先從上千名患者中選擇100-150 個病患完成實驗，在獨立的實驗室完成一系列代謝症候群的檢測試驗結果。掃描連續 2-3 年內近 1 百萬個化驗結果和 20 萬以上的保險索賠事件。將最後的結果組成一個高度個性化的治療方案，以評估患者的危險因素和重點治療方案。這樣，若醫生建議：「通過食用藥物及減重，將減少未來 10 年內 50% 的發病率；或者降低體內三酸甘油酯總量以減少目前體內偏高的含糖量。」如果病患能做到，保險公司就據此調整保費。一旦病人因為正確服藥獲得改善，相關理賠就會減少；同時，保險業也必須分析顧客風險，來設計最適合的方案。

大都會人壽保險公司 (MetLife, Inc.，或 Metropolitan Life Insurance Company NYSE:MET) 是美國最大的人壽保險公司，業務範圍包括 54 個國家的 9 千萬名客戶。2017 年 6 月美國大都會人壽將徹底剝離其美國的壽險業務，交由新公司 Brighthouse Financial 接管核心業務；接著在 7 月宣布，斥資 2.5 億美元向軟銀旗下的堡壘投資集團 (Fortress Investment Group) 購入債券基金管理公司 Logan Circle Partners。

大數據對金融業並不陌生，甚至很早就採行大數據。MetLife 2012年就開始用大數據演算改造營運模式，內部也有專屬的資料科學家團隊，網站上 Google 一下就會發現很多有關 MetLife 資料分析工作的討論。MetLife 的日常工作內容包括了精算、保險業務行銷和數量金融。最初 MetLife 投資 3 億美金建立一個新式系統，其中一個是將所有客戶資料放在一起的 MongoDB 資料庫。MongoDB 匯聚了來自多個系統源的數據，並將之合併成單一記錄，目前存儲的數據以 TB 計。

　　MetLife 在三個領域持續創新：商品開發、顧客保留和營運效率。大數據技術不是一言堂，而是一個腦力激盪的過程。MetLife 遍布全球的資料科學家接近 1 千名，每天分析全球數據，互相腦力激盪。例如：用文字探勘和情緒分析，以便在社群網路提升自己的專業形象。分析保險客戶新加入和退出的原因，以留住顧客。也針對相關保險詐欺建立預測模型，來偵測犯罪。每星期的例行討論，各部門把想法提出來，互相詰問，有共識的成果形成政策。

　　MetLife企業官網：https://www.metlife.com/，有興趣的讀者可以看香港的大都會網站：https://www.metlife.com.hk/

數據分析最重要的關鍵就是「建模與預測 (Predictive Modeling)」，其中一個很重要的方法，就是決策樹 (Decision Tree)，或稱樹形模式，也可以簡單稱為「樹」。決策樹模型需要被解釋變數 (Y)，從 Y 的類型，決策樹分為兩類：第 1 類稱為分類樹 (Classification Tree)，Y 是二元整數 (例如：{0, 1}) 或多元 (例如：{1, 2, 3, 4})；第 2 類是迴歸樹 (Regression Tree)，Y 是連續數值。

本講次以分類決策樹為主。

8.1　分類決策樹原理

決策樹的演算是藉由產生一連串的「if-then」邏輯條件 (如果…，則…)，讓解釋變數 (或稱為預測變數，Predictors) 能夠解釋 (預測) 被解釋變數 (或稱目標變數，Target Variable)。決策樹一般都是由上而下生成的樹形，每個決策或事件端 (或稱自然狀態) 都可能生出兩個或多個不同結果的事件端，把這種決策結構畫成圖形很像一棵樹的枝幹，故稱為決策樹。舉一個範例，某銀行面臨如下決策問題：是否要對某申請人發白金卡？決策者有如下「如果…，則…」的邏輯結構：

如果，

1. 申請人每月房貸占所得比率小於 25%；且
2. 房貸遲繳時間低於一個月；且
3. 每月所得高於 5 萬台幣。

則，銀行發卡。

這樣的分類過程，可以畫成如圖 8.1-1 的流程圖：

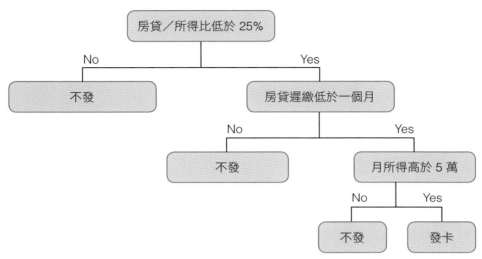

■ 圖 8.1-1　發卡決策流程圖

　　再看一個顧客分析的例子：一個單車行老闆，過去有 1,200 個顧客，其中買車有 289 人，老闆依照「年齡」分析潛在購買者如下：

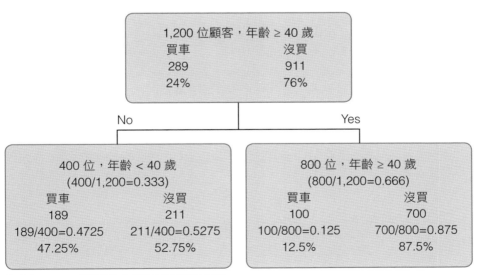

■ 圖 8.1-2　購買單車與否的顧客結構

　　由上面兩個例子，可以知道決策樹被歸類為監督式學習 (Supervisory Learning)，因為每一個分類都透過「已知」變數對明確的目標變數數值，做開枝散葉的分類運算。這樣的分類準則，和主成分或集群很不同。主成分或集群不依靠已知的欄位對特定目標變數分類，決策樹就必須有這些資訊。

　　承上例，要判斷 40 歲是不是一個正確的年齡臨界值，可以用 Entropy 和 Gini 指數。Gini 指數是用來測量模型不純度 (Impurity) 的數值，因此，最小的 Gini Index 就是關鍵值。圖 8.1-2 結構的 Gini Index 計算如下：

$$\text{左邊} \qquad\qquad \text{右邊}$$
$$0.333 \times 0.4725 \times (1 - 0.4725) \qquad 0.666 \times 0.125 \times (1 - 0.175)$$
$$\text{Gini Index 就是左式 + 右式} = 0.154$$

　　所以，演算的做法，就是根據各種已知變數 (如本例的年齡)，計算 Gini 指數，最小的數字，就是最佳分類年齡。Gini 指數是 CART 演算使用的，rattle 使用的是 Information Gain，也就是計算 Entropy，細節就不詳說。

　　決策樹的演算方法有 4 種，比較如下表 8.1-1。

● 表 8.1-1　四種決策樹的比較

類別 特色	QUEST	CART	CHAID	C4.5
變數型態	連續／類別	連續／類別	類別	連續／類別
分支數目	2	2	2 以上	連續：2 以上 類別：2
分支變數	單／多變數	單／多變數	單變數	單變數
分割規則	卡方/F 檢定	Gain ratio	卡方檢定	Gain Ratio
可設定分類 先驗機率	O	O	X	X
樹的修剪	測試樣本 或交叉驗證	測試樣本 或交叉驗證	Stopping Rules	同時分支與刪減
遺失值	內插法 或代理變數	代理變數	分出遺失值的 支幹	使用機率加權

　　一個常問的問題是：決策樹方法和廣義線性模式 GLM 的邏輯斯迴歸，差異在哪？兩個方法其實一樣，兩者都有「樣本內估計診斷」和「樣本外預測」的分析。不同之處只有一點：就是 GLM 是建立在以方程式為基礎的迴歸分析，決策樹則是建立在一連串「if-then」的分類。

8.2　用 R GUI 實作

　　很可惜，R-Commander 沒有決策樹的增益集，但是有一個 GUI 套件 rattle 是專門用來做資料探勘的工具。決策樹的演算，使用了遞迴分割的演算 (Recursive Partitioning Approach)。傳統的決策樹演算，是用套件 rpart，也就是 CART 和 ID3/C4。條件決策樹 (Conditional Tree) 演算，則利用了條件推論架構 (Conditional Inference Framework)。還有相似度方法 (Ensemble Approaches)，例如：推進法 (Boosting) 與隨機森林 (Random Forests)，這些方法產生的模型分析，比單一決策樹有較低的偏誤 (Bias) 和變異數 (Variance)。裝置 rattle 很簡單，程式碼如下：

```
install.packages("rattle")
```

　　然後在 R 的主控台載入：library(rattle)，載入後，用指令 rattle() 啟動介面。在附錄 B 簡單解說 rattle 的功能。

　　我們先載入 HMDA 這筆資料，這筆資料記錄了美國某一家銀行，申請房貸者被拒絕 (DENY=1) 的記錄。資料說明如下：

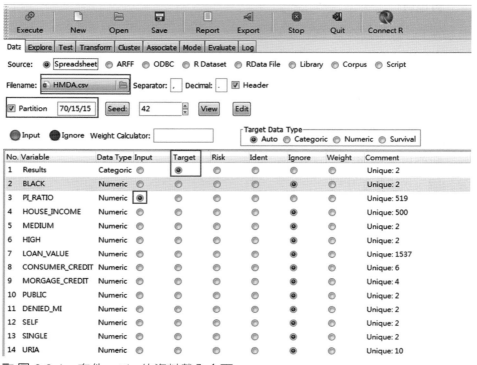

■ 圖 8.2-1　套件 rattle 的資料載入介面

Results	=Reject，申請被拒絕；=Accept，接受 這筆是我們的目標變數 (Target variable)
BLACK	=1，申請者是黑人；=0，不是
PI_RATIO	申請者每月攤還占所得的比率
HOUSE_INCOME	申請者每月 house expense-to-income ratio
DENIED_MI	=1，申請人房貸保險被拒絕
MEDIUM	=1，loan-to-value ratio 介於 0.8-0.95 之間
HIGH	=1，loan-to-value ratio ≥ 0.95
LOAN_VALUE	loan-to-value ratio 貸款金額和房屋價格的比率
CONSUMER_CREDIT	申請者之消費者信用評分
MORTGAGE_CREDIT	申請者之房貸信用評分

PUBLIC	=1，有公共不良信用記錄 (Public bad credit record)
SELF	=1，自僱者
SINGLE	=1，單身
URIA	申請者工作所屬產業之失業率

傳統決策樹

我們以一個簡單的例子，就是用 PI_RATIO 來將 DENY 分類。接下來就如圖 8.2-2 啟動決策樹分析這筆資料。決策樹分析，我們會設 70/15/15 的樣本分割。

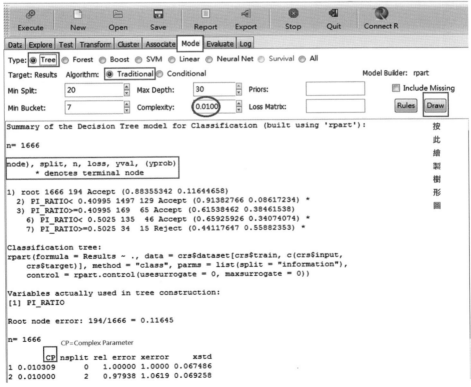

■圖 8.2-2　決策樹估計的分類結果

圖 8.2-2 下半部是演算的數字，使用的是 rpart() 函數。第 3 行框線內的程式碼：

```
node), split, n, loss, yval, (yprob)
```

是解釋如何讀下面的結果：

node) 是節點編號
split 是節點的名稱
n 是節點的觀察值總數
loss 是此節點內，錯誤歸進來的個數
yval 是這個節點內，目標變數內定的目標值，例如 Accept (依字母序)
(yprob) 是這個節點內，內定的目標值 yval 和其他的目標值的比率

以第 5 行為例：

```
1) root 1666 194 Accept (0.88355342 0.11644658)
```

第 1 個節點，根目錄，1,666 個總觀察值，194 個 Reject (錯誤值)，正確值是 Accept，(正確值的比率 0.8836，錯誤值 0.1165)。

決策樹的展開，必須修剪 (Prune)。就是依據各節點所分的觀察值個數，如果一個節點的觀察值太少，併入其他節點，如果效能提升，就是一個適當的修剪。

最下方的 CP (Complex Parameter) 是決定樹形節點數修剪的參數，數字代表了模型結構的最低效益 (Minimum Benefit)。內建是上方圓圈的 Complexity 值 0.01，如果給這個數字 0，就會展開完全不修剪的樹狀圖 (Complete Tree)，只依照 Max. Depth＝30 這條件。rpart() 演算依照 CP 指標最佳化 (Optimization) 演算。

較好的方式是視覺化，用右上角的 $\boxed{\textbf{Draw}}$ 按鈕，把樹狀圖畫出來，如圖 8.2-3。

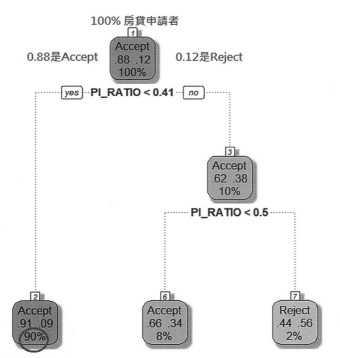

Decision Tree HMDA.csv $ Results

100% 房貸申請者

0.88是Accept　　　　　　　0.12是Reject

Accept
.88　.12
100%

yes　**PI_RATIO < 0.41**　no

Accept
.62　.38
10%

PI_RATIO < 0.5

Accept
.91　.09
90%

Accept
.66　.34
8%

Reject
.44　.56
2%

90%的申請者，在此分類。
這個分類中的房貸申請0.91是 Accept

■ 圖 8.2-3　決策樹分類圖

進一步，我們增加 BLACK 這個變數進入決策系統，產生之決策樹如圖 8.2-4。

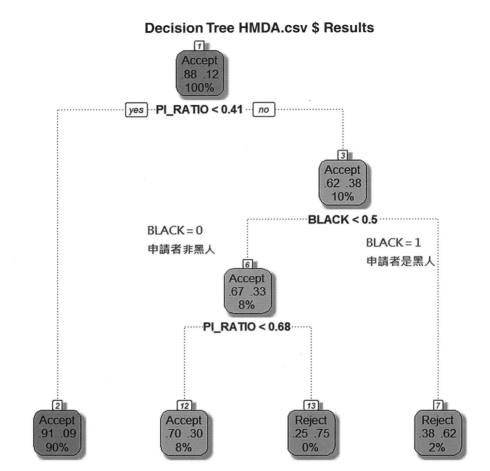

■ 圖 8.2-4　兩個變數的決策樹

　　從圖 8.2-4 看，只要 PI_RATIO 比率小於 0.41，就與申請人是否是黑人無關。然而，傳統決策樹分析，會陷入兩個問題：過度配適 (Over-fitting) 和變數選擇偏誤 (Selection Biases)。尤其是有許多類別變數時，這樣的問題更為嚴重。造成這種問題的關鍵，在於傳統樹形展開，沒有使用任何的統計方法，檢定特定變數帶來 Information Gain 的差異，是否顯著。

　　接下來的條件決策樹 (Hothorn, 2006) 解決這個問題。條件推論決策樹 (Conditional Inference Tree) 考慮了資料的分布性質 (Distributional

Properties)，從而改善了樹形的展開。

條件決策樹

執行條件決策樹 (Conditional Inference Tree)，如圖 8.2-5 的選項。執行完後，按 **Draw** 看一看樹狀圖。

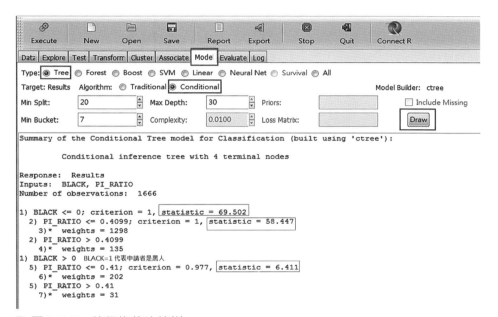

```
Summary of the Conditional Tree model for Classification (built using 'ctree'):

        Conditional inference tree with 4 terminal nodes

Response:  Results
Inputs:  BLACK, PI_RATIO
Number of observations:  1666

1) BLACK <= 0; criterion = 1, statistic = 69.502
   2) PI_RATIO <= 0.4099; criterion = 1, statistic = 58.447
      3)* weights = 1298
   2) PI_RATIO > 0.4099
      4)* weights = 135
1) BLACK > 0  BLACK=1代表申請者是黑人
   5) PI_RATIO <= 0.41; criterion = 0.977, statistic = 6.411
      6)* weights = 202
   5) PI_RATIO > 0.41
      7)* weights = 31
```

■ 圖 8.2-5　執行條件決策樹

圖 8.2-6 的樹狀圖每一個節點，會檢定分類的結果，如果 P 值夠小，就拒絕分類無效的虛無假設。我們也發現兩個圖產生的節點很不一樣：

傳統決策樹是先由 PI_RATIO 分兩群，第二個節點再去依照 BLACK 分。條件決策樹則透過統計檢定，先將申請人依照 BLACK 分成兩類，再依照 PI_RATIO 比率分群。節點 (3, 6) 和節點 (4, 7) 兩組，比較起來就相當簡易。從這個圖可以看出，是否是黑人，和房貸申請被拒絕，有視覺上的差距。

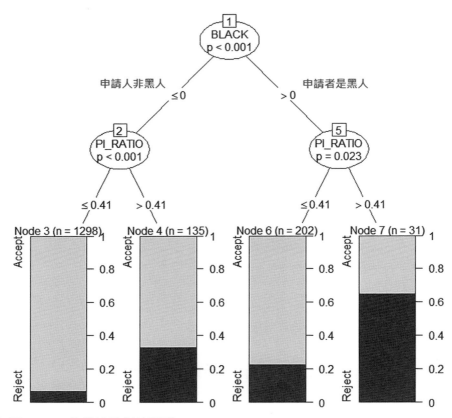

■ 圖 8.2-6　條件決策樹的圖形

練習

　　　　請逐次增加 SINGLE 和 URIA，比較兩種決策樹的結果。

　　剪枝 (Pruning) 是決策樹停止分支的方法之一，剪枝有分預先剪枝和後剪枝兩種。預先剪枝是在樹的生長過程中設定一個指標，當達到該指標時就停止生長，這樣做容易產生「視界局限」，就是一旦停止分支，使得節點 N 成為葉節點，就斷絕了其後繼節點進行「好」的分支操作的任何可能性。不嚴格地說，預先剪枝可能讓已停止的分支會誤導學習算法，導致產生樹不純度最大的地方，太靠近根節點。後剪枝中的樹，首先要充分生長，直到葉節點都有最小的不純度值為止，因而可以克服「視界局限」。然後對所有相鄰的成對葉節點考慮是否消去它們，如果消去能引起令人滿意的不純度增長，那麼執行消去，並令它們的公共父節點成為新的葉節點。這種「合併」葉節點的做法和節點分支的過程恰好相反，經過剪枝後葉節點常常會分布在很寬的層次上，樹也變得非平衡。後剪枝技術的優點是克服了「視界局限」效應，而且無須保留部分樣本用於交叉驗證，所以可以充分利用全部訓練集的資訊。但後剪枝的計算量代價比預剪枝方法大得多，特別是在大樣本集中，不過對於小樣本的情況，後剪枝方法還是優於預剪枝方法。

相對於其他數據挖掘算法，決策樹擁有多項優勢，例如：

1. 決策樹的展現，易於理解和實現。在經過適當的詮釋後，決策樹所表達的決策涵義和操作意義，很容易理解。
2. 對於決策樹，數據的準備往往是簡單的。其他的技術往往要求先把數據一般化，比如去掉多餘的或者空白的屬性。
3. 能夠同時處理連續屬性數據和類別屬性資料。其他的技術往往要求數據屬性的單一。
4. 容易通過靜態測試來評測模型，表示有可能測量該模型的可信度。
5. 在相對短的時間內能夠對大數據做出可行且效果良好的結果。

8.3　R Code

決策樹分析的程式碼，如下：

R Code：準備資料

```
1.    source("trainingSamples.src")
2.    library(rpart)
3.    dataset=read.csv("HMDA.csv")
4.    head(dataset)
```

5.　dataset$subSample = trainingSamples(dataset, Training=0.7, Validation=0.15)

6.　table(dataset$subSample)

7.　Formula=as.formula("DENY ~ PI_RATIO+BLACK")

說明

1.　載入trainingSamples 函數程式碼

2.　載入決策樹套件 rpart

3.　讀入資料並定義為 dataset

4.　檢視 dataset 前 6 筆

5.　利用函數 trainingSamples 在 dataset 建立一個子樣本索引 subSample，0.7 是訓練樣本 (Training)，0.15 是確認樣本 (Validation)

6.　檢視 subSample 內容

7.　建立決策樹公式，目標變數為 DENY

挑公式內的變數來看，我們新增一個欄位 subSample，裡面隨機置入三個字：Validation、Holdout、Training。

```
> head(dataset[,c(1,2,3,15)])
    DENY    BLACK    PI_RATIO    subSample
1 Accept      0      0.221       Validation
2 Accept      0      0.265       Holdout
3 Accept      0      0.372       Validation
4 Accept      0      0.320       Training
5 Accept      0      0.360       Validation
6 Accept      0      0.240       Training
```

我們就可以依照這筆資料擷取部分樣本作決策樹分析，再用 Validation 去確認。也就是樣本內和樣本外。以下可以看產生的文字個數是不是符合百分比。

```
> table(dataset$subSample)
 Holdout    Training    Validation
   357        1666         357
```

R Code：估計繪製樹狀圖

```
8.   fit=rpart(Formula, data=dataset, cp=0.01, subset=subSample=="Training")
9.   rattle::drawTreeNodes(fit)
10.  post(fit, file = "")
11.  rattle::fancyRpartPlot(fit,sub=NULL, palettes="Oranges",type=1)
12.  plotcp(fit, minline = TRUE, lty = 3, col = 1,upper = c("size", "splits", "none"))
13.  par(mfrow=c(2,1));rsq.rpart(fit);par(mfrow=c(1,1))
```

說明

8.　執行決策樹並把結果物件存成 fit

9.　用套件 rattle 內的函數drawTreeNodes繪製樹形節點，圖 8.3-1

10.　將上圖補妝，圖 8.3-2

11.　用套件 rattle 內的函數 fancyRpartPlot 繪圖，圖 8.3-3。函數內的 palettes 色版很多，如 "Greys" 和 "Oranges"，type 可以自行更換數字，看看差異何在

12.　繪製 CP 診斷圖，見圖 8.3-4

13.　繪製完整的診斷圖，見圖 8.3-5

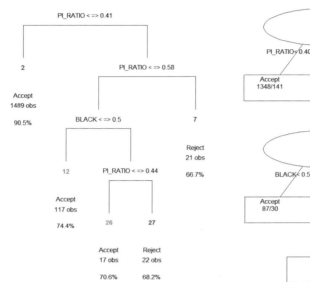

■ 圖 8.3-1　樹形節點

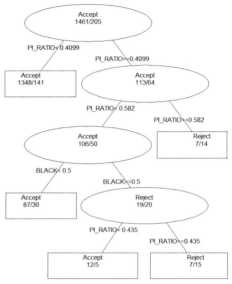

■ 圖 8.3-2　加工的樹形節點

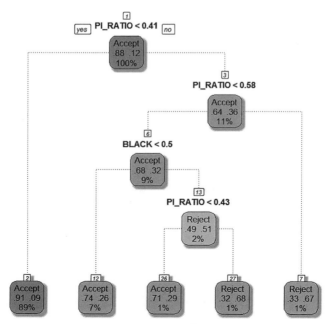

■ 圖 8.3-3　美化的決策樹圖

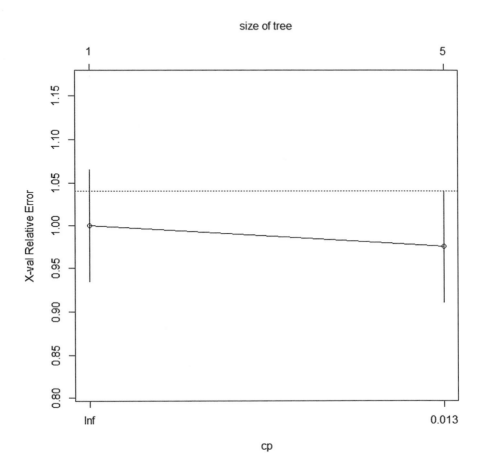

■ 圖 8.3-4 　CP 診斷圖

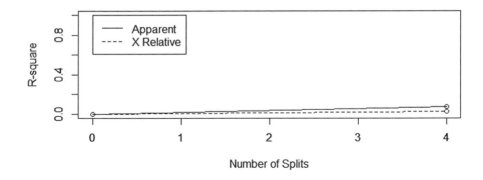

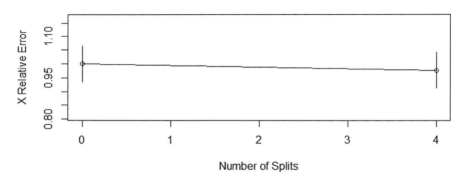

R Code：預測

```
14.  rowID=dataset$subSample== "Training"
15.  Pred1=predict(fit, dataset[rowID,],type = "class")
16.  Observed1=dataset[rowID,"DENY"]
17.  newData_pred1=data.frame(Pred1,Observed1)
18.  colnames(newData_pred1)=c("Observed","Predicted")
19.  dim(newData_pred1)
20.  tail(newData_pred1,30)
21.  table(observed = Observed1, predicted =Pred1)
22.  summary(residuals(fit))
```

說明

14. 取出從訓練樣本的 ID 索引號
15. 產生訓練樣本的預測
16. 取出訓練樣本內的目標變數
17. 將訓練樣本的目標變數和預測放在一個資料框架 newData_pred1
18. 將 newData_pred1 編新欄位名稱
19. 檢視 newData_pred1 維度
20. 檢視 newData_pred1 最後 30 筆
21. 做混淆矩陣表
22. 輸出殘差摘要

混淆矩陣 (Confusion Matrix) 如下：

```
> table(observed = Observed1, predicted =Pred1)
         predicted
observed      Accept       Reject
   Accept       1447          14
   Reject        176          29
```

8.2 內容中，還有條件決策樹 (Conditional Inference Tree)。條件決策樹 rpart 不能做，要用套件 caret 內的函數 train。套件 caret 的 train 把所有的決策樹估計法都包含進去，只要透過 "method=" 宣告就可以。雖然一指搞定，但是一些後續製圖就不太一樣。這也是套件的開發哲學。

R Code：條件決策樹

```
1.   library(caret)
2.   trainingSample=subset(dataset,subSample=="Training")
3.   X=trainingSample[,c("PI_RATIO","BLACK")]
4.   Y=trainingSample[,"DENY"]
```

5. 　ctreeFit = train(x = X, y = Y, method = "ctree")
6. 　ctreeFit
7. 　plot(ctreeFit)
8. 　plot(ctreeFit$finalModel)

說明

1. 　載入套件 caret
2. 　取出訓練樣本
3. 　定義 X
4. 　定義目標變數 Y
5. 　配適模型。method 內有 rpart、rf (隨機森林) 和 ctree (條件推論)
6. 　檢視配適結果
7. 　繪圖，圖 8.3-6
8. 　繪製樹狀圖，圖 8.3-7

　　　條件決策樹的物件估計結果產生如下：

```
> ctreeFit
Conditional Inference Tree


1666 samples
   2 predictor
   2 classes: 'Accept', 'Reject'


No pre-processing
Resampling: Bootstrapped (25 reps)
Summary of sample sizes: 1666, 1666, 1666, 1666, 1666, 1666, ...
Resampling results across tuning parameters:


  mincriterion        Accuracy          Kappa
```

0.01	0.8671835	0.14551497
0.50	0.8758916	0.12089934
0.99	0.8757493	0.04226171

Accuracy was used to select the optimal model using the
largest value.

The final value used for the model was mincriterion = 0.5.

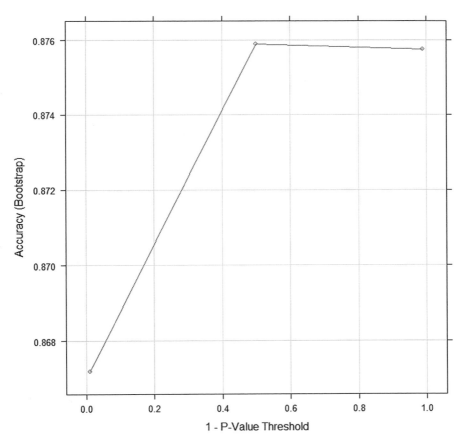

■ 圖 8.3-6　精確程度圖

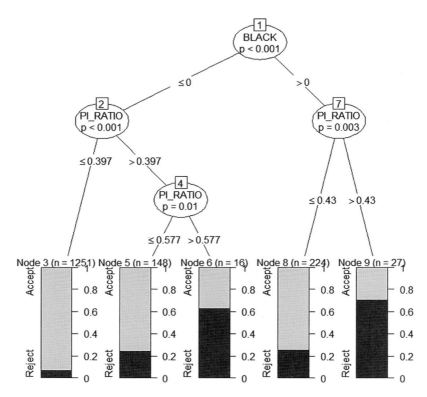

■ 圖 8.3-7　條件決策樹圖

　　條件決策樹一樣要產生預測，指令也一樣是 predict，請讀者參考說明檔，產生預測和混淆矩陣。

練習

　　請執行條件決策樹的預測，並計算混淆矩陣，看看預測準確度是否提升。提示：caret 內有一個專門計算混淆矩陣的函數 confusionMatrix。

本節的決策樹依賴單一決策型態的展開。然而資料探勘的實際經驗，往
往會發現沒有一種單一模式可以吃下全部，甚至我們也會發現，除了變數，
決策樹對於觀察值數量增減也會敏感。簡單地說，穩健性不夠。強化式學
習就是基於這樣的考慮，強化式學習有隨機森林、支援向量機和推進法。
支援向量機和推進法我們放在附錄 D 簡介，下一節進入隨機森林 (Random
Forest)。

8.4　隨機森林

　　前面在介紹決策樹的時候可以知道，我們一方面可以讓樹無條件完全生
長，另一方面也可以通過參數控制節點的數量或者樹的深度。通常無條件
完全生長的樹，會導致過度配適 (Overfitting) 的問題。過度配適一般由數據
中的雜訊和離群值造成；一種解決方法是進行剪枝 (Prune) 來去除雜亂的枝
葉。實際應用中，一般用隨機森林來代替，隨機森林在決策樹的基礎上，會
有更好的表現，尤其是防止過度配適。隨機森林包含多個決策樹的分類器。
其輸出的類別是由各樹輸出的類別而定。所謂的隨機性主要體現在兩方面：
(1) 訓練每棵獨立樹時，從全部訓練樣本 (樣本數為 N) 中選取一個可能有重
複的，且大小同樣為 N 的資料集進行訓練 (即 bootstrap 取樣)；(2) 在每個節
點，隨機選取所有特徵的一個子集，用來計算最佳分割方式。

　　機器學習中有一類演算法稱為強化法 (Ensemble)，它是將多個基本
(Base) 算法組合起來。每個基本算法先單獨預測，最後的結論由全部算法進
行投票改善分類問題，或者求加權平均。

　　強化法分兩類：Bagging (裝袋) 和 Boosting (推升)。隨機森林便是

Bagging 中的代表：先使用多顆單獨的決策樹進行預測，最後的結論由這些樹的預測結果共同決定，這也是「森林」名字的由來。每個基本分類器可以很弱，但最後組合的結果通常很強，這類似投資組合的多角化原理：一旦資產變多，風險分散後，組合風險就下降，報酬績效就提高。

8.4-1 隨機森林原理

在機器學習中，隨機森林是一個包含多個決策樹的分類器，並且其輸出的類別，是由個別樹輸出的類別的眾數而定，將上百棵決策樹的結果，整併成一個森林。Leo Breiman 和 Adele cutler 推論出隨機森林的演算法，Random Forests 就是他們的商標。這個術語是 1995 年由貝爾實驗室的 Tin Kam Ho 所提出的隨機決策森林 (Random Decision Forests) 而來的，這個方法則是結合 Breimans 的「Bootstrap Aggregating」想法和 Tin Kam Ho 的「Random Subspace Method」以建造決策樹的集合。然而這些發展，最早可以追溯到 Williams (1987) 提出的 MIL (Multiple Inductive Learning) 演算法。

隨機森林演算處理辨識度不足的決策樹，處理得相當好。例如：二元分類中，其中一個類別數目太少，好比低於 5%。隨機森林依照最大深度建構個別決策樹，然後在最低偏誤情況之下，結束演算成為森林。

隨機森林的方法，適用於 Training Sample 很大，或變數很多的模型。一個變數很多的模型，會產生類似複迴歸時，判讀變數重要性的困難。

下面的實作，我們就利用 rattle 內建的數據 weather.csv，以氣象預測作為練習個案。

8.4-2 R GUI 實作

氣象預測

這筆數據的載入如圖 8.4-1，載入這筆資料，不需要去開檔案夾，先用上方的 New 將原載入的資料歸零 (filename 處變空白)，再按 **Execute**，rattle 就會自動載入 weather.csv。

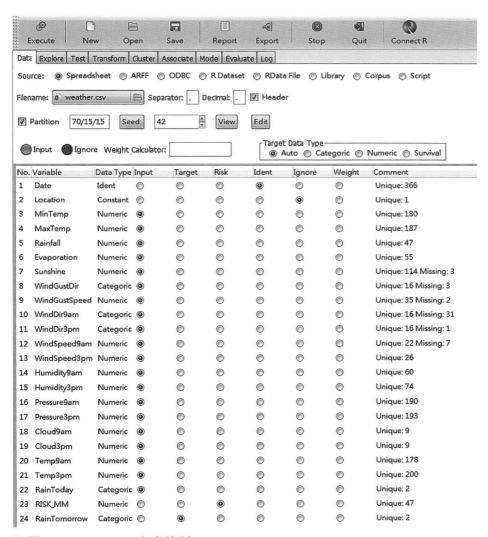

■ 圖 8.4-1　weather 氣象資料

　　這筆資料記錄了澳洲坎培拉 (Canberra) 氣象站的日降雨數據，rattle 提供一年的數據，366 筆觀察值。避免翻譯冗長，我們只對目標變數和少數幾個變數作翻譯，變數摘錄說明如下。

'Date'	記錄日期 (時間物件)
'Location'	The common name of the location of the weather station.
'MinTemp'	當日最低溫，攝氏
'MaxTemp'	當日最高溫，攝氏
'Rainfall'	當日降雨量，mm
'Evaporation'	The so-called Class A pan evaporation (mm) in the 24 hours to 9am.
'Sunshine'	日照度，有陽光的小時
'WindGustDir'	The direction of the strongest wind gust in the 24 hours to midnight.
'WindGustSpeed'	The speed (km/h) of the strongest wind gust in the 24 hours to midnight.
'Temp9am'	Temperature (degrees C) at 9am.
'RelHumid9am'	Relative humidity (percent) at 9am.
'Cloud9am'	Fraction of sky obscured by cloud at 9am. This is measured in "oktas", which are a unit of eighths. It records how many eights of the sky are obscured by cloud. A 0 measure indicates completely clear sky whilst an 8 indicates that it is completely overcast.
'WindSpeed9am'	Wind speed (km/hr) averaged over 10 minutes prior to 9am.
'Pressure9am'	Atmospheric pressure (hpa) reduced to mean sea level at 9am.
'Temp3pm'	下午 3 點的溫度，攝氏
'RelHumid3pm'	Relative humidity (percent) at 3pm.
'Cloud3pm'	Fraction of sky obscured by cloud (in "oktas": eighths) at 3pm. See Cload9am for a description of

the values.

'WindSpeed3pm'	Wind speed (km/hr) averaged over 10 minutes prior to 3pm.
'Pressure3pm'	Atmospheric pressure (hpa) reduced to mean sea level at 3pm.
'ChangeTemp'	Change in temperature.
'ChangeTempDir'	Direction of change in temperature.
'ChangeTempMag'	Magnitude of change in temperature.
'ChangeWindDirect'	Direction of wind change.
'MaxWindPeriod'	Period of maximum wind.
'RainToday':	1 if precipitation (mm) in the 24 hours to 9am exceeds 1mm, otherwise 0.
'TempRange'	Difference between minimum and maximum temperatures (degrees C) in the 24 hours to 9am.
'PressureChange'	Change in pressure.
'RISK_MM'	The amount of rain. A kind of measure of the "risk".
'RainTomorrow'	目標變數 (target variable)，明日是否下雨？ Yes/No

目標變數是「類別變數」Yes/No，記錄了「明日是否下雨」的真實狀況。因此，這筆數據是要由下雨前的種種大氣測量，包含溫度、濕度、溫差和氣壓等等，來做降雨預測。

執行基本估計，如圖 8.4-2，這個森林有 500 棵樹。

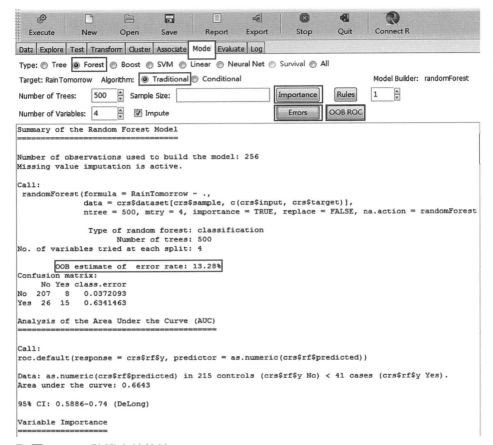

■ 圖 8.4-2　隨機森林估計

　　圖 8.4-2 中間有一行 OOB estimate of error rate: 13.28%，這是一個績效評估的指標。OOB＝Out-of-bag 指袋外，意即此 error rate 是由不在估計樣本袋的其餘樣本估計。所謂的「袋」指的是 training dataset 用來估計的子樣本，袋外，就是另外的樣本。但是，這不是 validation/test sample 的問題，和 Data Page 上面的 70/15/15 無關。因為隨機森林演算是一個拔靴演算 (Bootstrap)，不需要設定這些子樣本，每棵樹的產生所用的資料，都是從原始資料抽樣出來的 Bootstrapping 重複抽樣 (Re-sampling) 過程，這個過程使用三分之二的資料，三分之一的沒用到，就是 OOB。OOB 當中分類的錯誤

率，就是 OOB error rate。在 Bootstrapping 的理論架構，這個過程被證明是不偏的。

13.28% 的意思是：當這個模型備用到新資料時，有 13.28% 會錯；換句話說，86.72% 是正確的。再下來的 Confusion Matrix 測量了全面的正確度。

Confusion matrix:

	No	Yes	class.error
No	207	8	0.0372093
Yes	26	15	0.6341463

垂直行的 (No, Yes) 是預測下雨否，水平列的 (No, Yes) 是實際下雨否。所以，26 的意思是說：理論上預測下雨，實際上沒下雨有 26 天。也就是說，主對角線是正確預測的數量。class.error 0.037 是說預測沒下雨，卻下雨的比率 8/(207+8)；0.634 是說預測下雨，卻沒下雨的比率 26/(26+15)。

一座有 500 個決策樹的結果很難一棵一棵去評估。所以，我們需要一些簡化的指標來指出相對重要性。最下一列 Variable Importance 功能在此，因為太長，我們放在圖 8.4-3，有 4 個數值欄，愈大愈重要。排序基準是第 3 欄 MeanDecreaseAccuracy。

```
Variable Importance
===================
```

	No	Yes	MeanDecreaseAccuracy	MeanDecreaseGini
Pressure3pm	12.84	8.74	14.62	4.36
Sunshine	12.31	9.07	14.21	4.13
Cloud3pm	12.58	7.52	13.84	3.18
WindGustSpeed	9.07	5.81	10.24	2.69
Pressure9am	7.94	2.39	8.59	3.15
Temp3pm	7.57	-0.77	7.58	1.48
MaxTemp	7.27	-0.40	7.08	1.91
Humidity3pm	5.33	1.07	5.34	2.16
Temp9am	4.40	2.44	5.33	1.72
WindGustDir	6.64	-0.91	5.32	3.04
WindSpeed9am	5.41	0.68	5.07	1.49
MinTemp	4.61	1.75	5.01	2.17
Cloud9am	3.83	3.52	4.88	1.47
WindSpeed3pm	3.99	-1.92	2.88	1.60
WindDir3pm	4.13	-3.35	2.26	2.42
Humidity9am	2.16	0.44	2.07	1.51
Evaporation	1.52	-1.07	1.09	1.51
RainToday	0.39	1.03	0.73	0.05
WindDir9am	1.09	-1.54	0.29	3.00
Rainfall	0.50	-1.88	-0.51	0.60

■ 圖 8.4-3　變數重要性

　　圖 8.4-4(A) 則將其中兩個指標視覺化，利用這樣的圖形，將重要性排序，樹量是 500。比較樹量變化的結果，我們同時產生樹量 100 的重要性，圖 8.4-4(B) 將此繪出。相當明顯，樹量多時，前三名的兩個指標是一致的；樹量減少時，兩個指標的差異就很大。

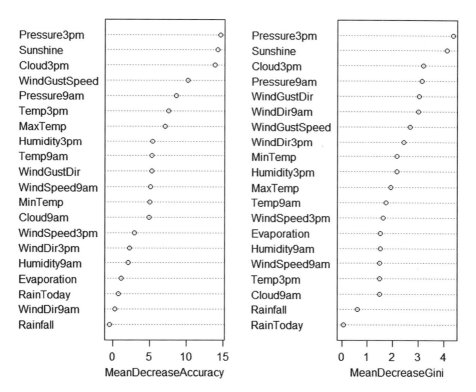

Variable Importance Random Forest weather.csv

■ 圖 8.4-4(A)　變數重要性的圖形呈現，樹量＝500

Variable Importance Random Forest weather.csv

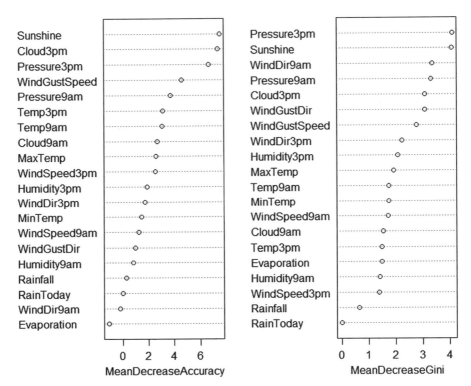

■ 圖 8.4-4(B)　變數重要性的圖形呈現，樹量＝100

　　圖 8.4-5 則是將 500 棵樹的誤差率 (Error Rate) 結果畫出來，同時也提列 OOB 數字。從圖形中可以看出，明天下雨為真 (Yes) 的狀況，預測誤差比較高，遠高於預測明天不會下雨 (No)。

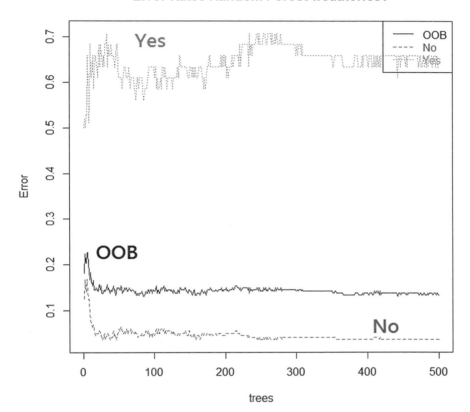

■ 圖 8.4-5 　整合預測誤差圖

　　圖 8.4-6 則繪製了操作特徵曲線圖 (ROC, Receiver Operating
Characteristic)，ROC 是對比 True Positives (正確地預測「會」下雨，
Positives/Yes) 和False Positives (錯誤地預測「會」下雨，Positives/No) 的關
係。這樣的圖，命中率 (Hit) 愈接近上端愈好。AUC 是曲線下方面積 (Area
Under Curve) 可以測量接近上端程度。

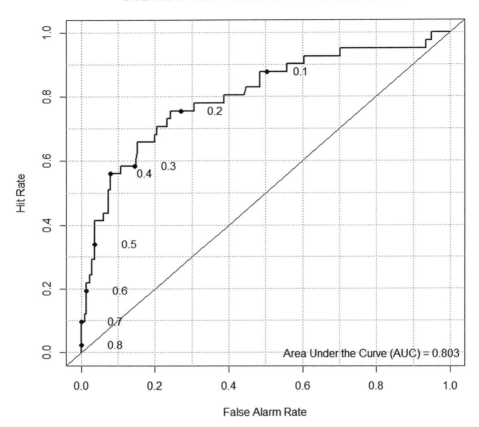

OOB ROC Curve Random Forest weather.csv

■ 圖 8.4-6　操作特徵曲線 (ROC, Receiver Operating Characteristic)

最後，如同決策樹所介紹，除了傳統決策樹森林，還有條件決策森林。我們在頁面點按鈕 Conditional，然後把樹木數量分別改成 100 和 500，繪製兩個條件的 Importance 圖形。如圖 8.4-7 和圖 8.4-8。我們可以發現最重要的是 Pressure3pm (下午 3 點測量的氣壓) 這個變數，最重要的變數很快就找出來，而且沒有變動。在傳統隨機森林法也是如此。隨著樹木的數量增加，整體的結果就開始改變，等 500 棵樹都處理完，最重要的 4 個變數，除了第 1 不變之外，其餘是改變很多。

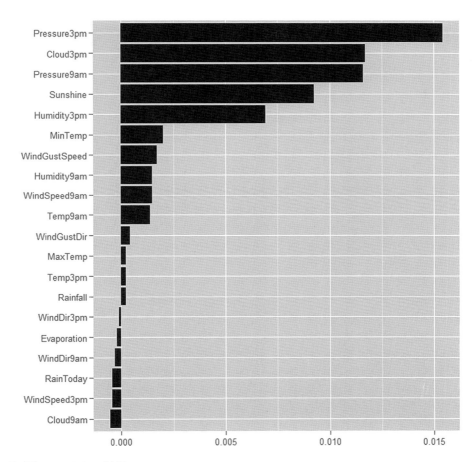

■ 圖 8.4-7(A)　樹量＝100

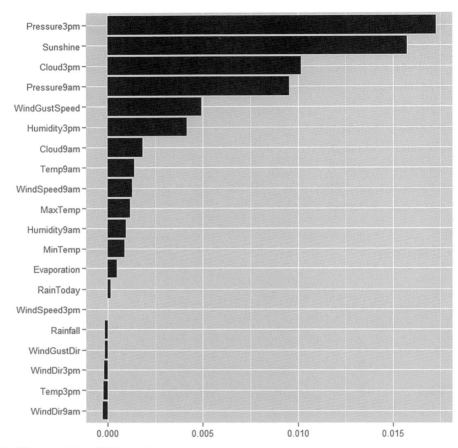

■ 圖 8.4-7(B)　樹量=500

8.4-3　R Code 實作

隨機森林的程式碼，準備資料如決策樹，主程式如下：

R Code：隨機森林法

Step 1. Estimation

23.　RF.fit=randomForest::randomForest(Formula, data=dataset,
　　　subset=subSample=="Training")

24.　plot(RF.fit, keep.forest=FALSE, ntree=100, log="y")

25.　rattle::treeset.randomForest(RF.fit, n=5, root=1, format="R")

Step 2. Prediction

26.　rowID=dataset$subSample==c("Training","Validation")[1]

27.　Pred.rf=predict(RF.fit, dataset[rowID,],type = "class")

28.　Observed.rf=dataset[rowID,"DENY"]

29.　newData_pred.rf=data.frame(Pred.rf,Observed.rf)

30.　colnames(newData_pred.rf)=c("Observed","Predicted")

31.　dim(newData_pred.rf)

32.　tail(newData_pred.rf,30)

33.　table(observed = Observed.rf, predicted =Pred.rf)

說明

略。雷同決策樹

估計的部分，物件顯示所有的內容。

```
> RF.fit
            Type of random forest: classification
                  Number of trees: 500
No. of variables tried at each split: 1

       OOB estimate of  error rate: 12.06%
Confusion matrix:
          Accept    Reject        class.error
Accept     1453         8        0.005475702
Reject      193        12        0.941463415
```

上面的程式碼和決策樹大同小異，只是載入套件 randomForest。重要的是隨機森林法是不是比較好？隨機森林的混淆矩陣如下：

```
> table(observed = Observed.rf, predicted =Pred.rf)

           predicted
observed      Accept        Reject
Accept        1453             8
Reject         186            19
```

　　下方我們重新列出前一講簡單決策樹的混淆矩陣，比較兩者主對角線，可以知道隨機森林的預測是有改善。

	predicted	
observed	Accept	Reject
Accept	1447	14
Reject	176	29

練習

　　請參考第 3 節最後的套件 caret，使用 train 然後 method="rf" 執行隨機森林。看看與本節的結果是否一致，如果不一樣，請試一試微調相關參數。

8.5　提審大數據

　　雖然決策樹有許多優點，但是，其關鍵缺點是對於那些各類別樣本數量不一致的數據，在決策樹當中信息增益的結果，會傾向於具有更多數值的特徵。另外，在樹的構造過程中，需要對資料集進行多次的掃描和排序，因而導致演算效能低。此外，例如 C4.5 方法，只適合能夠駐留於內存記憶體的數據集，當訓練樣本大得無法在內存記憶體容納時，電腦程式就無法運行。例如：抽樣一個 5 百萬筆觀察值，5 個變數的資料：

```
T = 5000000
n = 3
x = cbind(1,matrix(rnorm(T*n), T,n))
bet = c(2, rep(1, n))
y = c(x %*% bet) + rnorm(T)
```

在 R 中，每一個數值占用 8 位元，所以 x 和 y 只是占用 190 MB (=5000000 × 5 × 8 / 1024²)，若電腦的記憶體是 2 GB ，執行 lm() 時會出現超過限制的錯誤訊號。190 MB 和 2 GB 差很遠，問題在於，運行 lm() 函數會生成很多額外的變數塞滿記憶體，比如說過度配適值和殘差。

隨機森林是一種組合思維，把多種預測結果加權整合起來。在經濟預測領域的組合預測和投資組合設計上的貝式濃縮法，就是這種實用主義式的思維。缺點就是遇到隨機性高的決策環境時，這些方法恐怕都派不上用場。隨機過程 (Stochastic Process) 是指受到外力衝擊時會偏離軌跡的環境，過度配置一直是機器學習的罩門之一，因為資料龐大，分類時難免會發生過度分類或分類不足的狀況。綜合起來，使用隨機森林至少要注意兩個缺失：

第一，在某些雜訊較大的分類樹或迴歸樹問題上，隨機森林還是會產生過度配置問題。決策樹的過度配置問題，在隨機森林中並無法完全去除。所謂雜訊是指一些記錄只是巧合出現，不代表有什麼意義；例如買書，一個主要購買文學作品的作家，偶爾買一本高等微積分，可能是她有多方面興趣，也可能是偶然，也可能是買來當禮物。每個人的生活經驗中，這種行為還不少。

第二，如果目標變數的取值有較多的屬性，則會對隨機森林產生更大的影響，所以隨機森林在這種資料上產出的權重 (Weights) 是不可靠的。簡單說，連續變數的迴歸樹就是這樣一種問題。如果目標變數不是 {0, 1, 2, 3}，反而有更多的測量，或是連續變數，這樣就會導致分類的敏感度高，容易被調整變數而影響。

　　怎麼辦呢？除了分析方法之外，學門知識也可以協助判斷一個結果的合理性。如果都不理想，那就再繼續探勘研究。沒有結果，也是一個發現，不需要牽強附會。亂點鴛鴦造成的錯誤，不會小於過度配適。

第 9 講

大數據行銷——購物籃分析

迪士尼樂園的魔術手環 MagicBand

　　迪士尼集團 (Walt Disney) 是世界上首屈一指的休閒文化產業，從超賣座的動畫到全家旅遊的迪士尼樂園都吸引世界目光。只要家裡有小孩，迪士尼樂園幾乎是家庭旅遊休閒的必去之處，然而因為入園的人太多，如何規劃行程和提前預約設施，減少排隊的時間浪費，就是園區很重要的規劃。迪士尼樂園為了解決這類問題，首先就是要蒐集數據，他們推出稱為 MyMagic+ 的計畫，配合魔術手環 (MagicBand) 和手機 APP，讓入園前後的規劃都可以客製化。

　　從計畫開始，已超過上千萬的手環被使用。使用手環下載 APP，不但可以掌握園區人潮動態，也可以預約各種設施，減少了排隊的時間浪費。為了要讓這項技術運作無礙，迪士尼不但要在廣大園區設置免費 Wi-Fi，還斥資 8 億美金訓練6萬個員工熟悉這套系統。大企業的投資魄力，確實不凡。

　　大數據技術面，迪士尼使用的是 Hadoop 系統，加上 Cassandra 與 MongoDB。這些資料庫主要記錄使用者資訊以及遊客消費模式。最重要的是，這些資訊不只是用來改善遊客體驗，更將成為迪士尼未來製作影片的依據之一。這項大數據專案中，因為和物聯網密切整合，資安問題會是一個隱憂；由受歡迎的程度來看，迪士尼受信任的程度還是蠻高的。

　　迪士尼集團除了遊樂園，尚有一個人工智慧研究院，專注模仿學習 (Imitation Learning)，這個研究院利用人體運動的大數據，擬真製作動畫和 VR。模仿學習是深度學習的一支，是透過影像，而不是演算法除錯。這項技術也廣泛用於職業運動的攻擊和防守，例如：空手道訓練將對手動作拍攝下來，然後製作防守和攻擊的訓練法。電影《美國隊長

3：英雄內戰》中，有一段鋼鐵人對打美國隊長一直不勝，後來啟動戰鬥模式計算美國隊長攻擊模式，一守一攻兩招就把美國隊長打趴。

企業官網：https://disneyworld.disney.go.com/

迪士尼研究院：https://www.disneyresearch.com/

YouTube: https://disneyworld.disney.go.com/plan/my-disney-experience/?CMP=SOC-DPFY13Q2MyMagicatWaltDisneyWorldResort000505-01-13#share

購物籃分析 (Market Basket Analysis) 是關聯分析 (Association Analysis) 的一環，也是應用最廣的一種。例如：分析消費者購買行為的關聯性：買 A 時，也會買 B 或 C。然後把消費者屬性類似的 (例如：購買行為) 歸為一類，建立推薦系統 (Recommendation System)，定時寄送行銷通知。生活上最常見的就是博客來購書平台、PChome 和 Amazon 這些大電商，只要你買過書，就會持續向你推薦你有可能感興趣的商品。今日電子商務盛行，只要在網路上消費過留下足跡，後台就會對購物資料進行顧客分析，其實就是將消費者依照偏好分類，然後歸進一個推薦系統，定時對你發 Email 促銷。

從大量的資料，找出一系列變數或因子間的關係。分析這些交易資料，就好像觀察大賣場每一個顧客推車內的商品。每一個推車就是一個購物籃，一個購物籃代表每位顧客在某個時點採買行為的交易記錄。因為每個顧客的採買行為不盡相同，關聯分析就是從這些看似相關卻又不盡相同的交易記錄中，找出有用的潛在關聯規則。因為購物籃的特性，所以資料處理上多半以「交易 (Transaction)」和「項目 (Item)」當作是內建欄位。

9.1 關聯的分類原理簡介

關聯分析的應用適用於資料為對稱式二元和類別 (名稱) 屬性。對稱式二元屬性例如：省籍、性別、家裡有無網路、線上聊天、線上購物和隱私權的問題；類別屬性如教育水準與縣市名稱。使用關聯分析，我們可能會發現一些與網際網路使用者有關的有趣資訊，例如：

{線上購物 = Yes} → {關心隱私權問題 = Yes}

這個規則表示：大部分會從事線上購物的消費者，比較會關心他們的個人隱私。

當關聯分析應用至二元化的資料時，要考慮的議題包括：一些屬性值不是高頻項目，因而不足以成為高頻樣式的一部分。這個問題對於類別屬性而言 (如縣市名) 會更明顯。和其他屬性值相較，有一些屬性值會有相當高的次數。用來減少計算時間的方式，是避免產生包含一個以上且為相同屬性項目的候選清單：

1. 離散式方法 (Discretization-based Method)
2. 統計式方法 (Statistics-based Method)
3. 非離散式方法 (Non-discretization Method)

關聯分析用 apriori 演算法：找出先驗的 (a priori[1]) 關聯法則的演算法。另外，關聯分析類似相關性 (Correlation)，但是不可混為一談。

如同統計分析一般需要將估計結果設立評量指標，評量關聯準則的指標有三個：支持度 (Support)、信賴度 (Confidence) 和增益度 (Lift)。這三個指標，分別代表了關聯準則的顯著與正確程度，以及價值。

1. 支持度：衡量了前提項目 A 和結果項目 B 一起出現的機率，也就是 Prob(A∩B) 的機率。例如：消費者同時購買麵包和咖啡的機率：Prob(麵包∩咖啡)。
2. 信賴度：測量了前提項目 A 發生時，結果項目 B 也出現的條件機率，也就是 Prob(B|A)。例如：消費者同時購買了麵包後，也會買咖啡的機率：Prob (咖啡|麵包)。
3. 增益度：測量了比較信賴度與結果項目單獨發生時的大小，也就是計算 Prob(B|A)/Prob(B)。

這三個計算項目，都可以依照條件機率的定義和衍生定理推廣。例如：

$$\text{Prob}(B \mid A) = \frac{\text{Prob}(A \cap B)}{\text{Prob}(A)}$$

因為本書重點不放在數學細節，有興趣深入的讀者，坊間有不少教材。

9.2 R GUI 實作

實作部分，我們在 rattle 載入記錄 DVD 銷售的資料檔 dvdtrans.csv (圖 9.2-1)，記錄了消費者 (ID) 購買 DVD 品項 (Item) 的記錄。

---

1 a priori 是一個哲學用字，代表了經驗現象背後的意義，也有翻譯成先天的，讀者只需要簡單掌握即可。

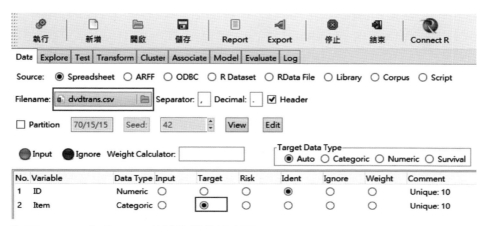

■ 圖 9.2-1　套件 rattle 的購物籃分析介面

這筆資料記錄了 DVD 購買者的行為，資料如圖 9.2-2。

■ 圖 9.2-2　資料檢視

　　圖 9.2-2 資料檢視中，ID 是顧客代號，Item 則是購買 DVD 的品名，因此就可藉由顧客購買 DVD 的類別關聯，建立行銷推薦項目。

　　rattle 執行關聯分析如圖 9.2-3，要注意，因為我們的資料只有一筆 Item，所以，必須要勾選左上角的購物籃分析 Baskets 。

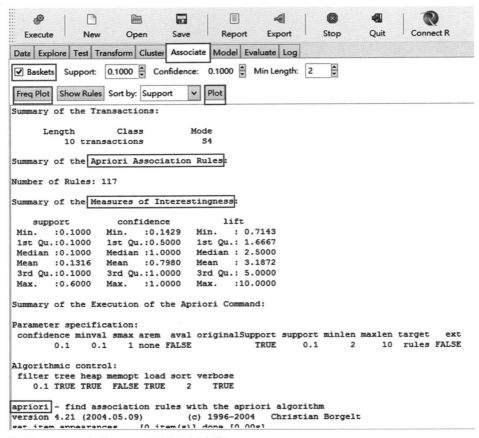

■ 圖 9.2-3　套件 rattle 關聯分析介面

　　圖 9.2-4 顯示了單一商品的購買頻次。很明顯，三部電影是最熱門的：*Gladiator*、*Sixth Sense*、*Patriot*。

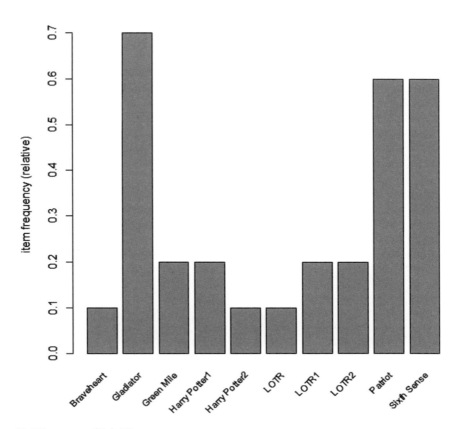

■ 圖 9.2-4　頻率圖

　　根據演算的標準，取出 29 個準則，接下來檢視 3 個準則的繪圖，只要
下拉選單，再按 Plot 就可以產生關聯圖形。

　　我們先解說圖 9.2-5 的支持度的結構，右上角有兩筆資訊：**size** 和
color。size 刻度指的是圓形面積的大小，面積愈大支持度愈大；color 深淺
用以比較增益度大小。

　　顧客可以被分成三群，一群是《哈利波特》一、二集的，彼此增益程
度很高，圓形的顏色是深色；因為相關頻率較低 (如圖 9.2-4)，所以面積不
大。另一群就是前三名那一群的：*Gladiator* 和 *Patriot* 彼此支持程度高。

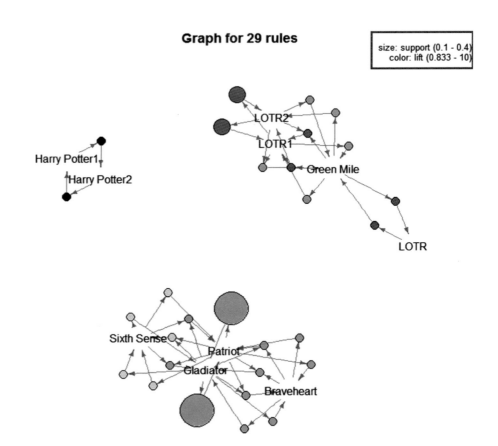

Graph for 29 rules

size: support (0.1 - 0.4)
color: lift (0.833 - 10)

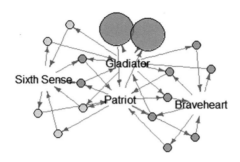

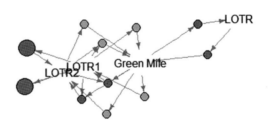

■ 圖 9.2-6　信任度關聯圖

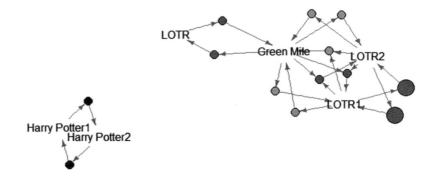

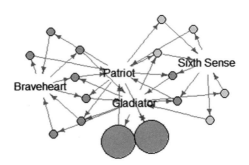

■ 圖 9.2-7　增益度關聯圖

　　圖 9.2-5 到圖 9.2-7 繪製了 3 個評量指標分出的群。

　　我們可以推測：由《哈利波特》兩集，假設消費者會對續集有興趣。這個推測當然很正常。現在的電影市場，出現續集的愈來愈多，例如：《鋼鐵人》、《玩命關頭》、《美國隊長》系列等等。續集推薦一般不需要繁瑣去求證。

　　接下來依照 *Gladiator* 和 *Patriot* 兩類電影的屬性把消費者歸類，向消費者推薦 *Sixth Sense* 和 *Braveheart*。這就是簡單的推薦系統。

最近愈來愈多的電商 App 蒐集資料的方法採用間接模式，也就是賣書之前，先讓你使用免費讀書 App，這樣就可以在你完全沒有消費之前，就開始分析你的偏好。例如：讀冊、微信讀書等等，都是這樣的方法。

9.3　R code

案例一：DVD 出租行為

要對關聯分析做進一步的分析，就必須使用語法輔助。我們簡單介紹以下 13 行指令，擇要說明，不再一行一行解釋。本案例程式碼附於 RCode_ch9_1.R。

```
1.  dat0=read.csv("dvdtrans.csv")
2.  dat=split(as.factor(dat0[,"Item"]),as.factor(dat0[,"ID"]))
3.  newdata=as(dat,"itemMatrix")
4.  image(newdata)
5.  itemFrequencyPlot(newdata)
6.  DVD=apriori(newdata, parameter = list(support=0.1, confidence=0.1))
7.  summary(DVD)
8.  summary(interestMeasure(DVD, c("support", "confidence", "lift")))
9.  plot(DVD, measure=c("confidence", "lift"), shading= "support",
control=list(jitter=6))
10. plot(DVD, measure=c("confidence", "lift"), shading="order",
control=list(jitter=6))
11. plot(DVD, method="grouped")
12. plot(sort(DVD, by="lift"), method="graph", control= list(type= "items"))
13. plot(DVD, method="graph", control=list(type="items"))
```

除了載入資料，第 2-13 行的項目解說如下：

```
dat=split(as.factor(dat0[,"Item"]), as.factor(dat0[,"ID"]))
newdata=as(dat, "itemMatrix")
```

在套件 arules 內，轉換資料是關鍵的步驟。第一步就是將資料轉成因子
(as.factor)，再拆隔 (split)；之後將新資料存成物件 dat。

as() 則將資料轉換成套件 arules 讀取的資料物件格式 itemMatrix。產生
的新資料檔 (newdata) 很重要，是後面關聯分析的關鍵。

```
image(newdata)
```

將新資料的變數，畫出散布圖，如圖 9.3-1。如 XY 軸的文字說明，這
是依照資料的行列去畫方塊。

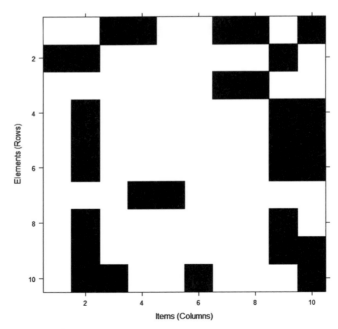

■ 圖 9.3-1　品項散布圖

```
itemFrequencyPlot(newdata)
```

這個指令產生同圖 9.2-4 一樣的次數頻率。

```
DVD=apriori(newdata, parameter = list(support=0.1, confidence= 0.1))
```

關聯分析估計的關鍵函數是 apriori()，給予估計結果一個物件名稱：
DVD。

```
summary(DVD)
```

把估記結果摘要顯示出來。

```
summary(interestMeasure(DVD, c("support", "confidence", "lift")))
```

評量關聯準則的指標之結果摘要，同圖 9.2-3

```
plot(DVD, measure=c("confidence","lift"), shading = "support",
control=list(jitter=6))
```

apriori 演算法產生規則有 127 條，如圖 9.3-2 將這三個規則畫出
來。上面語法內的參數 measure=c()，就是 X-Y 軸的，第 3 維就是宣告在
shading=""，然後使用熱力圖 (heatmap)。最後面的 control 就是將重疊的點
給擾動，以免視覺上覺得規則少少的。

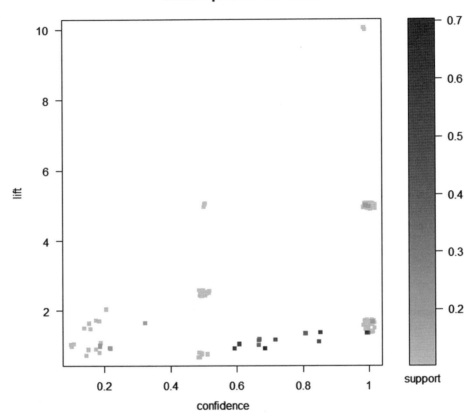

■ 圖 9.3-2　購物規則的「增益與信賴」關聯熱力圖

```
plot(DVD, measure = c("confidence", "lift"), shading="order",
control=list(jitter=6))
```

　　除了熱力圖的漸層顯示，shading="order" 改成 support 來排序，這樣的圖形，顯示在圖 9.3-3。arules 套件裡面有很多宣告，讀者可以看 reference manual PDF。

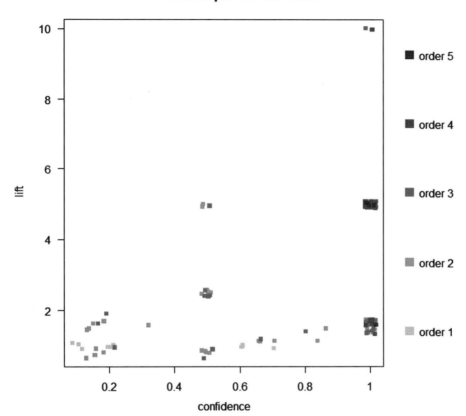

■ 圖 9.3-3 購物規則的「增益與信賴」關聯 Order 圖

```
plot(DVD, method="grouped")
```

最後一類圖就是依規則分組繪圖,圖 9.3-4 稱為群組矩陣圖 (Group Matrix Plot),把 127 個規則,用泡泡圖顯示可以總覽產生的 127 個規則包括哪些。RHS 是產生規則的目標項目 (也就是 Items 內的商品),LHS 是群組化的規則條件項目。矩陣兩端交會的地方,圓圈面積代表交會的支持度 (Support),深淺則是增益 (Lift) 程度。例如:購買 *Patriot* 影片的人,也會購買哪一種影片？圖形顯示是 *Sixth Sense* 這部影片。然後這部影片，外加 2 部其他影片，共產生 18 個規則。

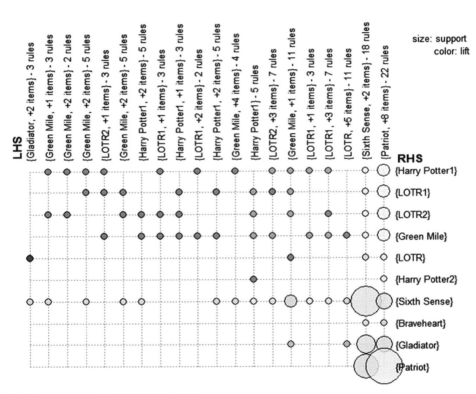

■ 圖 9.3-4　交易規則關聯矩陣圖

因此，進一步分析，就是從這 18 個規則中，取出特定的關聯，例如：依據增益值 lift 大於 1 的情況。這些都需要再使用語法。

```
DVDx <- subset(DVD,subset= rhs %in% "Patriot" and lift>1)
inspect(head(sort(DVDx,by="support",n=5)))
```

執行 inspect 的結果如圖 9.3-5。

```
> inspect(head(sort(DVDx,by="support",n=5)))
    lhs                           rhs          support confidence lift
48  {Gladiator}               => {Patriot} 0.6   0.8571429  1.428571
46  {Sixth Sense}             => {Patriot} 0.4   0.6666667  1.111111
98  {Gladiator,Sixth Sense}   => {Patriot} 0.4   0.8000000  1.333333
13  {Braveheart}              => {Patriot} 0.1   1.0000000  1.666667
52  {Braveheart,Gladiator}    => {Patriot} 0.1   1.0000000  1.666667
```
■ 圖 9.3-5　交易規則檢視

圖 9.3-5 的關聯分析，列出購買 *Patriot* 的顯著支持度前五名。根據支持度和信賴度來看，*Patriot* 與 *Gladiator* 的購物籃組合的關聯最強：Support=0.6，Confidence=0.85，lift=1.43。次之則是 *Patriot* 與 {*Sixth Sense* 和 *Gladiator*} 的購物籃組合，可以描述消費者的關聯行為：Support=0.4，Confidence=0.8，lift=1.33。

如果篩選時不看增益 lift，則有可能得到支持度和信賴度都很高，但卻無法被採用的規則。例如：如果信賴度的比率無法高過圖 9.2-4 的相對頻次，代表加入條件後，信賴度反而下降，這代表增加此條件項目對推導目標項目的關聯規則並沒有幫助。

```
plot(sort(DVD, by="lift"), method="graph", control=list(type= "items"))
plot(DVD, method="graph", control=list(type="items"))
```

最後兩個語法產生的圖，其實是圖 9.2-7 的另一種顯示，圖 9.3-6 將之繪在一頁。依序由左至右。

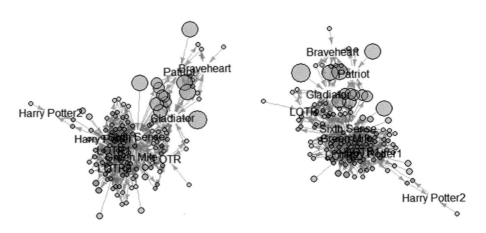

■ 圖 9.3-6　以泡泡圖檢視交易規則群聚

　　圖 9.3-6 的視覺化方式，在我們這種只有 10 種交易項目的小筆數據都不是很容易判讀，何況是交易標的更多的資料。基本上，圖 9.3-4 和圖 9.3-5 才是一個比較容易解讀的分析結構。

　　關聯分析是一個用於建立推薦系統或分析消費者購物行為的方法。下一個案例，是用關聯分析預測所得。

案例二：所得預測——GUI 和語法輔助

　　接下來這個所得預測案例，就是綜合使用 GUI 和語法輔助完成。我們使用套件 arules 內建美國的普查數據 AdultUCI，範例資料有接近 5 萬人 (48,842)。先用語法載入數據：

```
library(arules)          ##載入套件
data(AdultUCI)           ##載入資料


dim(AdultUCI)            ##看資料維度
fix(AdultUCI)            ##用data editor 看看資料
```

　　圖 9.3-7 是用 data editor 看資料,這樣的目的是要知道有多少變數需要轉換格式。因為關聯分析適用於類別變數,就是購物籃的個數記錄,也就是品名。我們要預測所得,先將所得欄 (income) 編成「低所得/中所得/高所得」三群,也就是 small/medium/large。如圖 9.3-7 所示,這筆資料,arules 已經編好了,我們要對其他連續變數做處理。舉例如以下步驟:

race	sex	capital-gain	capital-loss	hours-per-week	native-country	income
White	Male	2174	0	40	United-States	small
White	Male	0	0	13	United-States	small
White	Male	0	0	40	United-States	small
Black	Male	0	0	40	United-States	small
Black	Female	0	0	40	Cuba	small
White	Female	0	0	40	United-States	small
Black	Female	0	0	16	Jamaica	small
White	Male	0	0	45	United-States	large
White	Female	14084	0	50	United-States	large
White	Male	5178	0	40	United-States	large
Black	Male	0	0	80	United-States	large
Asian-Pac-Islander	Male	0	0	40	India	large
White	Female	0	0	30	United-States	small
Black	Male	0	0	50	United-States	small
Asian-Pac-Islander	Male	0	0	40		large
Amer-Indian-Eskimo	Male	0	0	45	Mexico	small
White	Male	0	0	35	United-States	small
White	Male	0	0	40	United-States	small
White	Male	0	0	50	United-States	small

■ 圖 9.3-7　資料

　　步驟 1　 Rescale 。把 age 和 hours.per.week 切成區間 (Interval) 數據,簡易起見,依照數字間距分 4 等分。如圖 9.3-8。

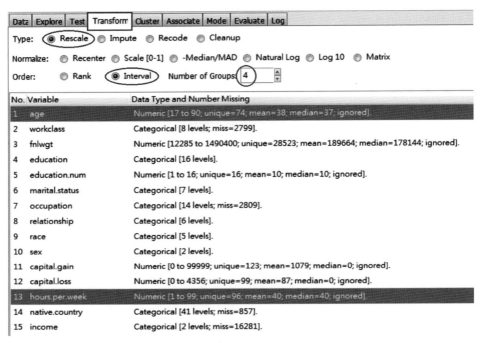

| Data | Explore | Test | Transform | Cluster | Associate | Mode | Evaluate | Log |

Type: ● Rescale ○ Impute ○ Recode ○ Cleanup

Normalize: ○ Recenter ○ Scale [0-1] ○ -Median/MAD ○ Natural Log ○ Log 10 ○ Matrix

Order: ○ Rank ● Interval   Number of Groups: 4

No.	Variable	Data Type and Number Missing
1	age	Numeric [17 to 90; unique=74; mean=38; median=37; ignored].
2	workclass	Categorical [8 levels; miss=2799].
3	fnlwgt	Numeric [12285 to 1490400; unique=28523; mean=189664; median=178144; ignored].
4	education	Categorical [16 levels].
5	education.num	Numeric [1 to 16; unique=16; mean=10; median=10; ignored].
6	marital.status	Categorical [7 levels].
7	occupation	Categorical [14 levels; miss=2809].
8	relationship	Categorical [6 levels].
9	race	Categorical [5 levels].
10	sex	Categorical [2 levels].
11	capital.gain	Numeric [0 to 99999; unique=123; mean=1079; median=0; ignored].
12	capital.loss	Numeric [0 to 4356; unique=99; mean=87; median=0; ignored].
13	hours.per.week	Numeric [1 to 99; unique=96; mean=40; median=40; ignored].
14	native.country	Categorical [41 levels; miss=857].
15	income	Categorical [2 levels; miss=16281].

■ 圖 9.3-8　把所選變數分成間距 4 等分

　　步驟 2　 Rescale 。把 capital.gain 和 capital.loss 分成間距 3 等分，如圖 9.3-9。

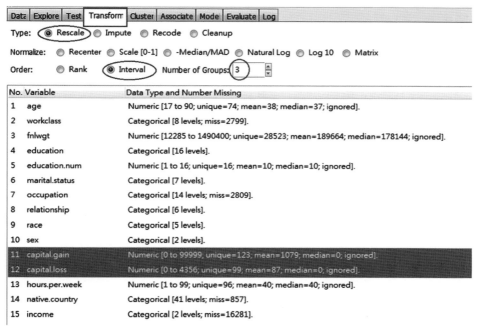

■ 圖 9.3-9　把所選變數分成間距 3 等分

前面兩個步驟，也可以使用 Recode 內的 Binning 來完成。

步驟 3　 Recode 。這樣產生的新變數還是數值 (Numeric) 型態，接下來將之重新編碼轉換成類別，如圖 9.3-10。

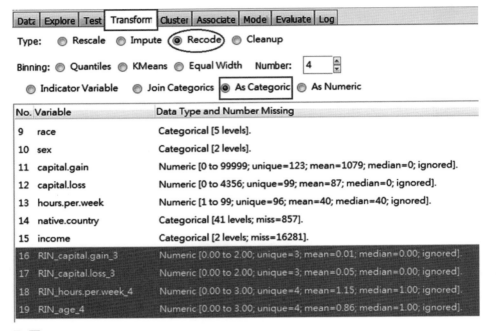

■ 圖 9.3-10

步驟 4 回到 Data 頁面，如圖 9.3-11：擇定 income 為目標變數 Target，其餘類別為 Input 項。不用的就 Ignore。

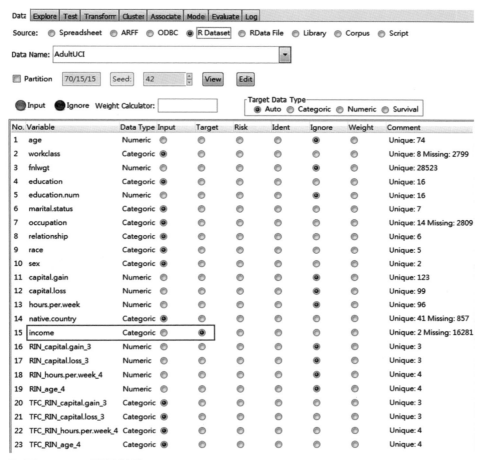

No.	Variable	Data Type	Input	Target	Risk	Ident	Ignore	Weight	Comment
1	age	Numeric	○	○	○	○	◉	○	Unique: 74
2	workclass	Categoric	◉	○	○	○	○	○	Unique: 8 Missing: 2799
3	fnlwgt	Numeric	○	○	○	○	◉	○	Unique: 28523
4	education	Categoric	◉	○	○	○	○	○	Unique: 16
5	education.num	Numeric	○	○	○	○	◉	○	Unique: 16
6	marital.status	Categoric	◉	○	○	○	○	○	Unique: 7
7	occupation	Categoric	◉	○	○	○	○	○	Unique: 14 Missing: 2809
8	relationship	Categoric	◉	○	○	○	○	○	Unique: 6
9	race	Categoric	◉	○	○	○	○	○	Unique: 5
10	sex	Categoric	◉	○	○	○	○	○	Unique: 2
11	capital.gain	Numeric	○	○	○	○	◉	○	Unique: 123
12	capital.loss	Numeric	○	○	○	○	◉	○	Unique: 99
13	hours.per.week	Numeric	○	○	○	○	◉	○	Unique: 96
14	native.country	Categoric	◉	○	○	○	○	○	Unique: 41 Missing: 857
15	income	Categoric	◉	◉	○	○	○	○	Unique: 2 Missing: 16281
16	RIN_capital.gain_3	Numeric	○	○	○	○	◉	○	Unique: 3
17	RIN_capital.loss_3	Numeric	○	○	○	○	◉	○	Unique: 3
18	RIN_hours.per.week_4	Numeric	○	○	○	○	◉	○	Unique: 4
19	RIN_age_4	Numeric	○	○	○	○	◉	○	Unique: 4
20	TFC_RIN_capital.gain_3	Categoric	◉	○	○	○	○	○	Unique: 3
21	TFC_RIN_capital.loss_3	Categoric	◉	○	○	○	○	○	Unique: 3
22	TFC_RIN_hours.per.week_4	Categoric	◉	○	○	○	○	○	Unique: 4
23	TFC_RIN_age_4	Categoric	◉	○	○	○	○	○	Unique: 4

■ 圖 9.3-11　選擇變數

這樣就可以進行關聯分析。我們先看頻率高於 20% 的項目圖，

```
> itemFrequencyPlot(Adult[, itemFrequency(Adult) > 0.2], cex.names = 1)
```

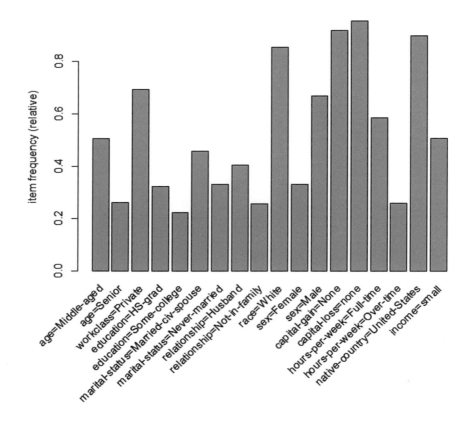

■ 圖 9.3-12　頻率高於 20% 的項目圖

　　由頻率圖 (圖 9.3-12)，多數人資本市場的投資沒有關係 (capital.gain=None, capital.loss=None)，半數的人為低所得 (income=small，見圖形最右邊)。

　　再來是關聯規則的產生。如下，產生約 30 萬條規則。

```
> rules = apriori(Adult, parameter = list(support = 0.01, confidence = 0.6))
> summary(rules)
set of 321437 rules
```

```
rule length distribution (lhs + rhs):sizes
    1      2      3      4      5      6      7      8      9     10
    7    437   4985  22741  55862  83550  79931  49641  19636   4647


    Min.   1st Qu.   Median    Mean   3rd Qu.    Max.
   1.000    5.000    6.000    6.431    7.000    10.000


summary of quality measures:
 support confidence         lift
 Min.   :0.01001      Min.   :0.6000      Min.   : 0.7049
 1st Qu.:0.01247      1st Qu.:0.8057      1st Qu.: 1.0038
 Median :0.01720      Median :0.9125      Median : 1.0423
 Mean   :0.02832      Mean   :0.8781      Mean   : 1.2713
 3rd Qu.:0.02897      3rd Qu.:0.9749      3rd Qu.: 1.2989
 Max.   :0.99482      Max.   :1.0000      Max.   :20.6125


mining info:
  data ntransactions support confidence
 Adult       48842     0.01        0.6
```

　　所得預測的特性是在於資料處理，所以本節側重於此，關聯分析，就可以依前兩節處理。30 多萬條規則，必須設立一些標準來篩選和作圖。這樣複雜的結果，視覺化分析是一個重要分析工具，也因為如此，必須使用色彩泡泡圖才有利解說。因為產生的規則有數十萬條，因此我們必須設立標準將之篩選才有利繪圖，如下：

```
rules.subset=subset(rules, subset=support>0.5 & lift>0.8)
rules.subset
plot(rules.subset,method="grouped")
```

篩選後產生不到 200 條規則，畫出的泡泡圖如圖 9.3-13：

Grouped matrix for 194 rules

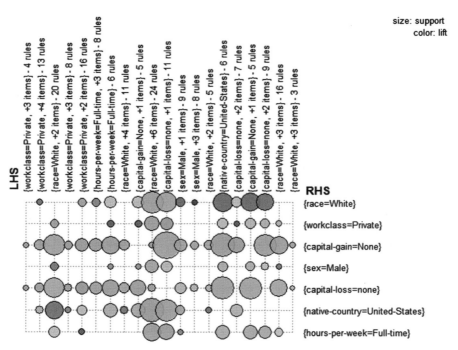

■ 圖 9.3-13　篩選規則之泡泡圖

圖 9.3-13 的 RHS 沒有所得，也就是說我們設的條件沒有篩選出適合所得的預測集合，改變條件如下：support>0.1 & lift>1。畫出的如圖 9.3-14。

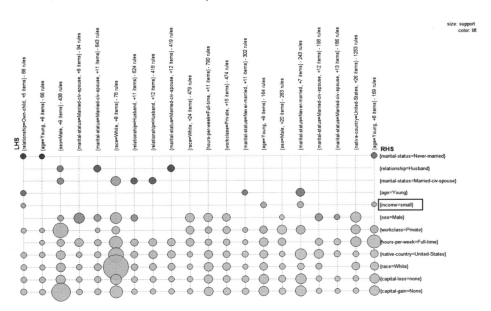

■ 圖 9.3-14　條件放寬之泡泡圖

　　由於圖 9.3-14 的圈圈都太小，增益程度和支持度相對不高，因此，資料變數對所得預測結果不是很可靠。更多狀況，請讀者自行在 rattle 內練習。附帶的程式檔 (RCode_ch9_2.R)，提供一些不同的做法，讀者也可以參考。

練習

依照 9.2 和 9.3 的做法，看看如何透過關聯規則，預測所得級距。

9.4 　**提審大數據**

　　技術上，apriori 演算法在大數據上速度較慢，候選集每次產生過多，未排除不應該參與計算支持度的點。每次都需要計算支持度，需對全部記錄掃描，I/O 負載很大。這些資訊科學的問題假以時日必當克服，我們要思考的是用來做的決策，會有什麼問題？

關聯分析內與購物籃產生的行銷決策就是推薦系統 (Recommendation System) 建立，我們時常收到來自 Amazon ／博客來／微信讀書／PCHome 的訊息或 Email 通知：「你可能會對以下商品感興趣，……。」這就是推薦系統的功能，有三個成分：

1. 商家先由商品的替代和互補關係建構商品關聯，再整合優惠方案折扣 (例如：這三樣打 75 折)，成為一個商品關聯。
2. 上線消費者的購物籃，會觸發即時推薦的互補品與優惠方案。
3. 線下消費者的購買記錄，會成為歷史資料，經過分析後，就會寄出 Email 告知有一些好東西，你或許有興趣，引發你再次上網消費。

推薦系統雖說很強大，但是錯誤也不少，應該是一種演算法造成的問題。作者個人經驗過 Amazon 多次重複推薦過去曾購買的商品，記錄都還在帳戶訂單內，收到商品還不到半年，系統就推薦一樣的東西。從實體書到電子書，比比皆是。這樣的問題，應該在於大數據資料庫的比對出現問題；雖然沒有去查證原因，但是，應該是 Amazon 引入了第三方賣家使然：同一個商品，賣家不同時，可能就會歸類為不同商品。

此外，推薦系統不管信任度或支持度是否夠強，只要有蛛絲馬跡，就會嘗試性地做出推薦決策。這樣的行為基本上對企業形象不好，但是，Amazon 在零售服務的獨占地位，形象扣分似乎也不會有什麼影響。

另外，曾經鬧得沸沸揚揚的 FB 個資外洩案，牽涉到的英國大數據公司 Cambridge Analytics 透過搜尋你的 FB 足跡、逛過的地方、留下的符號 (讚、笑、怒……)，就可以推測出你的政治傾向比較容易接受哪一種文章，之後再大量對你推文。這就是類似的政治行銷，而且可以左右大選的演算。本書截稿時，此事正在如火如荼被調查，每天也爆出不少演算法的內幕。簡單來說，物聯網之下的科技生活，在大數據面前，人人都是被瞄準的公民。

文字探勘淺談

你給我數據，我幫你說故事

Narrative Science 公司的 Quill

　　Narrative Science (敘事科學) 是一間自然語言處理 (NLP, Natural Language Processing) 的公司，設立於美國芝加哥。早期 Narrative Science 比較像是新媒體業，主要透過演算法和 AI 自動產生新聞稿，剛開始為 10 大網路媒體產生體育新聞稿，迄今業務更延伸至財經商業新聞。Narrative Science 的系統稱為自然語言生成 (NLG, Natural Language Generation)，NLG 使用精密的機器學習，從資料庫中取出事件和數字，編寫成一篇一篇的故事，而這些故事的味道，和真人寫的幾乎一樣。

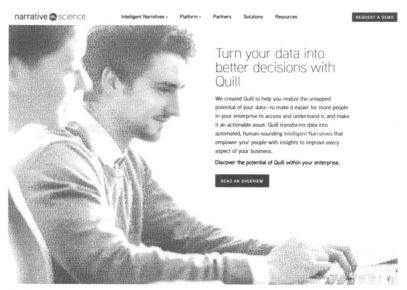

■ 圖 10.0-1　　　　　　　　(取自 Narrative Science 公司官網)

　　敘事這一行真的不好幹，尤其在數據經濟的時代，任何調研的對象，都牽涉消化大量的專業數據圖表後，才能完成撰文，而且撰文是要給不懂的讀者看；好比，2022Q1Q2 麻煩纏身的 FB，股價直直落，要如何消化 FB 的財務報表資訊，再將圖表轉換成大眾能懂的科普文字，是一件不輕鬆的事。Narrative Science 開發的平台稱為 Quill—NLG Platform。Quill 是人工智慧，能夠將得到的圖表和統計資料，轉化成文字故事，這就是它稱為敘事 (Narratives) 的原因。故事寫作用白話英文，目標讀者是能快速吸收消化的讀者。這一篇篇故事，正是媒體需要的內容。Narrative Science 可以針對產業量身訂製報告，也可以針對特定公司產生內部討論的文件。大客戶除了《富比士》雜誌 (*Forbes*)，還有信用卡公司 MasterCard 與英國健保局 (UK National Health Service)。客戶只要對 Quill 提供統計和圖表資料，Quill 就會自動產生和圖表相關的故事。

　　Quill 寫的文章有多好？看看它們為《富比士》寫的文章：https://www.forbes.com/sites/narrativescience/。但是，從網路上看，以 Narrative Science 為作者的文章，近兩年來已經沒有了。事實如何不清楚，或許讀者不喜歡花錢看機器人寫的東西，《富比士》把整個 Narrative Science 撰寫轉到幕後，檯面上的都是活生生的人。

　　Narrative Science 企業官網：https://narrativescience.com/

基本上文字探勘的內容，可以寫一本單行本，我們單單用一章只能淺談：第一節做概論介紹，如果只需要掌握文字分析，這 10.1 就夠了。10.2 則是介紹隱藏馬可夫鏈，10.3 介紹網路爬蟲的方法與 R 的字串處理原則。另外，本章對需要大量文檔的內容，不提供 R 的範例以及詳細說明。例如：主題模型 (Topic Model) 因涉及特殊機率分布，如 Latent Dirichlet Allocation (LDA)，以及 TF-IDF 需要多篇文檔等等。這類主題，就直接介紹結果，不詳細說明。

10.1 文字探勘簡介

文字分析和自然語言處理 (NLP, Natural Language Processing) 不同，自然語言處理牽涉到語意以及文句產生的後設分析 (Meta Analysis)，是人工智慧的重要內容。文字分析也稱為文字探勘 (Text Mining)，就是從一群文字中，挖掘出規律 (Rules) 或類型 (Patterns)[1]。文字探勘的內容可以由圖 10.1-1 的流程表現出來。

■ 圖 10.1-1　文字探勘流程

　　整體流程最難的地方在於「資料清理」，資料清理最困難的地方則是斷

1　參考「互聯網時代的社會語言學：基於 SNS 的文本資料採擷」：http://www.matrix67.com/blog/archives/5044。

詞 (Tokenization) 和斷句 (Sentence Segment)。例如：以下段落文字：

價格暴漲暴跌的魷魚幣掀起市場討論熱潮，中央銀行今日於臉書粉絲
專頁貼文指出，今 (2021) 年 11 月 1 日魷魚幣一度暴漲至 2,861.6 美元
後，在毫無預警的情況下暴跌 99.99%，沒多久，遊戲開發商官方網站
與白皮書資訊全部消失。魷魚幣持有者不僅無法玩到遊戲，還無法取回
當初購買魷魚幣的資金，甚至有人因此傾家蕩產。

　　將上面文章輸入電腦，根據標準的斷句法，魷魚和幣是兩個斷離的
字，如圖 10.1-2(A)，但是這篇新聞是討論當下很夯的虛擬貨幣「魷魚
幣」，因此，必須要告訴斷詞函數，文章中這三個字要放在一起，成為一個
Segment，如圖 10.1-2(B)。

[1] "價格"	"暴漲暴跌"	"的"	"魷魚"	"幣"	"掀起"
[7] "市場"	"討論"	"熱潮"	"中央銀行"	"今"	"4"
[13] "日"	"於"	"臉"	"書"	"粉絲"	"專頁"
[19] "貼文"	"指出"	"今"	"2021"	"年"	"11"
[25] "月"	"1"	"日"	"魷魚" "幣"		"一度"
[31] "暴漲"	"至"	"2"	861.6	"美元"	"後"
[37] "在"	"毫無"	"預警"	"的"	"情況"	"下"
[43] "暴跌"	"99.99"	"沒多久"	"遊戲"	"開發商"	"官方網站"
[49] "與"	"白皮書"	"資訊"	"全部"	"消失"	"魷魚"
[55] "幣"	"持有者"	"不僅"	"無法"	"玩到"	"遊戲"
[61] "還"	"無法"	"取回"	"當初"	"購買"	"魷魚"
[67] "幣的"	"資金"	"甚至"	"有人"	"因此"	"傾家蕩產"

(A)

[1] "價格"	"暴漲暴跌"	"的"	"魷魚幣"	"掀起"	"市場"
[7] "討論"	"熱潮"	"中央銀行"	"今"	"4"	"日"
[13] "於"	"臉"	"書"	"粉絲"	"專頁"	"貼文"
[19] "指出"	"今"	"2021"	"年"	"11"	"月"
[25] "1"	"日"	"魷魚幣"	"一度"	"暴漲"	"至"
[31] "2"	"861.6"	"美元"	"後"	"在"	"毫無"
[37] "預警"	"的"	"情況"	"下"	"暴跌"	"99.99"
[43] "沒多久"	"遊戲"	"開發商"	"官方網站"	"與"	"白皮書"
[49] "資訊"	"全部"	"消失"	"魷魚幣"	"持有者"	"不僅"
[55] "無法"	"玩到"	"遊戲"	"還"	"無法"	"取回"
[61] "當初"	"購買"	"魷魚幣"	"的"	"資金"	"甚至"
[67] "有人"	"因此"	"傾家蕩產"			

(B)

■ 圖 10.1-2

文字分析演算步驟，大致可以分成 4 步。

第 1 步 詞頻 (TF, Term Frequency) 篩選

第 2 步 計算 PMI (Pointwise Mutual Information)

第 3 步 計算 Entropy (左右自由程度)

第 4 步 設定上述兩指標的閥值 (斷點取捨)

如圖 10.1-3 是一篇談行動支付文章的原始斷詞結果，有大量重複的字詞，不重複的字詞有 977 個。詞頻就是每一個唯一單字出現的頻率，例如：「支付」出現有 7 次，詞頻就是 7/977。

[1] "行動"	"支付"	"初體驗"	"嚇到"	"衝動"	"購買"
[7] "話"	"說"	"我"	"第一次"	"的"	"行動"
[13] "支付"	"體驗"	"是"	"到"	"中國"	"信託"
[19] "辦理"	"換匯"	"時"	"順便"	"辦"	"了"
[25] "LINE"	"金融"	"卡"	"當時"	"是"	"金融"
[31] "卡"	"和"	"信用卡"	"合一"	"的"	"LinePay"
[37] "卡"	"有"	"熊大"	"和"	"免免"	"莎"
[43] "莉"	"版"	"超"	"可愛"	"還有"	"送"
[49] "行李箱"	"銀行"	"行員"	"說"	"這張"	"卡"
[55] "可以"	"提款"	"可以"	"刷卡"	"並且"	"有"
[61] "line"	"回饋"	"點數"	"是"	"當時"	"業界"
[67] "最高"	"3"	"看"	"了"	"簡介"	"目錄"
[73] "後"	"就"	"申辦"	"了"	"現在"	"一般"
[79] "消費"	"已經"	"剩"	"1"	"回饋"	"其他"
[85] "海外"	"消費"	"或"	"特定"	"商店"	"還會"
[91] "有"	"不同"	"的"	"點數"	"回饋"	"當下"
[97] "銀行"	"行員"	"也"	"協助"	"我用"	"手機"
[103] "完成"	"LinePay"	"綁定"	"帳號"	"因為"	"有"
[109] "網路"	"購物"	"習慣"	"在"	"並"	"網路"
[115] "商店"	"的"	"時候"	"選購"	"好"	"商品"
[121] "後"	"可能"	"我"	"習慣"	"按"	"確定"
[127] "按鍵"	"按太快"	"竟然"	"莫名其妙"	"地"	"已經"
[133] "付款"	"完成"	"連"	"思考"	"的"	"時間"
[139] "都"	"沒有"	"就"	"已經"	"完成"	"購買"
[145] "當下"	"真的"	"被"	"嚇到"	"了"	"覺得"
[151] "會"	"不會"	"付款"	"太"	"輕鬆"	"了"
[157] "若"	"這樣"	"下去"	"自己"	"會"	"不知不覺"
[163] "刷"	"了"	"多少"	"金額"	"刷"	"得"
[169] "太高興"	"的"	"後果"	"是"	"等"	"結帳"
[175] "時"	"存款"	"會"	"不會"	"空空"	"了"
[181] "所以"	"就"	"馬上"	"當機立斷"	"取消"	"交易"
[187] "並且"	"把"	"手機"	"的"	"LinePay"	"金融"
[193] "卡"	"帳號"	"綁定"	"解除"	"以免"	"會"
[199] "掉"	"進"	"萬丈深淵"	"而"	"不"	"自知"
[205] "信用卡"	"消費"	"比"	"行動"	"支付"	"更"

■ 圖 10.1-3

詞頻分析初步可以利用文字雲，如圖 10.1-4 和圖 10.1-5 兩類型。

(A) 簡易文字雲

(B) 互動式文字雲

■ 圖 10.1-4　文字雲

(A) 社會網絡關係結構

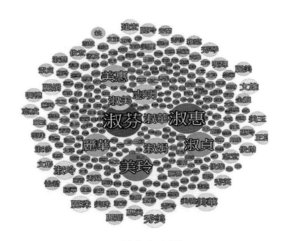

(B) 姓名文字雲

■ 圖 10.1-5　文字網路結構 (取自政治大學數位資料稜鏡實驗室)

　　如果「妳」和「我」很有關係，就會一起一直出現……例如：「我愛妳」三個字。文字分析利用 PMI 值判斷詞性是否有意義，PMI 定義如下：

$$PMI(x, y) = \log \frac{p(x, y)}{p(x) \cdot p(y)}$$

故，如果 x, y 是獨立 (無關) 事件， $\text{PMI}(x,y) = \log \dfrac{p(x) \cdot p(y)}{p(x) \cdot p(y)} = \log(1)$ $= 0$。

如果 x, y 不是獨立事件， $\text{PMI}(x,y) > 0$。

參考圖 10.1-3 的斷詞，令：

N = 977
X = 行動，N(X) = 7，P(X) = 7/977
Y = 支付，N(Y) = 7，P(Y) = 7/977
XY = 行動支付，N(XY) = 7，P(XY) = 7/977

$$\text{PMI}(行動, 支付) = \log \frac{\dfrac{N(行動支付)}{N}}{\dfrac{N(行動)}{N} \dfrac{N(支付)}{N}} = \log \frac{\dfrac{7}{977}}{\dfrac{7}{977} \dfrac{7}{977}} = \log \frac{7 \cdot 977}{7 \cdot 7} = 5.5$$

Entropy (熵) 是用來計算一個字的「左右自由程度」，也就是「造詞」。定義如下：

$$H(X) = -\sum_{x \in X} p(x) \cdot \log(p(x))$$

這是用來反應了解某訊息之後，平均會帶給你的資訊量，資訊含量可以理解成 -log(p)，前面乘上 p(x) 就是加權。

例如：假設 X 是 6 個數字：**1, 1, 1, 2, 2, 3**

取出 1 的 Entropy: -log(3/6) ≈ 0.6931

取出 2 的 Entropy: -log(2/6) ≈ 1.0986

取出 3 的 Entropy: -log(1/6) ≈ 1.7917

你會得到如下期望值：$\dfrac{3}{6} \times 0.693 + \dfrac{2}{6} \times 1.0986 + \dfrac{1}{6} \times 1.7917 \approx 1.0114$

例如：假設 X 是 100 個數字：**1, 1, 1,...1, 6**

取出 1 的 Entropy: -log(99/100) ≈ 0.01005

取出 6 的 Entropy: -log(1/100) ≈ 4.605

平均而言，你會得到：$\frac{99}{100} \times 0.01005 + \frac{1}{100} \times 4.6051 \approx 0.056$

文字「左右自由程度」的例子如下：

「系統 系統由 系統由沃 系統有 系統有些 系統為 系統為這 系統相 系統相比 系統還 系統還支 系統屬 系統屬於 系統讓 系統讓人」

上句 Entropy = 0.1340357

「文字系統 同時系統 字系統 系統 社群系統 為系統 計算系統 時系統 群系統 路系統 算系統 網路系統 認為系統」

上句 Entropy = 0.1311978

文字分析要計算每個詞的 PMI 和 Entropy，如下：

	PMI	Entropy
豪宅	5.77	0.0586
房租	5.25	0.076
天母	5.09	0.0572
捷運	5.02	0.0741

PMI 和 Entropy 的好處是簡單容易理解，缺點是計算量龐大：N × log(N)。

另外，文字分析還有一個困難點就是斷詞 (Segmenting)。英文斷詞基本上就是靠著標點符號跟空白，但中文每個詞跟詞之間沒有空白，所以中文斷詞不能用這個方法，這時我們就需要一些特別的方法幫助電腦學習如何將中文斷詞。基本斷詞方法是基於詞典 (詞庫)：按照一定的策略，將待配對的文字串，和一個已建立好的夠大的詞典中的詞進行比對；類似查字典的動作。除了詞庫法，人工智慧中常用的斷詞演算法，有以下四種：

1. 隱藏馬可夫模型 (HMMSegment, Hidden Markov Model)

2. 最大概率法 (MPSegment, Maximum Probability)

3. 混合模型 (MixSegment)

4. 索引模型 (QuerySegment)

基於篇幅，以上四種演算法，我們透過 10.2 節簡介 HMM。目前中央研究院有一套稱為 CKIP 的斷詞斷句系統[2]，提供教育單位申請有時效的網路服務，只要把文章貼上去或載入，就會把結果回傳。另外，要自由使用的話，開放原始碼社群有一套 jieba，jieba 支援多種程式語言：Java、C++、Python、R……。

jieba 原本是大陸專家開發的，經國人努力繁體也有 Python 版，請參考以下網址：

https://github.com/APCLab/jieba-tw

文字分析往往面臨大量的新語彙，所以，文字分析的一個重要觀念為：

先用現有的斷詞系統先拆一次，有的話斷開，沒有的話，使用隱藏馬可夫模型 (Hidden Markov Model: HMM) 計算是否為新詞。

HMM 原用於分析序列型 (Sequence) 的資料 (例如：基因)，詞的意義也和一個特定的文字排序有關，所以 HMM 方法應用在新詞判斷就很直覺。HMM 的解說過於技術，所以不在本章正文說明，有興趣認識的讀者，可以先學習矩陣和馬可夫鏈 (Markov Chain)，並參考 10.2-1 的矩陣部分。

如果我們有很多篇文章 (例如：論壇中的大量文章、報紙社論、央行會議記錄、多本雜誌的封面故事)，很多本書 (例如：《莎士比亞全集》)，就可以評估特定字詞的相對重要性。特定字詞「相對重要性」的量化指標，可以計算 TF-IDF (Term Freq-Inverse Document Freq)，說明如下：

假設我們有 D 篇文章， $j \in \{1, 2, ..., D\}$

---

2 http://ckipsvr.iis.sinica.edu.tw/

TF ： 如前述，詞在文件中出現的次數

詞 i 在第 j 篇文章出現 12 次，第 j 篇文章共有 100 個詞，TF(i, j) = 12/100

IDF ： 詞在文章中的重要性 (分數)

有 25 個文章中出現詞 i，則 IDF(i) = log(D/25)

TF-IDF = TF(i, j) × IDF(i)

詞 i 在文章 j 出現頻率很高，但是在其他文章稀少出現，所以這個詞 i 的 TF、IDF 兩個值都比較大，故 TF-IDF 數值比較大，也說明了：「詞 i 是文章 j 的重要詞。」可以如圖 10.1-6 以熱力圖呈現詞 i (左欄中文) 是文章 j (漸層色彩) 的 TF-IDF 數值，圖中文件是選最大值那份。

斷詞分析應用很多元，例如：用在音樂，有：歌詞分析、情境歌單、自動填詞和相似歌曲推薦等等。多元應用必須要以提高斷詞的準確性為前提，有幾種方法：

1. 使用自己定義的詞典。
2. 調整演算法，如 HMM 模型。
3. 調整文本資料、字典詞頻。

自行定義詞典為什麼很重要？因為如果你的文本有特殊性，通用的斷詞系統往往不敷使用，例如：台語歌詞斷詞，若用繁體詞庫的結果，「袂當」會被斷成「袂」「當」。文字分析除了有趣之外，技術難度也相當高，往往一篇 5 千字的文章，組合判斷就需要百萬次運算。所以，就必須訴求技術支援，例如：分散式／多核心／平行運算等技術。

練習

現在研究生論文寫完後，都要用圖書館的論文相似度比對系統。請問，如果有兩台機器，對同一本論文比對，一台結果是相似度 65%，另一台是相似度 16%，請問會是哪一個環節出了問題？

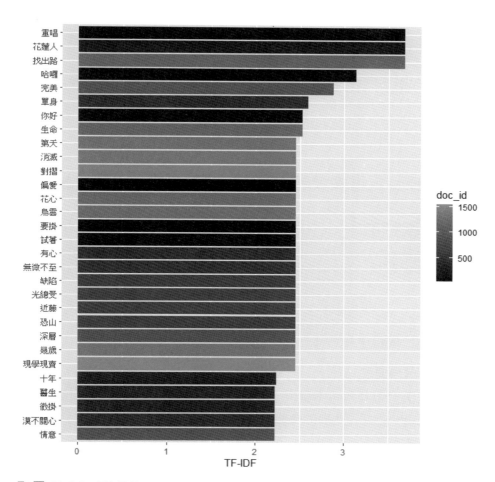

■ 圖 10.1-6　TF-IDF

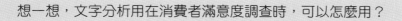

練習

　　想一想，文字分析用在消費者滿意度調查時，可以怎麼用？

　　最後，基於 TF-IDF 就可以透過 LDA (Latent Dirichlet Allocation) 進行主題模型。LDA 的基礎有二：

1. 機率分布假設：主題會使用類似字詞，字詞合集成主題。

2. 統計混和假設：一些文件會談到多個主題。

　　LDA 的目的在於將有意義的文字合集，再歸類成一個一個主題 (主題命名是人為完成的)，然後再將多個主題歸類在文件。因為篇幅所限，我們繼續介紹 HMM，主題模式就不深入。

10.2　隱藏馬可夫模型 (HMM, Hidden Markov Model)

　　HMM 需要對矩陣有一些認識，對不熟悉矩陣的讀者，這一節有一些難度，本章無法完整介紹矩陣，需要簡易入門的讀者，可以參考作者的《管理數學》後半部關於矩陣的部分。此處，我們利用一小節介紹方陣性質。讀者可以斟酌。

10.2-1　方陣的重要性質

特徵向量和特徵值

　　特徵向量 (值) [Characteristic Vector (value)]，常見於工程計算和多變量統計學，因為一旦知道矩陣的特徵值 (向量)，則這個矩陣的行列式、逆矩陣等等就可以更容易取得。Google 最著名的 PageRank 搜尋演算法，就是利用了特徵值和特徵向量去為查詢的網頁排序 (Ranking)。解釋何謂特徵值和特徵向量，我們先看一個簡單範例。

範例 1. 令矩陣 $A = \begin{bmatrix} 4 & -2 \\ 1 & 1 \end{bmatrix}, u = \begin{bmatrix} 2 \\ 1 \end{bmatrix}$，計算 Au

解：$Au = \begin{bmatrix} 4 & -2 \\ 1 & 1 \end{bmatrix} \begin{bmatrix} 2 \\ 1 \end{bmatrix} = \begin{bmatrix} 6 \\ 3 \end{bmatrix} = 3 \begin{bmatrix} 2 \\ 1 \end{bmatrix}$

　　上例，我們發現：$Au = \lambda u$

　　上面這個關係式中，λ 稱為特徵值，u 稱為特徵向量。特徵值是由德文 Eigenwert 而來，英文意為恰當 Proper Value。就是說，如果一個矩陣和其特徵向量相乘，恰恰等於放大特徵向量一個倍數 (特徵值)。法國數學家 Jean d'Alembert 發現特徵值在解微分方程式有極大用處。上面關係式一般化可以寫成：$\mathbf{Au} = \lambda\mathbf{u}$

$\mathbf{A}$ 是方陣，$\mathbf{u}$ 是向量，λ 是純量

$\lambda\mathbf{u}$ 可以寫成 $\lambda\begin{bmatrix} 2 \\ 1 \end{bmatrix} = \begin{bmatrix} \lambda & 0 \\ 0 & \lambda \end{bmatrix}\begin{bmatrix} 2 \\ 1 \end{bmatrix} = \begin{bmatrix} 2\lambda \\ \lambda \end{bmatrix} = \lambda\begin{bmatrix} 2 \\ 1 \end{bmatrix}$

$$\mathbf{Au} = \begin{bmatrix} \lambda & 0 \\ 0 & \lambda \end{bmatrix}\mathbf{u}$$
$$\Rightarrow (\mathbf{A} - \lambda\mathbf{I})\mathbf{u} = 0$$

以 2×2 方陣為例 $\rightarrow \begin{bmatrix} a_{11} - \lambda & a_{12} \\ a_{21} & a_{22} - \lambda \end{bmatrix}\mathbf{u} = \mathbf{0}$

對於非 0 向量 $\mathbf{u}$，上式成立的條件是前乘之矩陣 $\begin{bmatrix} a_{11} - \lambda & a_{12} \\ a_{21} & a_{22} - \lambda \end{bmatrix}$ 的行列式為 0，故：

$$\begin{bmatrix} a_{11} - \lambda & a_{12} \\ a_{21} & a_{22} - \lambda \end{bmatrix}\mathbf{u} = \mathbf{0}$$
$$\Leftrightarrow \det\begin{bmatrix} a_{11} - \lambda & a_{12} \\ a_{21} & a_{22} - \lambda \end{bmatrix} = 0$$

成為求特徵值的公式。上面是 2×2 方陣，但通用一般方陣

$$\det[\mathbf{A} - \lambda\mathbf{I}] = 0$$

我們必須記得，特徵值和特徵向量如銅板的兩面，且：特徵值生成特徵向量。

範例 2. 已知 $\mathbf{A} = \begin{bmatrix} 5 & -2 \\ 4 & -1 \end{bmatrix}$，求特徵值和特徵向量

解：(1) 解特徵值

$$\det\begin{bmatrix} 5-\lambda & -2 \\ 4 & -1-\lambda \end{bmatrix} = 0$$

$$(5-\lambda)(-1-\lambda)+8 = 0$$

$$\Rightarrow \lambda_1 = 1, \lambda_2 = 3$$

(2) 解特徵向量

特徵值由行列式求得，特徵向量則帶入矩陣式：

$$\begin{bmatrix} a_{11}-\lambda & a_{12} \\ a_{21} & a_{22}-\lambda \end{bmatrix}\mathbf{u} = 0$$

$$\lambda = 1, \begin{bmatrix} 5-1 & -2 \\ 4 & -1-1 \end{bmatrix}\begin{bmatrix} x \\ y \end{bmatrix} = \begin{bmatrix} 0 \\ 0 \end{bmatrix} \Rightarrow \begin{bmatrix} 4 & -2 \\ 4 & -2 \end{bmatrix}\begin{bmatrix} x \\ y \end{bmatrix} = \begin{bmatrix} 0 \\ 0 \end{bmatrix} \Rightarrow \begin{cases} 2x-y = 0 \\ 2x-y = 0 \end{cases}$$

這兩條聯立方程式指出在坐標軸上，y 是 x 的 2 倍的所有實數皆是特徵向量。故特徵值 $\lambda = 1$ 產生之特徵向量為 $s\begin{bmatrix} 1 \\ 2 \end{bmatrix}, s \in R$。

$$\lambda = 3, \begin{bmatrix} 5-3 & -2 \\ 4 & -1-3 \end{bmatrix}\begin{bmatrix} x \\ y \end{bmatrix} = \begin{bmatrix} 0 \\ 0 \end{bmatrix} \Rightarrow \begin{bmatrix} 2 & -2 \\ 4 & -4 \end{bmatrix}\begin{bmatrix} x \\ y \end{bmatrix} = \begin{bmatrix} 0 \\ 0 \end{bmatrix} \Rightarrow \begin{cases} x-y = 0 \\ x-y = 0 \end{cases}$$

這兩條聯立方程式指出在坐標軸上，y 與 x 相等的所有實數皆是特徵向量。故特徵值 $\lambda = 3$ 產生之特徵向量為 $s\begin{bmatrix} 1 \\ 1 \end{bmatrix}, s \in R$。

一個矩陣的特徵向量，彼此是線性獨立的 (Linearly Independent)，以上例，也就是 $\begin{bmatrix} 1 \\ 2 \end{bmatrix}$ 和 $\begin{bmatrix} 1 \\ 1 \end{bmatrix}$ 是矩陣 **A** 的特徵向量，它們彼此之間不能透過純量運算互相產生。向量空間中，最基本線性獨立單位，就是單位向量 (或稱基底向量，Basis Vector)，以 3 維為例：就是 $\begin{bmatrix} 1 \\ 0 \\ 0 \end{bmatrix}, \begin{bmatrix} 0 \\ 1 \\ 0 \end{bmatrix}, \begin{bmatrix} 0 \\ 0 \\ 1 \end{bmatrix}$ 這三組單位向量。任一個單位向量都不能由另兩個單位向量線性組合得出。

對於特徵值有幾個重要的性質，因為經過偉大數學家們證明，我們可以直接使用。

性質 1. 若一個方陣不可逆，則它的特徵值至少 1 個是 0。也就是說，如果 0 是一個特徵值，則此矩陣不可逆。

性質 2. 若一方陣為對角、上三角或下三角矩陣，其特徵值就是主對角線的數值。例如：

$$\begin{bmatrix} a_{11} & 0 & \cdots & 0 \\ 0 & a_{22} & \cdots & 0 \\ \vdots & 0 & \ddots & \vdots \\ 0 & 0 & \vdots & a_{nn} \end{bmatrix}, \begin{bmatrix} a_{11} & a_{12} & \cdots & a_{1n} \\ 0 & a_{22} & \cdots & a_{2n} \\ \vdots & 0 & \ddots & \vdots \\ 0 & 0 & \vdots & a_{nn} \end{bmatrix} \text{或} \begin{bmatrix} a_{11} & 0 & \cdots & 0 \\ a_{21} & a_{22} & \cdots & 0 \\ \vdots & 0 & \ddots & \vdots \\ a_{n1} & a_{n2} & \vdots & a_{nn} \end{bmatrix}$$

這三種矩陣的特徵值皆是 $a_{11}, a_{22}, ..., a_{nn}$。

性質 3. 如下表：

矩陣	特徵向量	特徵值
A	u	λ
A^m (m 次方)	u	λ^m (m 次方)
A^{-1} (逆)	u	λ^{-1} (倒數)

可知在這三種運算之下，特徵向量是不動的。這些性質，對於求解一些模型很有幫助。

對角化 (Diagonalization)

把特定矩陣對角化會很有幫助，有一些重要的結果，對簡化運算也很有用。例如：關於 3×3 方陣 **A**，3 個相異 (Distinct) 特徵值對應三個特徵向量所排成的矩陣為 **P**，則我們有下面的性質：

$$P^{-1}AP = D$$

D 為由特徵值構成的對角矩陣。

這個性質也稱為對角化 (Diagonalization)。

範例 3. 令 $A = \begin{bmatrix} 1 & 2 \\ 4 & 3 \end{bmatrix}$，已知兩特徵值為 -1 和 5，對應的特徵向量為

$u = \begin{bmatrix} 1 \\ -1 \end{bmatrix}, v = \begin{bmatrix} 1 \\ 2 \end{bmatrix}$，請驗證特徵向量可以對角化矩陣 A。

解：$P = (u, v) = \begin{bmatrix} 1 & 1 \\ -1 & 2 \end{bmatrix}$

$D = \begin{bmatrix} -1 & 0 \\ 0 & 5 \end{bmatrix}$

因為：$P^{-1}AP = D \Leftrightarrow AP = PD$

$AP = \begin{bmatrix} 1 & 2 \\ 4 & 3 \end{bmatrix}\begin{bmatrix} 1 & 1 \\ -1 & 2 \end{bmatrix} = \begin{bmatrix} -1 & 5 \\ 1 & 10 \end{bmatrix}$

$PD = \begin{bmatrix} 1 & 1 \\ -1 & 2 \end{bmatrix}\begin{bmatrix} -1 & 0 \\ 0 & 5 \end{bmatrix} = \begin{bmatrix} -1 & 5 \\ 1 & 10 \end{bmatrix}$

驗證成功。

對角化的關鍵在於特徵值沒有重複的，**完全相異** (Distinct)，這樣才可以產生完全獨立的 **P** 矩陣是可逆。

對角化的重要，在於一個很重要的應用，假設我們要對一個方陣連乘 100 次，$P^{-1}AP = D$ 這個性質，確認了 $A = PDP^{-1}$，且

$A^m = PD^mP^{-1}$

D 是特徵值構成的對角矩陣，D^m 就是每個數值的 m 次方。這樣求取連乘方陣就簡單很多。這個性質在多變量統計用得很多，只要學到主成分，因子模型，這個線性獨立性質有助於化繁為簡的計算。

10.2-2　有限馬可夫鏈

介紹 HMM 之前，我們先介紹有限馬可夫鏈。上述矩陣性質 $A^m = PD^mP^{-1}$，應用到解馬可夫過程 (Markov Processes) 時相當有幫助。馬可夫過

程測量一個狀態變化的時間過程，利用一個馬可夫鏈 (Markov Chain) 的狀態
移轉方陣，元素是機率。

　　來看一個狀態機率的例子。令狀態 A 是單身 (無交往對象)，狀態 B 是
非單身 (有交往對象，不一定是結婚)，馬可夫鏈以機率描述了在這兩種狀態
的轉移 (Transition)。令轉移矩陣 **T**，定義如下：

$$\mathbf{T} = \begin{bmatrix} P_{AA} & P_{AB} \\ P_{BA} & P_{BB} \end{bmatrix}$$

P_{AA}：某人在 T_0 時單身，T_1 時維持單身的機率。
P_{AB}：某人在 T_0 時單身，T_1 時變成非單身的機率。
P_{BA}：某人在 T_0 時非單身，T_1 時變成單身的機率。
P_{BB}：某人在 T_0 時非單身，T_1 時維持非單身的機率。
　　第 1 列相加：$P_{AA} + P_{AB} = 1$
　　第 2 列相加：$P_{BA} + P_{BB} = 1$

　　承上，令 $\mathbf{X}_0 = \begin{bmatrix} A_0 \\ B_0 \end{bmatrix}$ 表示在 T_0 時兩種狀態的人口，有限馬可夫狀態，
可以預測 n 期後兩種狀態的人口分布 X_n。

$$\mathbf{X}_1 = \mathbf{X}_0' \mathbf{T} = \begin{bmatrix} A_0 & B_0 \end{bmatrix} \begin{bmatrix} P_{AA} & P_{AB} \\ P_{BA} & P_{BB} \end{bmatrix}$$

$$\vdots$$

$$\mathbf{X}_n = \mathbf{X}_{n-1}' \mathbf{T} = \mathbf{X}_0' \mathbf{T}^n = \begin{bmatrix} A_0 & B_0 \end{bmatrix} \begin{bmatrix} P_{AA} & P_{AB} \\ P_{BA} & P_{BB} \end{bmatrix}^n$$

　　另一個例子，在兩都市 A、B 之間遷移的人數：

$$\mathbf{T} = \begin{bmatrix} P_{AA} & P_{AB} \\ P_{BA} & P_{BB} \end{bmatrix}$$

P_{AA}：T_0 時住在都市 A，T_1 時依然住在都市 A 的機率。

P_{AB}：T_0 時住在都市 A，T_1 時遷移到都市 B 的機率。

P_{BA}：T_0 時住在都市 B，T_1 時遷移到都市 A 的機率。

P_{BB}：T_0 時住在都市 B，T_1 時依然住在都市 B 的機率。

第 1 列相加：$P_{AA} + P_{AB} = 1$

第 2 列相加：$P_{BA} + P_{BB} = 1$

$\mathbf{X}_0 = \begin{bmatrix} A_0 \\ B_0 \end{bmatrix}$ 測量了在 T_0 時兩個都市的居住人數，有限馬可夫鏈，可以測量未來 n 期時兩個都市的居住人數 X_n。

$$\mathbf{X}_n = \mathbf{X}'_{n-1}\mathbf{T} = \mathbf{X}'_0\mathbf{T}^n = \begin{bmatrix} A_0 & B_0 \end{bmatrix}\begin{bmatrix} P_{AA} & P_{AB} \\ P_{BA} & P_{BB} \end{bmatrix}^n$$

由上可知，馬可夫鏈的跨期計算，是計算期望值 (加權平均數)。

有些計算會使用轉置：$\mathbf{T}'\mathbf{X}_0 = \begin{bmatrix} P_{AA} & P_{BA} \\ P_{AB} & P_{BB} \end{bmatrix}\begin{bmatrix} A_0 \\ B_0 \end{bmatrix}$，結果一樣。

看一個使用轉置應用範例。以下是某餐廳的到店消費滿意度矩陣 $\mathbf{T}$：Y = 滿意，N = 不滿意，X_0 代表服務滿意度。

$$\mathbf{M} = \mathbf{T}' = \begin{array}{c} \quad\text{Yes} \quad \text{No} \\ \begin{bmatrix} 0.6 & 0.5 \\ 0.4 & 0.5 \end{bmatrix} \begin{array}{l} \text{Yes} \\ \text{No} \end{array} \end{array}$$

$$\mathbf{X}_0 = \begin{bmatrix} 90 \\ 10 \end{bmatrix}$$

和前例略異，行向量元素加總 = 1。$\mathbf{X}$ 向量則代表每 100 位顧客之中，期初的滿意度組合：滿意 90，不滿意 10。

一個馬可夫鏈要解的問題是：

$\mathbf{X}_n = \mathbf{M}^n\mathbf{X}_0$：n 天之後，100 名到店消費的顧客中，滿意度的變化。也

就是，消費 n 餐後，這 100 名顧客口味的變化。

以 $\mathbf{X}_{10}$ 為例，我們要解 $\begin{bmatrix} 0.6 & 0.5 \\ 0.4 & 0.5 \end{bmatrix}^{10} \begin{bmatrix} 90 \\ 10 \end{bmatrix}$

第 1 步 解 $\begin{bmatrix} 0.6 & 0.5 \\ 0.4 & 0.5 \end{bmatrix}$ 的特徵值，

$$\det\left(\begin{bmatrix} 0.6-\lambda & 0.5 \\ 0.4 & 0.5-\lambda \end{bmatrix}\right) = 0 \implies \begin{cases} \lambda_1 = 1 \\ \lambda_2 = 0.1 \end{cases}$$

對應的特徵向量：

$$\lambda_1 = 1 \implies \begin{bmatrix} 5 \\ 4 \end{bmatrix} \text{ 和 } \lambda_2 = 0.1 \implies \begin{bmatrix} -1 \\ 1 \end{bmatrix}$$

故 $\mathbf{P} = \begin{bmatrix} 5 & -1 \\ 4 & 1 \end{bmatrix}$ 且 $\mathbf{D} = \begin{bmatrix} 1 & 0 \\ 0 & 0.1 \end{bmatrix}$

解 $\mathbf{P}$ 的逆矩陣，得 $\mathbf{P}^{-1} = \dfrac{1}{9}\begin{bmatrix} 1 & 1 \\ -4 & 5 \end{bmatrix}$

第 2 步 計算 $\mathbf{M}^{10}$

$$\begin{aligned}
\mathbf{M}^{10} &= \frac{1}{9}\begin{bmatrix} 5 & -1 \\ 4 & 1 \end{bmatrix}\begin{bmatrix} 1 & 0 \\ 0 & 0.1 \end{bmatrix}^{10}\begin{bmatrix} 1 & 1 \\ -4 & 5 \end{bmatrix} \\
&= \frac{1}{9}\begin{bmatrix} 5 & -1 \\ 4 & 1 \end{bmatrix}\begin{bmatrix} 1^{10} & 0 \\ 0 & 0.1^{10} \end{bmatrix}\begin{bmatrix} 1 & 1 \\ -4 & 5 \end{bmatrix} \\
&= \frac{1}{9}\begin{bmatrix} 5 & -1 \\ 4 & 1 \end{bmatrix}\begin{bmatrix} 1 & 0 \\ 0 & 0 \end{bmatrix}\begin{bmatrix} 1 & 1 \\ -4 & 5 \end{bmatrix} \quad (0.1^{10} \approx 0) \\
&= \frac{1}{9}\begin{bmatrix} 5 & 5 \\ 4 & 4 \end{bmatrix}
\end{aligned}$$

最後，$\mathbf{X}_{10} = \mathbf{M}^{10}\mathbf{X}_0 = \dfrac{1}{9}\begin{bmatrix} 5 & 5 \\ 4 & 4 \end{bmatrix}\begin{bmatrix} 90 \\ 10 \end{bmatrix} = \dfrac{10}{9}\begin{bmatrix} 50 \\ 40 \end{bmatrix} \approx \begin{bmatrix} 55.5 \\ 44.4 \end{bmatrix}$

所以，10 次消費之後，到店消費這 100 人中，表達滿意的共有 56 人，不滿意的共有 44 人。在馬可夫鏈的運算中，我們往往關注真正的收斂狀態，也就是：

$$\lim_{n\to\infty} \mathbf{X}_n$$

此例，因為 1 個特徵值小，10 期就差不多歸 0 了，不然我們依然要計算極限。馬可夫鏈中，$\mathbf{T}$ 矩陣稱為轉移矩陣 (Transition Matrix)，描述一個有限狀態變化的鏈，應用極廣。例如：失業與就業狀態、習慣感染、傳染病擴張的狀態等等。從資料中估計出轉移矩陣，就可以推算未來收斂值。

最後一個例子：已知某人在三家便利超商消費的轉移關係如下：

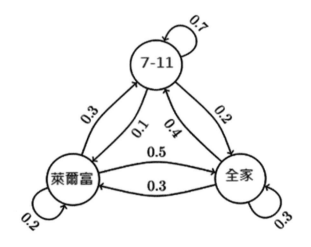

■ 圖 10.2-1

$$
\begin{array}{cc}
\text{Transition Matrix} \\
\text{轉移矩陣}
\end{array}
\quad A =
\begin{array}{c|ccc}
 & \text{7-11} & \text{全家} & \text{萊爾富} \\
\hline
\text{7-11} & 0.7 & 0.2 & 0.1 \\
\text{全家} & 0.4 & 0.3 & 0.3 \\
\text{萊爾富} & 0.3 & 0.5 & 0.2
\end{array}
=
\begin{bmatrix} 0.7 & 0.2 & 0.1 \\ 0.4 & 0.3 & 0.3 \\ 0.3 & 0.5 & 0.2 \end{bmatrix}, \quad
x = \begin{bmatrix} 0.5 \\ 0.1 \\ 0.4 \end{bmatrix}
$$

（每個 Row 為前一個狀態到下一個狀態的機率）

第一期各狀態機率 $= x = \begin{bmatrix} 0.5 \\ 0.1 \\ 0.4 \end{bmatrix}$

第二期各狀態機率 $= A^T \begin{bmatrix} 0.5 \\ 0.1 \\ 0.4 \end{bmatrix}$

$$
= \begin{bmatrix} 0.7 & 0.4 & 0.3 \\ 0.2 & 0.3 & 0.5 \\ 0.1 & 0.3 & 0.2 \end{bmatrix} \begin{bmatrix} 0.5 \\ 0.1 \\ 0.4 \end{bmatrix} = \begin{bmatrix} 0.51 \\ 0.33 \\ 0.16 \end{bmatrix}
$$

第三期各狀態機率 $= (A^2)^T \begin{bmatrix} 0.5 \\ 0.1 \\ 0.4 \end{bmatrix}$

$$
= \begin{bmatrix} 0.7 & 0.4 & 0.3 \\ 0.2 & 0.3 & 0.5 \\ 0.1 & 0.3 & 0.2 \end{bmatrix}^2 \begin{bmatrix} 0.5 \\ 0.1 \\ 0.4 \end{bmatrix} = \begin{bmatrix} 0.537 \\ 0.281 \\ 0.182 \end{bmatrix}
$$

透過上例，複習了大一管理數學的回憶。接下來，就是我們的重頭戲——隱藏馬可夫 (鏈) 模型 (Hidden Markov Model)。

10.2-3 隱藏馬可夫模型

馬可夫 (鏈) 模型加了一個 Hidden，顧名思義，就是有東西被隱藏起來了，那到底是什麼東西呢？答案就是「狀態 (state)」被隱藏起來了。那狀態被隱藏起來了，我們還能算什麼呢？底下來回答你的疑惑吧！

　　我們用上個例子做延伸，如圖 10.2-2，每天都有一定的機率到某間超商裡購物，同時也會有某個機率在該間超商買瓶飲料。在起始機率分別為 0.5、0.1、0.4 下，此人三天來逛賣場的順序為 S (全家、7-11、萊爾富)，每到一間賣場他都會買一瓶飲料，三天來分別買了 D (雪碧、可樂、綠茶)。請問發生 S 和 D 的共同機率為多少呢？

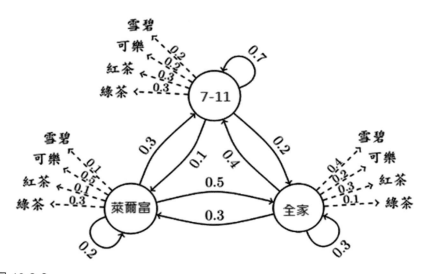

■ 圖 10.2-2

$$
\begin{array}{ll}
\text{Transition Matrix} \\
\text{轉移矩陣}
\end{array}
\quad A =
\begin{array}{c|ccc}
 & \text{7-11} & \text{全家} & \text{萊爾富} \\
\hline
\text{7-11} & 0.7 & 0.2 & 0.1 \\
\text{全家} & 0.4 & 0.3 & 0.3 \\
\text{萊爾富} & 0.3 & 0.5 & 0.2
\end{array}
=
\begin{bmatrix}
0.7 & 0.2 & 0.1 \\
0.4 & 0.3 & 0.3 \\
0.3 & 0.5 & 0.2
\end{bmatrix}, \quad
x =
\begin{bmatrix}
0.5 \\
0.1 \\
0.4
\end{bmatrix}
$$

$$
B =
\begin{array}{c|cccc}
 & \text{雪碧} & \text{可樂} & \text{紅茶} & \text{綠茶} \\
\hline
\text{7-11} & 0.2 & 0.2 & 0.3 & 0.3 \\
\text{全家} & 0.4 & 0.2 & 0.3 & 0.1 \\
\text{萊爾富} & 0.1 & 0.5 & 0.1 & 0.3
\end{array}
=
\begin{bmatrix}
0.2 & 0.2 & 0.3 & 0.3 \\
0.4 & 0.2 & 0.3 & 0.1 \\
0.1 & 0.5 & 0.1 & 0.3
\end{bmatrix}
$$

第一天到全家買雪碧的機率 $=\ \mathcal{P}(q_0 = 全家, o_0 = 雪碧)$
$\qquad\qquad\qquad\qquad\quad =\ \mathcal{P}(q_0 = 全家)\mathcal{P}(o_0 = 雪碧\,|\,q_0 = 全家)$
$\qquad\qquad\qquad\qquad\quad =\ 0.1 \times 0.4 = 0.04$

接著，第二天到 7-11 買可樂的機率 $=\ \mathcal{P}(q_0 = 全家, q_1 = 7\text{-}11, o_0 = 雪碧, o_1 = 可樂)$
$\qquad\qquad\qquad\qquad\qquad\quad =\ \mathcal{P}(q_0 = 全家, o_0 = 雪碧)\mathcal{P}(q_1 = 7\text{-}11, o_1 = 可樂)$
$\qquad\qquad\qquad\qquad\qquad\quad =\ 0.04 \times \mathcal{P}(q_1 = 7\text{-}11\,|\,q_0 = 全家)\mathcal{P}(o_1 = 可樂\,|\,q_1 = \text{Costco})$
$\qquad\qquad\qquad\qquad\qquad\quad =\ 0.04 \times 0.4 \times 0.2 = 0.0032，$

接著，第三天到 7-11 買綠茶的機率 $=\ \mathcal{P}(q_0 = 全家, q_1 = 7\text{-}11, q_2 = 7\text{-}11, o_0 = 雪碧, o_1 = 可樂, o_2 = 綠茶)$
$\qquad\qquad\qquad\qquad\qquad\quad =\ \mathcal{P}(q_0 = 全家, o_0 = 雪碧)\mathcal{P}(q_1 = 7\text{-}11, o_1 = 可樂)\mathcal{P}(q_2 = 7\text{-}11, o_2 = 綠茶)$
$\qquad\qquad\qquad\qquad\qquad\quad =\ 0.0032 \times \mathcal{P}(q_2 = 7\text{-}11\,|\,q_2 = 7\text{-}11)\mathcal{P}(o_2 = 綠茶\,|\,q_2 = 7\text{-}11)$
$\qquad\qquad\qquad\qquad\qquad\quad =\ 0.0032 \times 0.7 \times 0.3 = 0.000672$

現在換個問題來想想，如果已知連續三天到超商買的飲料依序為 D (紅茶、雪碧、綠茶)，請問有幾種可能路線呢？每條路線分別發生的機率又有多少呢？

這就是 HMM 處理的問題

上面問題說明了，當我們只知道觀察值，而狀態被隱藏的時候，如何找出「最佳的路徑」的架構。但是，既然是模型就一定需要訓練，到底什麼東西是需要被訓練的呢？在實際遇到的問題中，我們並不會知道「機率轉移矩陣」實際的機率是多少，換句話說，我們不知道上述所指的「轉移矩陣 A」和「轉移矩陣 B」，只會有一堆數據。

在此，我們用已知的轉移矩陣條件下，舉一個實際的分類問題：師大住校生，一個學期，每週買咖啡 (觀察值) 的依序清單。至於可能的路線，及多少機率會買到對應的飲料，皆是未知。根據個別的買賣習慣分析，訓練對應的模型，找出對應的「轉移矩陣」，最後我們要預測：當隨機給一週的咖啡清單，最有可能是哪位同學的喜好。

> MM HMM 的演算架構，如何判斷「新詞」或「主題」？
>
> 提示：超商和商品，可以改成和文字相關的什麼物件？

> *Academia.edu*、Google Scholar、Mendeley 和 ResearchGate
> 等都是學術文獻資料庫，你可以捕捉它們文字分析的運作邏輯嗎？

10.3　RLab

10.3-1　字串與正規表示

文字分析的基本技術是字串 (String) 處理，所有的程式語言都會定義一些和字串相關的運算規律，總稱正規表示 (Regular Expression)，例如：

$$() \ \wedge \ \$ \ [] \ \wedge \ ? \ ! \ \backslash \ / \ .$$

這些符號本身在 R 是被定義成物件或函數，例如：() 是函數，[] 是矩陣元素或資料框架，^ 是數學的次方 (Power) 等等。但是，這些正規表示也會以標點符號的型態出現。所以我們處理的時候，就必須注意。後面會詳述。

R 常用的文字套件有：

tm：主要的文字探勘套件

tmcn：tm 套件中文輔助，協助判斷、轉換中文編碼

Rwordseg：斷詞 (word segmenting)

jiebaR：斷詞

wordcloud2：文字雲視覺化

tidytext：tidyverse 生態系，主要的文字探勘套件

stringr：tidyverse 生態系，文字處理，包含擷取、搜尋、取代等等

　　tidyverse 生態系主要是由 RStudio 內的專家開發，關鍵特徵是用 pipe 來處理一長串函數。本書以 base 為主，故不太用 tidyverse 的語法和套件。但是，本節會做比較。

　　R Base 的字串函數，主要如下：

readLines：讀取文字資料 (檔)
nchar：計算字串長度
substr：擷取特定位置範圍內的字串或元素
strsplit：依照特定特徵截斷字串或元素
gsub：搜尋特定類型 (pattern) 並取代
grep/grepl：搜尋特定特徵並回傳元素位置／邏輯值 (Boolean)

文字的編碼與轉碼

　　先看讀入文檔與計算字數，我們準備的檔案 ansi.txt 是系統碼 (BIG5) 的中文檔，utf8.txt 是 UTF-8 的編碼檔，兩個檔案文字完全一樣，且用記事本都可以正常打開。檔案文字如下，中英文皆有：

"FB 的 An Ugly Truth 的故事由 Netflix 電視影集 Doomsday Machine 開拍。飾演 FB COO Sheryl Sandberg 的是 Netflix 影集 The Crown 的 Claire Foy，可說精彩可期。"

```
text1 = readLines("ansi.txt")        #讀取 "ansi.txt"，將之存為物件 text1
nchar(text1)                         #計算字數
uchardet：detect_str_enc(text1)      # 利用套件 uchardet 的函數
                                        detect_str_enc()
                                     # 偵測編碼語系
text2 = readLines("utf8.txt")
```

　　由圖 10.3-1 可以看出 utf8.txt 讀進 R 會出現亂碼，主要是因編碼問題。

```
> text1 = readLines("ansi.txt")
> text1
[1] "FB 的An Ugly Truth的故事由 Netflix 電視影集 Doomsday Machine開拍。飾演FB COO Sheryl
 Sandberg的是 Netflix 影集 The Crown的 Claire Foy，可說精彩可期。"
> text2 = readLines("utf8.txt")
> text2
[1] "FB <e7><9a>□n Ugly Truth<e7><9a>□<95>□<ba>□□ Netflix <e9>□閜□蔣<e9><9b><86> D
oomsday Machine<e9><96>□<8b>□\u0080□˘瞍□B COO Sheryl Sandberg<e7><9a>□□ Netflix 隴
梠<9b><86> The Crown<e7><9a><84> Claire Foy嗙□□隋荌秱噭拙□<e6><9c>□\u0080<82>"
> |
```

■ 圖 10.3-1

　　我們利用 uchardet::detect_str_enc(text2) 看看這個檔案是用什麼編碼，回傳是 "UTF-8"。在 R 可以用函數 iconv 將之重編碼，如下：

> iconv(text2, "UTF-8", "big5") 是將 UTF-8 轉成台灣通用的 big5
>
> iconv(text2, "UTF-8", "cp950") 是將 UTF-8 轉成大陸 cp950

　　在螢幕上看起來是一樣的。

```
> iconv(text2, "UTF-8", "big5")
[1] "FB 的An Ugly Truth的故事由 Netflix 電視影集 Doomsday Machine開拍。
飾演FB COO Sheryl Sandberg的是 Netflix 影集 The Crown的 Claire Foy，可
說精彩可期。"
> iconv(text2, "UTF-8", "cp950")
[1] "FB 的An Ugly Truth的故事由 Netflix 電視影集 Doomsday Machine開拍。
飾演FB COO Sheryl Sandberg的是 Netflix 影集 The Crown的 Claire Foy，可
說精彩可期。"
```

■ 圖 10.3-2

　　可以透過以下函數比對兩個轉碼的結果，是否和 text1 一樣。

> identical(iconv(text2, "utf-8", "big5"), text1)
>
> identical(iconv(text2, "utf-8", "cp950"), text1)

　　由圖 10.3-3 可以知道完全一樣。

```
> identical(iconv(text2, "utf-8", "big5"), text1)
[1] TRUE
> identical(iconv(text2, "utf-8", "cp950"), text1)
[1] TRUE
```

■ 圖 10.3-3

擷取部分文字

擷取部分文字可以用 substr()，已知 NB 物件儲存了 ASUS 筆電的基礎
資訊，如下：

```
NB = c("ASUS Zenbook (UX9702) 17.3 吋 筆記型電腦-夢想藍",
        "ASUS Zenbook (UX8402) 14.5 吋 筆記型電腦-夢幻白",
        "ASUS Zenbook (UX7602) 16.0 吋 筆記型電腦-夢幻白",
        "ASUS Zenbook (UX6502) 15.6 吋 筆記型電腦-冰柱銀",
        "ASUS Zenbook (UX5401) 14.0 吋 筆記型電腦-星空灰",
        "ASUS Zenbook (UP5401) 14.0 吋 筆記型電腦-星空灰")
```

如果文字長度皆一樣，就比較簡單。例如要擷取括弧內的型號，可以
用：

```
substr(NB, 15, 20)
```

還有套件 stringr 內的函數 str_sub()，如：

```
library(stringr)
str_sub(NB, 15, 20)
```

然後，顏色很規律的都是最後 3 個字，所以，可以用：

```
substr(NB, nchar(NB)- 2, nchar(NB)
```

str_sub() 提供倒數的功能，如下：

```
str_sub(NB,-3,-1)
```

字串切割

字串切割是另一個常用的方法，例如：NB 物件內，顏色前都有一個 "-" 符號，以 "-" 符號切割字串，如下：

```
strsplit(NB, "-")
```

或

```
str_split(NB, "-")
```

最後，如本節最前面所述，如果字串內含有正規表示符號時，直接宣告符號會辨識失敗。例如：

```
schedule = c("1992.12.02", "2020.11.30", "1959.09.13")
strsplit(schedule, ".")
stringr::str_split(schedule, ".")
```

結果如圖 10.3-4。

```
> schedule = c("1992.12.02", "2020.11.30", "1959.09.13")
> strsplit(schedule, ".")
[[1]]
 [1] "" "" "" "" "" "" "" "" "" ""

[[2]]
 [1] "" "" "" "" "" "" "" "" "" ""

[[3]]
 [1] "" "" "" "" "" "" "" "" "" ""

> stringr::str_split(schedule, ".")
[[1]]
 [1] "" "" "" "" "" "" "" "" "" ""

[[2]]
 [1] "" "" "" "" "" "" "" "" "" ""

[[3]]
 [1] "" "" "" "" "" "" "" "" "" ""
```

■ 圖 10.3-4

　　如果使用套件 stringr 內的文字處理，建議將整個套件 library(stringr) 載入，我們使用 stringr:: 是為了註明函數 str_split() 是來自套件 stringr。

　　可以透過 fixed = TRUE 參數修正即可，兩方法的修正如下：

```
strsplit(schedule, split=".", fixed = TRUE)
```

```
str_split(schedule, pattern=".")
str_split(schedule, fixed("."))
```

　　結果如圖 10.3-5。

```
> strsplit(schedule, ".", fixed = TRUE)
[[1]]
[1] "1992" "12"   "02"

[[2]]
[1] "2020" "11"   "30"

[[3]]
[1] "1959" "09"   "13"

> stringr::str_split(schedule, fixed("."))
[[1]]
[1] "1992" "12"   "02"

[[2]]
[1] "2020" "11"   "30"

[[3]]
[1] "1959" "09"   "13"
```

■ 圖 10.3-5

R 練習問題

已知字串 sentences <- c("Jane saw a cat", "Jane sat down")

1. 執行以下四行指令，從結果判斷 word() 是在處理什麼問題？

   library(stringr)

   stringr::word(sentences, 1)

   stringr::word(sentences, 2)

   stringr::word(sentences, -1)

   stringr::word(sentences, 2, -1)

2. 承上，執行以下兩行。

   word(sentences[1], 1:3, -1)

   word(sentences[1], 1, 1:4)

3. 承上，先執行 str_split(str, fixed("..")) ，再執行以下 word()。

   str <- "abc.def..123.4568.999..xyz"

   word(str, 1, sep = fixed(".."))

   word(str, 2, sep = fixed(".."))

```
word(str, 3, sep = fixed(".."))
```

字串取代

R 有兩個函數可以執行特定文字 (pattern) 的取代 (replacement)：

```
sub()
gsub()
```

我們來看一個例子就清楚了：已知 text 如下

```
text="Mary makes much money on Mondays"
sub(pattern="m", replacement="M", text)
gsub(pattern="m", replacement="M", text)
```

執行可以知道：

```
sub() 只置換第一次出現的小寫 m 為大寫 M
gsub() 置換所有的小寫 m 為大寫 M
```

尋找特定文字

R 有兩個函數可以執行特定文字 (pattern) 的搜尋 (search)：

```
grep()
grepl()
```

R 有一個內建物件 state.name 是美國州名

```
grep("M", state.name)  #以位置回傳州名中有 M 的州
grepl("M", state.name)  #以真假 (TRUE/FALSE) 回傳州名中有 M 的州
```

結果如圖 10.3-6。

```
> grep("M",state.name)
 [1] 19 20 21 22 23 24 25 26 31
> grepl("M",state.name)
 [1] FALSE FALSE FALSE FALSE FALSE FALSE FALSE FALSE FALSE FALSE FALSE FALSE FALSE FALSE FALSE FALSE FALSE
[18] FALSE  TRUE  TRUE  TRUE  TRUE  TRUE  TRUE  TRUE  TRUE FALSE FALSE FALSE FALSE  TRUE FALSE FALSE FALSE
[35] FALSE FALSE FALSE FALSE FALSE FALSE FALSE FALSE FALSE FALSE FALSE FALSE FALSE FALSE FALSE FALSE
```

■ 圖 10.3-6

如果需要取出州名，兩者皆可：

```
state.name[grep("M", state.name)]
state.name[grepl("M", state.name)]
```

請執行以下 4 個 grep() 指令，判讀在做什麼：

```
grep("New|South", state.name)

x = c("Test.xlsx", "Test1.xlsx","Test22.xlsx", "Test3.xlsx",
      "Test33.xlsx", "Test4.xlsx", "Test44.xlsx")
grep("Test(1|4).xlsx", x)
grep("Test(3*|4*).xlsx", x)
grep("Test(3+|4+).xlsx", x)
```

R 文字的正規表示方法：

.   any character 任何字元

^	start character 開始字元
$	end character 結束字元
?	character appeared 0-1 time 出現 0-1 次
*	character appeared 0-many times 出現 0- 多次
+	character appeared 1-many times 出現 1- 多次
{m}	文字恰恰出現 m 次
{m, }	文字出現至少 m 次
{, n}	文字出現最多 n 次
{m, n}	文字出現次數在 m 與 n 之間

[]	character combination 字元結合
\	escape 拿掉、略過
\s	代表空格 (white space)

text = "$ 這句話，有很多_亂碼和標點符號 (/.@_@)"
像下方這樣處理，讀者可以慢慢體會與理解。

```
gsub("[[:punct:][:blank:]]", "", text)

address = c( "220新北市板橋區中山路二段 101 號",
            "基隆市信義區信二路 179 號",
            "110 台北市信義區市府路 2 號 11樓",
            "110 台北市信義區信義路四段 17 號",
            "台灣新北市淡水區觀海路 99 號",
            "新北市坪林區水德里水聳淒坑 29-2 號",
            "717台南市仁德區文華路二段 77 號 3 樓",
            "高雄市苓雅區四維一路 12 號",
            "25143 新北市淡水區鄧公路 35 巷")
```

```
ID1=grepl("^[0-9]", address)
address[ID1]


ID2 = grepl("樓$", address)
address[ID2]


ID3 = !grepl("台北市 | 新北市", address)
address[ID3]


ID4=grepl("^[0-9]{4}", address)
address[ID4]
```

10.3-2　網路爬蟲技術篇

　　所謂的爬蟲就是透過程式，自動擷取網頁資訊 (web crawler)。一般有兩種方法：程式直接溝通網站、透過 API 介接程式。兩者比較如下。

	直接溝通網站	透過 API 介接
優點	①資訊豐富多元 ②快速方便 ③無需申請	①適合大量資料 ②傳遞過程穩定 ③資料品質較佳
缺點	①若網頁原始碼結構過於複雜，會難以爬取或清理 ②易被視為網路攻擊，被中斷 ③資料往往需清理 ④資料品質較差	①有的 API 需付費才能使用 ②部分 API 需申請才能有限度使用 ③可爬取的資訊有限，視開發者而異

　　處理爬蟲的 R 套件如下：

套件名稱	主要函數	附註
Httr	PUT(); GET()	讀取 API
xml2	read_html(); read_xml()	直接讀取 HTML 或 XML (Web)

html=Hyper Text Markup Language 中文全名為「超文字標示語言」，是一種用來組織網頁架構，並呈現網頁內容的標籤 (markup) 語法。網頁內容的組成包含了段落、清單、圖片或表格等等。你透過 html 的標籤，告訴瀏覽器，你的網頁結構。

xml=Extensible Markup Language 是一種純文字檔案，主要用於文件傳輸。除了描述資料的傳輸、結構和儲存內容之外，XML 檔本身沒有其他額外功能。XML 檔的一個典型使用例子就是 RSS 訂閱。有些 XML 檔可以使用 Cinelerra 影片編輯程式開啟，該檔保存了與項目相關的設定，比如過去對項目列表所做的編輯，以及媒體檔所在的路徑等資訊。從 MS-OFFICE 2007 起，微軟的 Office 系統檔案儲存開始多了一個 x，例如 .docx、.xlsx、.pptx 等等，就是採用了 XML 格式。

要搜尋網站，就只要知道上述兩種檔案格式的標籤，見下表：

	html	xml
用途	撰寫網頁架構	資料傳輸

範例	`<html>`
	 `<head>`
	  `<title>網頁標題</title>`
	 `</head>`
	 `<body>`
	  `<h1>這是一個標題</h1>`
	  `<p>這是一個段落</p>`
	 `</body>`
	`</html>`
		`<bookstore>`
		 `<book>`
		  `<name lang = 「zh-tw」>性惡論的誕生</name>`
		 `<author> 曾暐傑</author>`
		  `<year>2022</year>`
		 `</book>`

四個節點說明，見圖 10.3-7。

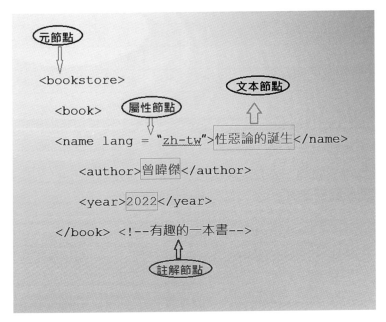

■ 圖 10.3-7

在 xpath 函數，可以使用搜尋 XLM 的語法，如下：

/	//	@
特定節點以下	任何位置	選取屬性
範例：/book/author 搜尋 book 元素節點以下，所有的 author 元素節點	範例：//author 搜尋任何位置中，所有的 author 元素節點	範例：//author[@lang = "zh-tw"] 搜尋任何位置中，所有 lang 屬性節點為 "zh-tw" 的 author 元素節點

以 Chrome 為例，我們進入臺師大首頁，點選學生專區：https://www.ntnu.edu.tw/static.php?id=student，如圖 10.3-8。

然後，按滑鼠右鍵，點選倒數第二行「檢視網頁原始碼」，如圖 10.3-9。

■ 圖 10.3-8

■ 圖 10.3-9

　　我們使用 xml2 套件，先用 read_html() 讀取網頁資訊，再用 xml_find_all() 擷取指定內容，範例如下：

```
library(xml2)
main_url = "https://www.ntnu.edu.tw/static.php?id=student"
html_page = read_html(url(main_url))


#Step 1: 利用 xpath 設定搜尋條件，並使用 xml_find_all() 搜尋符合條件
的目標
xpath = "//div[@class = 'col-xs-12 col-sm-6 col-md-4']/ul/li/a"
target = xml_find_all(html_page, xpath)
target


#Step 2: 用 xml_text() 擷取 target 內的文字名稱
items = xml_text(target)
items


#Step 3: 用 xml_ att() 擷取 target 內的網址
urls = xml_attr(target, "href")
urls


#Step 4: 用 data.frame() 整理成資料表
data = data.frame(items = items, urls = urls)
head(data)
```

練習

如何使用以上工具 (如網路爬蟲) 蒐集有關風險資料？

練習

擷取遠見的文章：https://www.gvm.com.tw/article/91301，使用以
上範例語法，看看你能做什麼。

附錄 A

有關 R 的 GUI 裝置問題

A.1　R 漫談和 GUI 簡介

　　R 是一個開放的程式語言(Open Source)，藉由指令宣告的方式來做統計運算分析與視覺化的資料繪圖。其中，與其他商業統計軟體的最大差別在於——R 是一個全方位的共享軟體，這項優點使 R 的使用者面臨新版本更換時沒有成本考量的負擔，更沒有盜版的違法問題產生。並且，R 所提供的統計與繪圖功能非常完整且豐富，不因它是個免費的軟體而有絲毫遜色。特別是 R 種類多元的視覺化繪圖功能，如圖 A.1-1 至圖 A.1-3 所示，更是其他統計軟體所難以媲美。

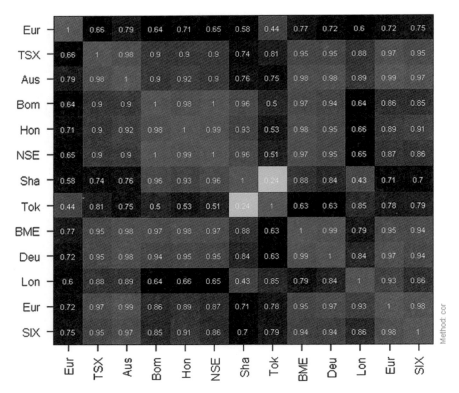

■ 圖 A.1-1　視覺化範例：Image 相關係數圖

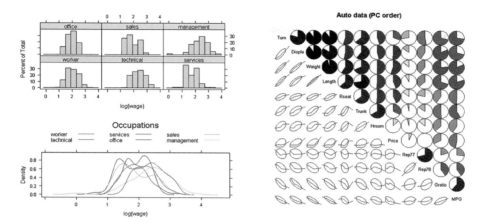

■ 圖 A.1-2　視覺化範例：分布和關聯矩陣

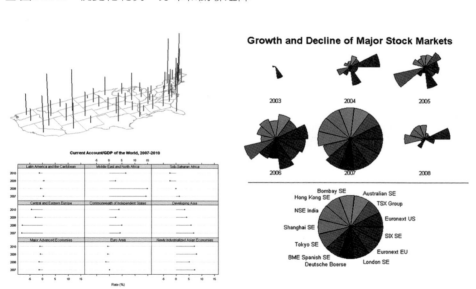

■ 圖 A.1-3　視覺化範例：地圖、圓餅和多層次

　　R 的開放學習資源和方法，讓使用者只要透過網路資源即可一手掌握並更新所有的資訊，包含下載 R 的最新程式軟體，與種類多元且不斷開發新增的應用模組 (packages)。其中有關 R 如何操作使用的方法，皆可以於網站中找到詳盡的舉例說明。

進入 R 網站中的 **packages** (應用模組)，現在約有接近 2 萬多個。在 R 的網站中 packages 以兩種方式作為分類排列，一種是以其所建立的日期，再者是以名稱開頭的字母作為排列，如圖 A.1-4 的框線所示。其中 R 網頁視窗左欄選單的 **Task Views** 是模組開發分類，點選後將連結至各領域之開發人員所開發的 R 模組現況，如圖 A.1-5 所示。

Contributed Packages

Available Packages

Currently, the CRAN package repository features 6826 available packages.

Table of available packages, sorted by date of publication

Table of available packages, sorted by name

Installation of Packages

Please type help("INSTALL") or help("install.packages") in R for information on how to install packages from this repository. The manual R Installation and Administration (also contained in the R base sources) explains the process in detail.

CRAN Task Views allow you to browse packages by topic and provide tools to automatically install all packages for special areas of interest. Currently, 33 views are available.

■ 圖 A.1-4　套件安裝

CRAN Task Views

CRAN
Mirrors
What's new?
Task Views
Search

About R
R Homepage
The R Journal

Software
R Sources
R Binaries
Packages
Other

Documentation
Manuals
FAQs
Contributed

Bayesian	Bayesian Inference
ChemPhys	Chemometrics and Computational Physics
ClinicalTrials	Clinical Trial Design, Monitoring, and Analysis
Cluster	Cluster Analysis & Finite Mixture Models
DifferentialEquations	Differential Equations
Distributions	Probability Distributions
Econometrics	Econometrics
Environmetrics	Analysis of Ecological and Environmental Data
ExperimentalDesign	Design of Experiments (DoE) & Analysis of Experimental Data
Finance	Empirical Finance
Genetics	Statistical Genetics
Graphics	Graphic Displays & Dynamic Graphics & Graphic Devices & Visualization
HighPerformanceComputing	High-Performance and Parallel Computing with R
MachineLearning	Machine Learning & Statistical Learning
MedicalImaging	Medical Image Analysis
MetaAnalysis	Meta-Analysis
Multivariate	Multivariate Statistics
NaturalLanguageProcessing	Natural Language Processing

■ 圖 A.1-5　Task Views

下載 R 的步驟如下：

第 1 步 輸入網址：http://www.r-project.org/，連結到 R 網頁，如圖 A.1-6。點選：Download 下方之 CRAN。

The R Project for Statistical Computing

[Home]

Download
CRAN

R Project
About R
Contributors
What's New?
Mailing Lists
Bug Tracking
Conferences
Search

R Foundation
Foundation
Board
Members
Donors
Donate

Getting Started

R is a free software environment for statistical computing and graphics. It compiles and runs on a wide variety of UNIX platforms, Windows and MacOS. To **download** R, please choose your preferred CRAN mirror.

If you have questions about R like how to download and install the software, or what the license terms are, please read our answers to frequently asked questions before you send an email.

News

- **The R Journal Volume 7/1 is available.**
- **R version 3.2.1 (World-Famous Astronaut)** has been released on 2015-06-18.
- **R version 3.1.3 (Smooth Sidewalk)** has been released on 2015-03-09.
- **useR! 2015**, will take place at the University of Aalborg, Denmark, June 30 - July 3, 2015.
- **useR! 2014**, took place at the University of California, Los Angeles, USA June 30 - July 3, 2014.

■ 圖 A.1-6　R 的首頁

第 2 步 於 CRAN Mirrors 選擇台灣的其中一個鏡站，如圖 A.1-7 所示。

Sweden
　　http://ftp.acc.umu.se/mirror/CRAN/　　Academic Computer Club, Umeå University
Switzerland
　　https://stat.ethz.ch/CRAN/　　ETH Zuerich
　　http://stat.ethz.ch/CRAN/　　ETH Zuerich
Taiwan
　　http://ftp.yzu.edu.tw/CRAN/　　Department of Computer Science and Engineering, Yuan Ze University
　　http://cran.csie.ntu.edu.tw/　　National Taiwan University, Taipei
Thailand
　　http://mirrors.psu.ac.th/pub/cran/　　Prince of Songkla University, Hatyai
Turkey
　　http://cran.pau.edu.tr/　　Pamukkale University, Denizli
UK
　　https://www.stats.bris.ac.uk/R/　　University of Bristol
　　http://www.stats.bris.ac.uk/R/　　University of Bristol
　　http://mirrors.ebi.ac.uk/CRAN/　　EMBL-EBI (European Bioinformatics Institute)
　　http://mirrors-uk2.go-parts.com/cran/　　Go-Parts
　　http://cran.ma.imperial.ac.uk/　　Imperial College London
　　http://mirror.mdx.ac.uk/R/　　Middlesex University London
　　http://star-www.st-andrews.ac.uk/cran/　　St Andrews University

■ 圖 A.1-7　選擇台灣區鏡站

第 3 步 選擇電腦的系統,本例點選 Download R for Windows,如圖 A.1-8 所示。

The Comprehensive R Archive Network

Download and Install R

Precompiled binary distributions of the base system and contributed packages, **Windows and Mac** users most likely want one of these versions of R:

CRAN
Mirrors
What's new?
Task Views
Search

- Download R for Linux
- Download R for (Mac) OS X
- Download R for Windows

About R
R Homepage
The R Journal

R is part of many Linux distributions, you should check with your Linux package management system in addition to the link above.

■ 圖 A.1-8 選擇電腦系統

第 4 步 點選 base 進入下載區,可以下載最新的主程式,如圖 A.1-9 所示。在 base 下方的 contrib 是 R 的應用模組 (packages),現在約接近兩萬多個 (本書撰寫時)。

R for Windows

Subdirectories:

base	Binaries for base distribution (managed by Duncan Murdoch). This is what you want to **install R for the first time**.
contrib	Binaries of contributed packages (managed by Uwe Ligges). There is also information on third party software available for CRAN Windows services and corresponding environment and make variables.
Rtools	Tools to build R and R packages (managed by Duncan Murdoch). This is what you want to build your own packages on Windows, or to build R itself.

■ 圖 A.1-9 點選 base 進入下載區

第 5 步 下載最新程式 (本書撰寫時最新程式為 R-4.2.1-win.exe),如圖 A.1-10 所示。

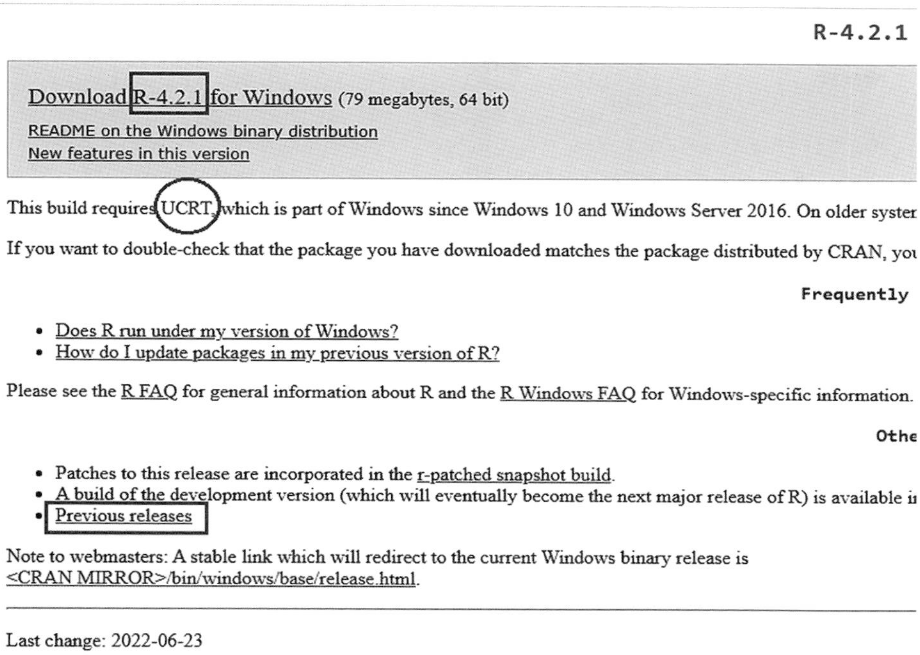

R-4.2.1

Download R-4.2.1 for Windows (79 megabytes, 64 bit)
README on the Windows binary distribution
New features in this version

This build requires UCRT, which is part of Windows since Windows 10 and Windows Server 2016. On older syster

If you want to double-check that the package you have downloaded matches the package distributed by CRAN, you

Frequently

- Does R run under my version of Windows?
- How do I update packages in my previous version of R?

Please see the R FAQ for general information about R and the R Windows FAQ for Windows-specific information.

Othe

- Patches to this release are incorporated in the r-patched snapshot build.
- A build of the development version (which will eventually become the next major release of R) is available in
- Previous releases

Note to webmasters: A stable link which will redirect to the current Windows binary release is
<CRAN MIRROR>/bin/windows/base/release.html.

Last change: 2022-06-23

■ 圖 A.1-10　下載 Base R 程式

如果你需要使用 rattle 做 data-mining，請不要使用 R-4.2 以後的系統，因為此版 R 採用 UCRT 編譯環境，rattle 套件 RGtk2 和 cairoDevice 都不是 UCRT 的架構。所以，點選下方 Previous releases，進入先前版本，建議下載 R-4.1.3 就可以。其餘說明，見附錄 B。

第 6 步　安裝

點選下載完成最新的執行檔案，並執行。安裝過程中使用語言選擇由英文顯示。

於安裝過程中：如圖 A.1-11 所示，在操作選單的視窗中選擇 Yes，表示可於後續的載入過程中自訂 R 其他的功能與模式，是一種客製化的選項，以利使用者在接下來的下載選單可選擇 SDI 模式 (Single Document Interface)，如圖 A.1-12 所示。SDI 是視窗顯示的方法，其中 SDI 介面是爾後使用 R-Commander 和 Tinn-R 兩個模組所需要的介面。萬一在此沒有點選，則後續必須進入 R 的批次檔修改。

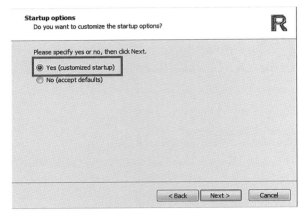

■ 圖 A.1-11　選擇 Yes

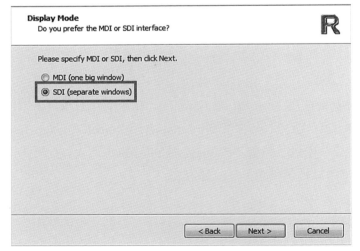

■ 圖 A.1-12　選擇 SDI 模式

　　如圖 A.1-13 所示，在此選擇 Plain text，以便後續無網路時也可以使用 R 的 Help 功能，並且其開啟速度亦較快速。最後如圖 A.1-14 所示，選擇原內定之 Standard 選項，並繼續點選 Next 至最後一步驟即安裝完成！

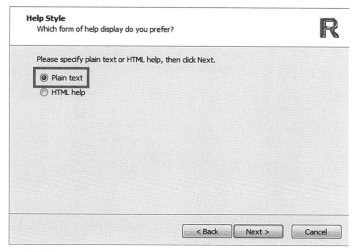

■ 圖 A.1-13　選擇 Plain text

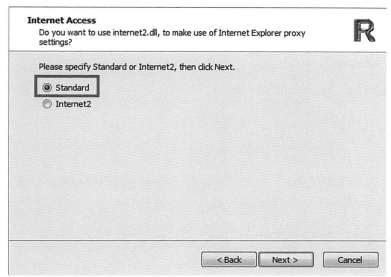

■ 圖 A.1-14　選擇原內定之 Standard

　　R 下載完成後，將它開啟。讀者所下載的 R 其介面語言可能是中文。
因為 R 目前在全世界已經有大量的在地語言翻譯，會自動偵測系統後，呈現當地語言。本書使用是 R-Commander 中文介面，如果需要將介面轉成英文，操作方法如下：

首先，至電腦中將存放載入 R 的資料夾開啟，此資料夾一般位於電腦 C 槽的 Program Files。找到 R 的資料夾後點選進入，並開啟 etc 資料夾，將 Rconsole 檔案以記事本 (Notepad) 模式開啟。並在 language 處輸入 e 後存檔即完成。

在此如無法成功存檔，則讀者可先將此檔以 Rconsole 命名另存桌面，最後再以修正後的新檔取代 etc 資料夾中的 Rconsole 舊檔。以下為操作步驟的圖例說明：

第 1 步 先至 C 槽 (或檔案總管) 的 Program Files，如圖 A.1-15 所示。

📹 視訊	📁 jmulti4	2015/5/14 下午 0... 檔案資料夾
📧 圖片	📁 PerfLogs	2009/7/14 上午 1... 檔案資料夾
	📁 Program Files	2015/7/1 下午 04... 檔案資料夾
💻 電腦	📁 Program Files (x86)	2015/7/1 下午 04... 檔案資料夾
💽 本機磁碟 (C:)	📁 R_materials	2015/5/14 下午 0... 檔案資料夾
💽 本機磁碟 (D:)	📁 RBuildTools	2015/5/14 下午 0... 檔案資料夾
💽 本機磁碟 (E:)	📁 SWSetup	2015/5/12 下午 1... 檔案資料夾
	📁 Tinn-R	2015/6/15 下午 0... 檔案資料夾

■ 圖 A.1-15 C 槽的 Program Files

第 2 步 點選 R 資料夾，如圖 A.1-16 所示。

📁 Microsoft.NET	2015/5/16 上午 0...	檔案資料夾
📁 MSBuild	2009/7/14 下午 0...	檔案資料夾
📁 R	2015/6/20 上午 0...	檔案資料夾
📁 Reference Assemblies	2009/7/14 下午 0...	檔案資料夾
📁 RStudio	2015/5/14 上午 1...	檔案資料夾
📁 Windows Defender	2015/5/12 下午 1...	檔案資料夾
📁 Windows Journal	2015/5/14 上午 1...	檔案資料夾

■ 圖 A.1-16 點選 R 資料夾

第 3 步 找到資料夾 etc，如圖 A.1-17 所示，點選進入。

■ 圖 A.1-17　進入 etc 資料夾

第 4 步　找到 Rconsole，如圖 A.1-18 所示，開啟 Rconsole。

x64	2015/6/20 上午 0...	檔案資料夾
curl-ca-bundle.crt	2015/1/17 上午 0...	安全性憑證
Rcmd_environ	2013/6/20 上午 1...	檔案
Rconsole	2015/6/20 上午 0...	檔案
Rdevga	2011/10/3 上午 1...	檔案
repositories	2014/12/31 上午 ...	檔案
rgb.txt	2010/3/17 下午 0...	文字文件
Rprofile.site	2015/6/20 上午 0...	SITE 檔案

■ 圖 A.1-18　開啟 Rconsole

第 5 步　以記事本的檔案格式打開資料，如圖 A.1-19 所示。

■ 圖 A.1-19　以記事本純文字格式開啟

第 6 步 如圖 A.1-20 所示，找到 Language for message 的部分，在 Language 的後方輸入 e，表示介面語言以 English 顯示。修改後請務必存檔。

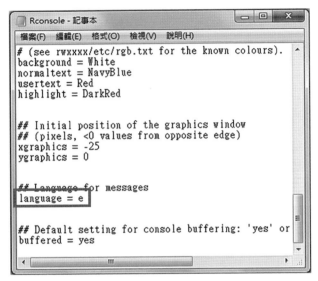

■ 圖 A.1-20 輸入介面語言「e」

如果無法成功存檔，讀者可先將此檔以 Rconsole 命名另存桌面，最後再以修正後的新檔取代 etc 資料夾中的 Rconsole 舊檔。詳細操作步驟如下：

步驟 1

修改後所欲儲存的檔案以原檔名「Rconsole」先另存於桌面，如圖 A.1-21 所示。

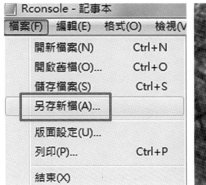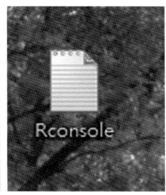

■ 圖 A.1-21　另存新檔於桌面

步驟 2

如圖 A.1-22 所示，再回到 etc 資料夾「我的電腦→C 槽→Pogram Files→R→R-3.2.1→etc」，刪除原來的 Rconsole 檔，並將上一步驟所另存的 Rconsole 新檔，以剪下貼上的方式存入於 etc 資料夾中。

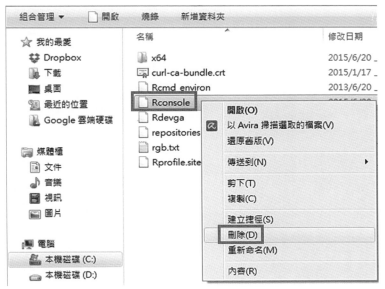

■ 圖 A.1-22　刪除未修正的 Rconsole 舊檔

第 7 步 上述步驟完成後，再重新啟動 R，當操作介面以英文顯示時表示更改成功。

A.2 R-Commander 的裝置

不同於 R 是用來撰寫程式語法的視窗介面，如圖 A.2-1 所示；R-Commander 較像我們一般使用的統計軟體，它的數值運算等功能都可以在下拉選單的視窗模式中點選呈現，在此，我們可從 R-Commander 相對 R 有較豐富多元的功能列可一窺究竟，如圖 A.2-2 所示。

另外，對於以程式語言為主的 R 來說，R-Commander 更是它其中少數屬於視窗模式的 Packages 之一。因此，對於習慣以下拉式選單作業的人，R-Commander 不失為一個在 R 中找尋視窗模式功能來使用的好選擇。

其中，在 R-Commander 視窗中的首列，為其功能列；「R 語法檔」視窗中會顯示使用者在操作過程中的所有語法指令；「Output」視窗中的紅色字體為功能列的指令語法，藍色字體為命令之執行結果的顯示所在；「訊息」視窗的紅色字體則為錯誤出現，綠色字體為警告與提醒，藍色字體為其他資訊，如時間與資料的欄位數等。

■ 圖 A.2-1　R 視窗

■ 圖 A.2-2　R-Commander 視窗

A.3　安裝與載入 R-Commander

　　第 1 步　下載套件 (Packages) 之前，必須先設定鏡站：點選功能列的「程式套件」，進入「設定 CRAN 鏡像...」，如圖 A.3-1 所示。

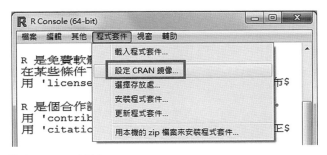

■ 圖 A.3-1　設定 CRAN 鏡站

第 2 步　選擇台灣的任何一個鏡站，完成後按「OK」則鏡站設定完畢，如圖 A.3-2 所示。

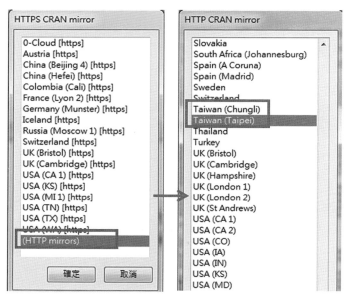

■ 圖 A.3-2　選擇台灣區鏡站

第 3 步　開始安裝程式套件：再回到功能列的「程式套件」，點選「安裝程式套件...」，如圖 A.3-3 所示。

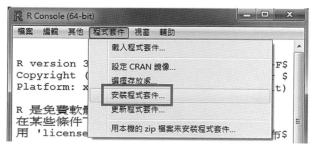

■ 圖 A.3-3　安裝程式套件

第 4 步　如圖 A.3-4 所示，選取所有 Rcmdr 開頭的 Packages 後按「OK」，即開始安裝 R-Commander。

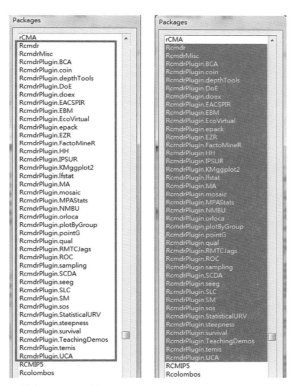

■ **圖 A.3-4**　選取所有 Rcmdr 的 Packages

第 5 步　載入 R-Commander。其中，開啟 R-Commander 的方式有兩種。

方法一：

如圖 A.3-5 所示，至 R 視窗的功能列點選「程式套件」，並進入「載入程式套件...」，找到 Rcmdr 點選開啟。

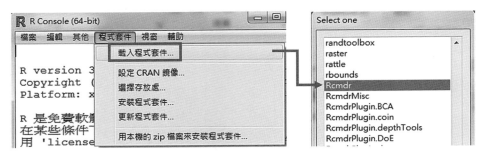

■ 圖 A.3-5　以 load package 載入

方法二：
直接於 R 視窗的游標處鍵入「library(Rcmdr)」指令後，按「Enter」鍵即可開啟，如圖 A.3-6 所示。

■ 圖 A.3-6　輸入指令

萬一執行上面指令時，無法啟動 R-Commander，且 R 回覆說是缺少某些套件時，只要依照指示，自動安裝就可以。只要有網路連線，這都很方便。

附錄 B

裝置 rattle

本節介紹資料探勘視窗套件 rattle 的裝置。rattle 是 R 社群裡廣為人知的資料探勘視窗套件，開發者 Graham Williams 也出了一本書 *Data Mining with Rattle and R— The Art of Excavating Data for Knowledge Discovery* (Springer-Verlag, 2011)。這個 GUI 設計的水準相當高，不只是資料探勘，所納入的視覺化功能更是精彩。

R 版本 4.2 針對 MS Windows 有一個很大的改變，也就是需要 UCRT (Universal C Run-Time)。Windows 10 以前都必須先透過 Update 安裝好，R 的運作才會正常。很不幸的，rattle 有兩個核心元件：RGtk2 和 cairoDevice，在筆者改版之際，尚不支援 UCRT 環境，所以，會無法啟動 rattle。克服的方法也很簡單，就是 R 版本選用 4.1.3 之前即可。RStudio 的使用者，只要進入選單最右方的：Tools → Global Options 就可以切換版本。

進入主控台，執行由 CRAN 裝置 rattle：

```
install.packages("rattle")
```

之後，進入 https://rattle.togaware.com/ (如圖 B.1) 看自己的電腦是何種規格，複製 RGtk2 和 cairoDevice 的裝置語法，貼到 R 命令列執行就可以。

togaware		Search

Data Mining　One Page R　Rattle　GNU/Linux　Android　LaTeX　Services　About　[AusDM]　[PAKDD]

/ togaware / rattle

Rattle: A Graphical User Interface for Data Mining using R

 The Data Science Desktop Survival Guide provides a guide for the Data Scientist using R.

Installing Rattle: Update January 2022

RGtk2 is the GUI Toolkit utilised by Rattle. It and cairoDevice have been archived on CRAN but can be installed from a copy on Togaware:

On Linux:

```
> install.packages("https://access.togaware.com/RGtk2_2.20.36.2.tar.gz", repos=NULL)
> install.packages("https://access.togaware.com/cairoDevice_2.28.tar.gz", repos=NULL)
```

On Windows:

```
> install.packages("https://access.togaware.com/RGtk2_2.20.36.2.zip", repos=NULL)
> install.packages("https://access.togaware.com/cairoDevice_2.28.zip", repos=NULL)
```

On Mac:

```
> install.packages("https://access.togaware.com/RGtk2_2.20.36.2.tgz", repos=NULL)
> install.packages("https://access.togaware.com/cairoDevice_2.28.tgz", repos=NULL)
```

■ 圖 B.1　https://rattle.togaware.com/

　　如果所裝置的套件很多，使用選單上的 load 會耗一點時間 (約 10 秒)；因此，除了上述的啟動方式，另一個更簡易的方法就是在主控台命令列，輸入 2 行命令，如圖 B.2，這樣啟動更快。

```
library(rattle)
rattle()
```

■ 圖 B.2 如提示語,在命令列鍵入 rattle()

完成啟動後 rattle 視窗如圖 B.3。

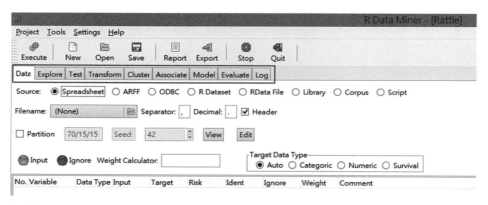

■ 圖 B.3 進入 rattle 的使用圖形介面 (GUI)

外部資料載入 .csv

rattle 可以載入多種外部資料,可參考圖 B.3 選單下第一列 source 的按鈕。從常用的試算表、ODBC 資料庫,還有文字資料。如果是個人使用,

常用的是 .csv 格式的數據。我們用 R 內的一筆常用的汽車數據「auto.csv」
來解說載入資料方法。這筆資料如圖 B.4

	A	B	C	D	E	F	G	H	I	J	K	L	M	N
	Model	Origin	Price	MPG	Rep78	Rep77	Hroom	Rseat	Trunk	Weight	Length	Turn	Displa	Gratio
	AMC Concord	A	4099	22	3	2	2.5	27.5	11	2930	186	40	121	3.58
	AMC Pacer	A	4749	17	3	1	3	25.5	11	3350	173	40	258	2.53
	AMC Spirit	A	3799	22	NA	NA	3	18.5	12	2640	168	35	121	3.08
	Audi 5000	E	9690	17	5	2	3	27	15	2830	189	37	131	3.2
	Audi Fox	E	6295	23	3	3	2.5	28	11	2070	174	36	97	3.7
	BMW 3201	E	9735	25	4	4	2.5	26	12	2650	177	34	121	3.64
	Buick Century	A	4816	20	3	3	4.5	29	16	3250	196	40	196	2.93
	Buick Electra	A	7827	15	4	4	4	31.5	20	4080	222	43	350	2.41
	Buick Le sabre	A	5788	18	3	4	4	30.5	21	3670	218	43	231	2.73
	Buick Opel	A	4453	26	NA	NA	3	24	10	2230	170	34	304	2.87

■ 圖 B.4

這筆資料有 14 個變數：

Model：汽車的廠牌和類型

Origin：汽車出廠國，三個來源 A、E、J

Price：價格，以美元計

MPG：一加侖能跑的英里數

Rep78：1978 年維修記錄時的車況，1 (最糟) - 5 (最好)

Rep77：1977 年維修記錄時的車況，1 (最糟) - 5 (最好)

Hroom：車頭的空間，以英寸計

Rseat：後座寬敞程度，以英寸計

Trunk：後車箱容量，以立方英尺計

Weight：車身重量，以英磅計

Length：車身長度，以英寸計

Turn：迴轉所需半徑，以英尺計

Displa：引擎所占空間，以立方英尺計

Gratio：高速檔的比率 (gear ratio)

載入資料，有兩個關鍵步驟。

第 1 步 見圖 B.5，從 Filename 進入資料所在資料夾，類似檔案總管，選定資料後，就會如圖顯示檔名。

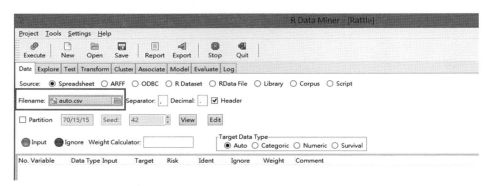

■ 圖 B.5 取得資料檔名與位置

第 2 步 按圖 B.6 方形框線內的【Execute】也就是「執行」——將資料載入 rattle。如果要檢視 (View) 或編輯 (Edit) 載入的資料，就選圖中橢圓形框線內的兩個按鈕。

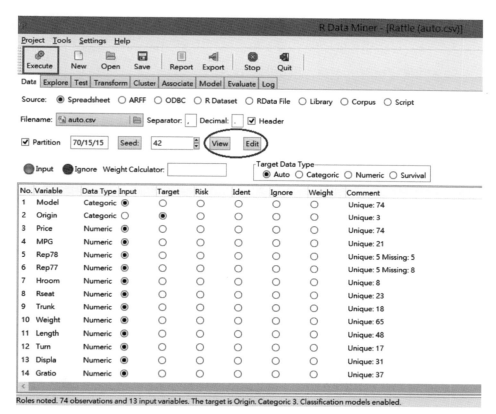

■ 圖 B.6 載入資料

載入後，rattle 視窗下半部會出現載入檔案數據的特徵，有數個欄位，
說明如下：

No.：變數序數

Variable：變數名稱

Data Type：資料性質 (Categoric 是類別；Numeric 是數字)

Input：就是解釋變數 X

Target：就是被解釋變數 (或反應變數) Y，也就是資料分析的對象。
(rattle 會判斷某一個，讀者再依自己研究需求自行更改。)

Risk~Weight：最後 4 個按鈕選項，是指變數在模型內的其他角色。有功能性，如 {Weight} 是加權用的；和選擇性，如 {Ignore}，如果按鈕選擇這一項，就是分析時，不納入模型的變數。

Comment：變數數據的性質，如缺值多少等等。

最下方是資料的整體文字說明和設定的簡單結構：74 筆觀察值，13 個變數……了解這個之後，資料也載入完畢，就進入 rattle 的資料分析世界。很快地，你就會變成資料採礦和數據分析的高手了。

載入 R 內建資料 data (mtcars)

圖 B.5 中，來源 (source) 的第 4 個選項 R Dataset 指的是 R 內建的資料。R 本身有許多內建資料，方便使用者學習。在 rattle 載入這一型的資料，方法如下：

第 1 步　在 R 主控台 (Console)，輸入語法：

```
> data(mtcars)
```

mtcars 這筆資料內建於 R 系統，載入這種內建資料，要用函數 data()。

第 2 步　在主控台載入後，rattle 介面就會出現數據選項，如圖 B.7，點選後，再按左上角 Execute，就可以將 mtcars 這筆內建資料載入 rattle 視窗。

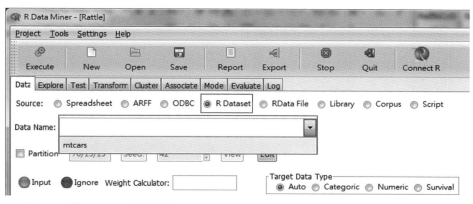

■ 圖 B.7　載入 R 內建數據檔 mtcars

當然，rattle 的資料載入不限於內建資料，所有的外部資料，都可以讀取，再載入 rattle。例如：

```
Dat <- read.csv(filename.csv)
```

只要使用 read.csv() 函數並給定物件名稱 Dat，就可以在 rattle 內，用圖 B.7 的方式載入數據物件 Dat。筆者使用 rattle，多半都是用此方式載入資料，這樣安排是希望讀者有了 rattle 的使用經驗後，學習上會更有感覺。

附錄 C

資料檔和 MySQL 資料庫
的存取

資料檔和資料庫的差異在於，資料檔讀取是把整個檔案讀進來，放在記憶體。如果是一個幾 GB 的檔案，一般 8-16G 記憶體的電腦，多半可以輕鬆地讀取。但是，假設這樣的資料有 100 欄，而且多數欄位不是你要的，這樣讀取所有的資料，就好像把整個書局的書都買回家，再找你要的，很浪費資源。所以，在面對大量資料時，用資料庫就比較恰當。資料庫用的技術是連結 (Connection)，不需要把整個資料讀進去，連結之後，可以針對檢索欄位，檢視部分資料，再取出來用。除了各式各樣的資料檔，R 的資料庫連結很多，第 2 節會介紹用 R 連結開啟資料庫 MySQL 來存取資料的範例。

C.1 資料檔讀取

外部資料讀取的型態大致可分為兩類，一種是從一般文件檔載入的資料，如 csv 檔、txt 檔與 xls 檔等資料檔；另一種，則是從其他統計軟體載入的資料格式，如 S-PLUS、SAS、SPSS 與 Stata 等。在此章節，我們只介紹普遍常用的 Excel 資料檔的載入方式。

首先，在 R 載入任何資料前，要先指定資料所在的工作目錄。因此，讀取外部資料的第一個步驟為「改變工作目錄 (change directory)」，依照圖 C.1-1 所示，至功能列的「檔案」，點選「變更現行目錄...」進入，找到讀者將儲存資料的所在工作目錄後，再按「確定」儲存。其中，工作目錄的檔名須以英文命名，如此 R 讀取時才不易出現錯誤。

RStudio 的宣告方式如圖 C.1-2 (Session → Set Working Directory → To Source File Location)。如果是直接開啟程式檔，則 RStudio 會自動將來源程式所在目錄，設定為現行工作目錄。

在 R 中，讀取外部資料的函數有：read.csv()、read.table()、read.delim()、read.xls() 與 scan() 以及 read.xls() 函數。於此章節，我們將以常用的 csv 檔與 txt 檔作為範例，介紹函數 read.csv()、read.table() 與 scan() 在讀取外部資料上的使用。以及，匯出使用資料的 write() 等函數，與儲存使用

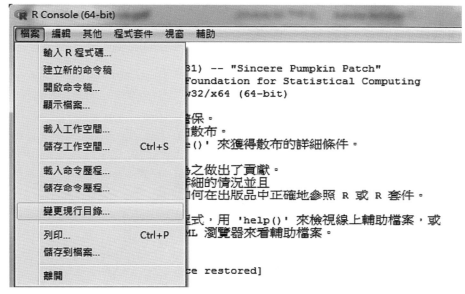

■ 圖 C.1-1　R 主控台改變工作目錄

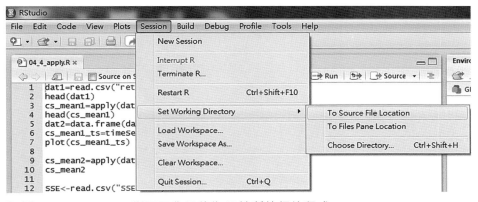

■ 圖 C.1-2　RStudio 變更工作目錄為目前所執行的程式

資料的 save() 函數。其中，save() 函數很特別，會將外部匯入的資料儲存為
RData 檔，最為方便下次載入同一筆資料的使用。下表 C.1-1 為本章節介紹
的有關外部資料的函數：

● 表 C.1-1　外部資料相關函數

函數	說明
	讀取：import (data input)
scan()	將讀進來的資料 (data.frame)，轉成向量或矩陣
read.csv()	用來載入以「逗號」分隔其欄位的資料，如 csv 檔
read.table()	用來載入以「空格」分隔其欄位的資料，如 txt 檔
read.xls()	載入 Excel 的格式檔
	儲存：save data
save()	將資料儲存為符合 R 資料格式的 RData 檔
	載入：load data
load()	載入先前以 save() 函數儲存的資料
	匯出：export (data output)
write()	將資料以「向量」或「矩陣」的型態匯出
write.csv ()	將資料以「資料框架」的型態匯出，適用於 csv 檔
write.table()	將資料以「資料框架」的型態匯出，適用於 txt 檔

C.1-1　載入 .csv 格式資料

　　csv 是 Excel 格式的文字檔，並且以「逗號」分隔其資料欄位。在 R
中，我們使用 read.csv() 函數讀取 csv 檔。而 read.csv() 函數在 R 內建指令
「header=TRUE」，表示載入資料後的欄位名稱由資料本身的變數名稱顯
示，即第一列是變數名稱。範例如下：

R Code：函數 read.csv()

```
1.    bankwage=read.csv("bankwage.csv", header=TRUE)
```

2. dim(bankwage)
3. head(bankwage)
4. summary(bankwage)
5. names(bankwage)=c("wage", "education", "wage0", "gender", "minority", "job ")
6. attach(bankwage)
7. write.csv(bankwage, file="bankwage.csv")

說明

1. 載入一筆檔名為 bankwage.csv 的 csv 檔 (為本書附檔)
2. 顯示 bankwage 的維度
3. 顯示前幾筆變數資料。在此，R 內建呈現前六筆數據，此部分可以「head(bankwage, n=欲顯示前幾筆資料之數字)」自訂
4. 顯示資料的統計量
5. names() 函數為，將 bankwage 資料的欄位變數給予括弧中的字串。因為原字串太長
6. 將資料存入記憶體。使變數名稱與資料結合一起使用
7. 將 bankwge 的資料，以 write.csv() 函數儲存於原 bankwage.csv 的檔案夾中

上述第 2 步驟在 R 中的顯示結果為「474 6」，表示其為一筆 474 × 6 的資料，有 6 個變數，每個變數有 474 個數據。我們藉由步驟 3「顯示該資料前幾筆數據」的結果，來看看資料結構的排列，如下：

```
head(bankwage)
```

	wage	education	wage0	gender	minority	job
1	57000	15	27000	Male	No	Management
2	40200	16	18750	Male	No	Administrative
3	21450	12	12000	Female	No	Administrative
4	21900	8	13200	Female	No	Administrative
5	45000	15	21000	Male	No	Administrative
6	32100	15	13500	Male	No	Administrative

其中，第 4 步驟在 R 的顯示結果如下：

```
summary(bankwage)
wage                        education                  wage0
Min.:      15750            Min. :      8.00           Min. :       9000
1stQu. :   24000            1st Qu.:   12.00           1st Qu.:    12488
Median:    28875            Median :  12.00            Median:    15000
Mean :     34420            Mean:      13.49           Mean:      17016
3rdQu.:    36938            3rdQ.:     15.00           3rd Qu.:    17490
Max. :     135000           Max. :     21.00           Max.:       79980


gender     minority          job
Female:    216               No :    370               Administrative:   363
Male :     258               Yes:    104               Custodians :       27
                                                       Management:        84
```

C.1-2　載入 .txt 格式資料

　　txt 是記事本格式的文字檔，其資料欄位以「空格」作為區隔。在 R 中，函數 read.table() 則用來讀取以「空格」分隔欄位的資料，好比 txt 檔。而 read.table() 函數與 read.csv() 函數最主要的差別在於，read.csv() 的內建指令是「header=TRUE」，而 read.table() 則為「header=FALSE」，表示資料載入後其第一列不以變數名稱顯示。在此，我們藉由同一筆資料，顯示不同的 header 宣告模式的不同結果作為比較，讀者便會一目了然，見表 C.1-2：

● 表 C.1-2 header=TRUE/FALSE 比較

	header=TRUE				header=FALSE			
	wage	education	wage0	gender		V1	V2	V3	V4
1	57000	15	27000	Male	1	wage	education	wage0	gender
2	40200	16	18750	Male	2	57000	15	27000	Male
3	21450	12	12000	Female	3	40200	16	18750	Male

scan() 函數則是把讀進來的資料 (例如 data.frame)，轉成向量或矩陣。關於函數 read.table() 與 scan() 的應用，用附錄 C 的附檔 risk_4v_scan.txt 為範例如下：

R Code：函數 read.table()

```
1.  data1=matrix(scan("risk_4v_scan.txt", n = 113*4), 113, 4, byrow= TRUE)
2.  data1
3.  data2=read.table("risk_4v_rt.txt", header=TRUE)
4.  data2
5.  write.table(data2, file="risk_4v_rt.txt")
```

說明

1. 建立一筆資料 data1，為將資料「risk_4v_scan.txt」scan 進入 R，並以 113x4 的矩陣排列。byrow= TRUE 表示將 scan 進入的向量資料以「列」排列。其中，該筆載入資料共有 452 個元素項目 (數據)
2. 顯示 data1 資料
3. 建立一筆資料 data2，為讀取外部資料「risk_4v_scan.txt」，且第一列從變數名稱算起
4. 顯示 data2 資料
5. 將 data2 的資料，以 write.table() 函數儲存於原 risk_4v_rt.txt 的檔案夾中

其中，於步驟 1 載入的資料共有 452 個元素項目 (數據)。上述步驟顯示於 R，截取部分結果如下：

```
data1=matrix(scan("risk_4v_scan.txt", n = 113*4), 113, 4, byrow= TRUE)
Read 452 items
data1
               [,1]            [,2]            [,3]            [,4]
    [1,]   -0.018680      -0.159376      -4.705716      -6.800977
    [2,]   -0.253432      -0.341416      -0.658024      -5.522831
    [3,]    0.992952       0.287517       5.042660      13.8323


data2
                ret             rm             hml            smb
       1    -0.018680      -0.159376      -4.705716      -6.800977
       2    -0.253432      -0.341416      -0.658024      -5.522831
       3     0.992952       0.287517       5.042660      13.8323
```

C.1-3　載入 .xls 和 .xlsx 格式

　　.csv 雖然是 Excel 的格式，但是只允許一張表單，.xls 格式則允許多張表單。 R 軟體目前至少有 3 個套件是可以載入 Excel 的.xls 格式資料：xlsReadWrite、gdata 和 RODBC。前兩者讀取資料的函數均是 read.xls()。gdata 的使用尚需要搭配 perl 程式語言。另一個套件 RODBC 是內建的基礎套件，這個套件和 SQL 資料庫語法搭配。這節介紹 gdata 和 RODBC 兩個套件，介紹前，先看一看附錄 C 的附檔 capm.xls 的原始資料，如圖 C.1-3 所示。

　　這個資料有兩個表單 returns 和 factors，有缺值也有空格。讀取後，空格會被自動填入 NA。下方的範例程式使用兩個套件，第一個是用 gdata 和 RODBD 讀取 .xls 格式，第二個是使用 openxlsx 讀取 .xlsx 的格式。

B2 f_x -0.00755

	A	B	C	D	E
1	Month	no_600000	no_600001	no_600005	no_600006
2	2001/1/1	-0.00755	1.10811	0.591643	0.856786
3	2001/2/1	-0.263922	-0.098761	NA	0.295706
4	2001/3/1	0.2367	0.1771	0.127336	0.071977
5	2001/4/1	-0.21949		-0.149714	0.16117
6	2001/5/1	-0.052553	-0.085106	0.173712	NA
7	2001/6/1	-0.030167	-0.083448	-0.133948	0.231005
8	2001/7/1	-0.522291	-0.449577	-0.113662	-0.366409
9	2001/8/1	-0.618835	-0.499835	-0.477065	0.152035
10	2001/9/1	-0.065374	-0.086485	0.004255	0.000468
11	2001/1/1	0.365083	-0.158644	-0.273172	-0.145089
12	2001/11/1	0.111323	0.280691	0.124036	0.237223

returns factors
就緒

圖 C.1-3　capm.xls 原始資料

R Code：讀取 .xls 和 .xlsx 格式

```
1.  library(gdata)
2.  mydata1=read.xls("capm.xls", sheet=1, perl="c:/strawberry/perl/bin/perl.exe",
    header=TRUE)
3.  head(mydata1)
4.  library(RODBC)
5.  mydata2=odbcConnectExcel("capm.xls")
6.  sqlTables(mydata2)
7.  capm_ret=sqlFetch(mydata2, "returns")
8.  capm_factor=sqlFetch(mydata2, "factors")
9.  library(openxlsx)
10. mydata3=read.xlsx("HS300.xlsx",sheet=2,detectDates = TRUE)
11. head(mydata3)
```

說明

1. 載入套件 gdata
2. read.xls() 讀取資料 capm.xls，且將讀出的資料命名為 mydata1
   函數內：sheet=1，代表第一張表。perl=" "，是電腦內程式語言執行檔 perl 的路徑。如果電腦內沒有這個程式語言，就不能使用這個套件，同時也會出現錯誤訊息。下載 Perl，可以由 http://strawberryperl.com/

3. 檢視 mydata1 的前 6 筆數據

4. 載入套件 RODBC

5. odbcConnectExcel() 讀取資料，函數內只需要欲讀取資料的檔名，其餘宣告都不要，且將讀出的資料命名為 mydata2

6. sqlTables() 檢視 mydata2 的表單名稱。這個是 SQL 的格式，如果讀者已知表單名稱，則不需要透過這一步驟看表單

7. sqlFetch() 讀取表單 returns 的資料，並將之定義為 capm_ret

8. sqlFetch() 讀取表單 factors 的資料，並將之定義為 capm_factor

9. 載入套件 openxlsx

10. 用 read.xlsx 讀取 HS300.xlsx 檔案的第 2 張表單

11. 檢視前 6 筆數據

　　套件 RODBC 其實相當好用，筆者建議用這個讀取 Excel 表單最好，也不需多安裝 perl。如果要載入 Excel 2007 格式為 .xlsx 的資料，只需要將上述第 5 步的函數，換成 odbcConnectExcel2007() 就可以，其餘都不用改。但 odbcConnectExcel 的缺點是，直至本書撰寫時，其仍然只支援 32 位元系統，也就是說，必須要在 32 位元的 R 環境才能使用。套件 openxlsx 專門用來讀取 .xlsx 格式，而且速度快。

　　R 也可以讀取如 SAS、SPSS、Stata、S-Plus 和 Minitab 等常用商用套裝軟體的外部資料，方法如下：

　　1. 讀 SAS，用 read.ssd("檔名")

　　2. 讀 SPSS 格式資料，用 read.spss("檔名")

　　3. 讀 Splus 格式資料，用 read.S("檔名")

　　4. 讀 Minitab 格式資料，用 read.mtp("檔名")

這些均需要載入特定套件 library(foreign)。在有些情況下，R 會需要你的系統裝置這些程式，但有時候不是必須，端看你要載入的資料格式，例如：SAS 之 .ssd 格式就需要電腦有 SAS 系統程式。詳細內容可以檢視套件

foreign 的說明文件，讀者可以自行練習，我們在此就不贅述。

C.1-4　資料儲存與匯出

　　R 整理好的資料會暫存於記憶體，但如果要交換給他人使用或下次使用，就要存成檔案輸出。資料匯出的格式不少，本書在此介紹兩種：第一種是 R 內建的 .RData；第二種是通用的 .csv。

儲存成 .RData

　　save() 函數，可將一筆已載入 R 的外部資料，儲存成為符合 R 格式的 RData 檔。其中，兩個檔案需同檔名。完成後，如果下回要再用到該筆資料，則只要用 load() 函數載入其 RData 檔即可。關於 save() 函數的應用，我們以 csv 檔的 capm_ret 資料為例，並接續前面的步驟，範例如下：

R Code：函數 save() 外存成 .RData

1.　save(capm_ret, file="ret.RData ")

說明

1.　將 capm_ret 資料存取至 RData 檔案格式的資料夾。此時資料夾會產生一個新檔案 ret.RData

　　在 R 中，我們使用 load() 函數載入 RData 檔。以附錄 C 附檔 bankwage. RData 為例，範例如下：

R Code：函數 load() 載入 .RData 資料

1.　load("bankwage.RData")
2.　names(bankwage)
3.　attach(bankwage)
4.　wage_entry=log(wage0)

說明

1.　以 load 的方式載入先前存取之 RData 檔案形式之資料
2.　顯示 bank_wage 的變數名稱

3.　將資料存入記憶體。使變數名稱與資料結合一起使用
4.　定義名稱新變數 wage_entry 為 log(wage0)

儲存為 .csv 格式

關於資料匯出，除了在前面小節最後步驟，有提到如何將資料再匯出並儲存於原資料夾外。另一種資料匯出方式，是將資料另存新檔，無論是將資料以新的檔案名稱儲存，或以新的檔案格式儲存，或者在新的資料位置儲存皆可行。範例如下：

R Code：資料匯出

1.　x=matrix(1:10,ncol=5)
2.　write(x, "x.txt")
3.　data(longley)
4.　write.csv(longley, file="longley.csv")
5.　gnpPop=round(longley[,"GNP"]/longley[,"Population"], 2)
6.　newlongley=cbind(longley, gnp.Pop=gnpPop)
7.　write.table(newlongley, file="new_longley.txt")

說明

1.　建立一筆矩陣資料 x
2.　將矩陣資料 x 匯出，以 txt 檔形式儲存於工作目錄內。其中，上述的 R 與 Rdata 之文件夾，皆可依使用者的習慣自行建立資料夾的名稱與位置所在
3.　載入一筆 R 的內建資料 longley
4.　將 longley 此筆資料，以 csv 檔的格式儲存於工作目錄
5.　建立一筆 gnpPop 的新資料
6.　以 cbind() 函數將新資料合併於原 longley 資料中，並給定新名稱為 newlongley
7.　將 newlongley 資料以 txt 檔的格式，儲存於工作目錄，檔名為 new_longley.txt

write.table 也可以產生 .csv 格式。有興趣的讀者，請參考 help 檔。另外，write.table 或 write.csv 的函數，會自動把資料的 index (列名稱，內定是

1, 2, 3... 整數)，存進檔案。所以，一旦打開 longley.csv 就會發現最左邊多了一欄計數欄。要去掉這個，只要多宣告一個指令 row.names=FALSE，例如下列語法：

```
write.csv(longley, file="longley.csv", row.names=FALSE)
```

除了這些，也可以輸出特定統計軟體格式，例如：SAS 和 SPSS 等等。例如：轉資料給 SPSS，可以用 write.foreign()，完整說明，請參考相關文件或使用 help()。

C.1-5　敘述統計量：basicStats()

R Code：載入資料及基本敘述統計量

1.　library(fBasics)
2.　load("bankwage.RData")
3.　head(bankwage)
4.　attach(bankwage)
5.　dat=cbind(log(wage), edu, log(wage0))
6.　colnames(dat)=c("log(wage)", "education", "log(wage0)")
7.　basicStats(dat)

說明

1.　載入套件 fBasics。如果要移除套件，以釋放記憶體，用detach("package: fBasics")
2.　讀取資料 bankwage
3.　檢視資料的前 6 筆
4.　將資料正式載入
5.　以 cbind 將數值資料前 3 欄併成一個資料矩陣，命名為 dat
6.　賦予新資料矩陣 dat 欄位名稱
7.　基本敘述統計量

　　第 4 步的 attach() 是一個重要的步驟，如果沒有 attach(bankwage) 這個
步驟，就不能單獨以欄位名稱宣告資料。例如：如果沒有 attach(bankwage)
這個步驟，要宣告 wage 就必須使用 bankwage$wage，也就是必須告訴 R，
這個 wage 是資料 bankwage 內的變數；attach(bankwage) 後，可以自動連結
bankwage，省略 bankwage$，就可以單獨輸入變數 wage 名稱。這個資料檔
如果要從工作環境中移除，宣告 detach(bankwage) 就可以。

● 表 C.1-3　basicStats() 呈現的敘述統計量

	log(wage)	education	log(wage0)
nobs	474	474	474
NAs	0.000	0.000	0.000
Minimum	9.665	8.000	9.105
Maximum	11.813	21.000	11.290
1. Quartile	10.086	12.000	9.432
3. Quartile	10.517	15.000	9.769
Mean	10.357	13.492	9.669
Median	10.271	12.000	9.616
Sum	4909.12	6395.0	4583.298
SE Mean	0.018	0.133	0.016
LCL Mean	10.321	13.231	9.638
UCL Mean	10.393	13.752	9.701
Variance	0.158	8.322	0.124
Stdev	0.397	2.885	0.353
Skewness	0.995	-0.113	1.268
Kurtosis	0.647	-0.286	1.741

　　表 C.1-3 的資訊有 LCL Mean/UCL Mean 兩個，是變數平均數 0.95
計算的上下界。如果讀者需要其他標準，像是 0.9，可以將第 7 步改成
basicStats(dat, 0.9)，不特別標注時，預設為 0.95。

C.2 資料庫讀取

除了讀取資料檔 (datafiles)，R 配備了與多種資料庫的互動的套件，從 MySQL、SQL 到大數據資料庫 Hadoop/Spark，都一應俱全。軟體讀資料檔，就是把整個檔案存放在記憶體，然後再來慢慢看變數和欄位。資料庫就不同，大型資料庫需要伺服器才能驅動，所以我們必須裝置相關伺服器軟體，再用 R 套件去連結 (Connection) 獲取資料。請注意這裡的關鍵用詞，是連結 (Connection)，不是載入 (Import/Read/Load)。大數據的相關問題，關鍵就是資料庫連結技術與資料傳輸，這一點 OK 之後，就可以呼叫 R 的資料分析功能。接下來，我們介紹資料庫軟體的 MySQL 裝置，最後再介紹 R 的套件。

第 1 步　裝置 MySQL

MySQL 可以至 https://dev.mysql.com/downloads/windows/ 下載，網站畫面如圖 C.2-1，點選 MySQL Installer 後，畫面如圖 C.2-2。

The world's most popular open source database

| MySQL.com | **Downloads** | Documentation | Developer Zone |

um Repository　　APT Repository　　SUSE Repository　　Windows　　Archives

MySQL on Windows

MySQL provides you with a suite of tools for developing and managing business critical applications on Windows.

MySQL Installer
MySQL Installer provides an easy to use, wizard-based installation experience for all MySQL software on Windows.

MySQL Connectors
MySQL offers industry standard database driver connectivity for using MySQL with applications and tools.

MySQL Workbench
MySQL Workbench provides DBAs and developers an integrated tools environment for database design, administra

■ 圖 C.2-1　MySQL 官網

■ 圖 C.2-2 下載 MySQL

圖 C.2-2 中，有兩個方框，除了下載 MySQL Server 裝置之外，MySQL Workbench and sample methods 也要下載，MySQL Workbench 是管理 MySQL 資料庫的重要工具。R 的套件只是和資料庫互動，用 R 去管理資料庫不是不行，只是有一點不當而已。裝置完畢後，MySQL Workbench 的主頁如圖 C.2-3，MySQL 資料庫管理工作區如圖 C.2-4。

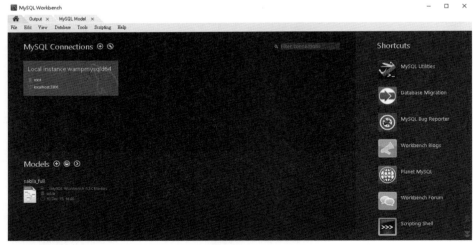

■ 圖 C.2-3 MySQL Workbench 的主頁

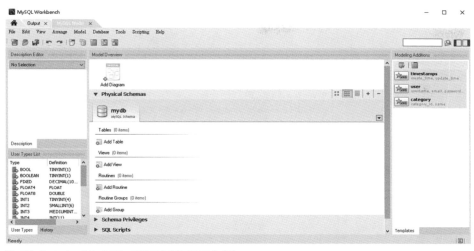

■ 圖 C.2-4　MySQL 資料庫管理工作區

第 2 步　裝置 RMySQL 可以在 R 的主控台執行命令如下：

```
install.packages("RMySQL")
```

或者在 RStudio 右下方的筆記本選單，點選 Packages　Install 填入
RMySQL 就可以成功裝置。

第 3 步　宣告環境變數，可以分解成幾個步驟。

首先，點選「控制台→系統→進階系統設定」，如圖 C.2-5。

接著，點選圖 C.2-6 橢圓框線內的「環境變數」。進入圖 C.2-7 之畫面
後，點選橢圓框線內的「新增」，會彈出「編輯使用者變數」之視窗，接著
請在橢圓框線內的變數值欄位，輸入 MySQL 伺服器的路徑。

☑ 系統

← → ∨ ↑ | ☑ › 控制台 › 所有控制台項目 › 系統

控制台首頁

🛡 裝置管理員
🛡 遠端設定
🛡 系統保護
🛡 進階系統設定

檢視電腦的基本資訊

Windows 版本

Windows 10 家用版

© 2016 Microsoft Corporation. 著作權所有，並保留一切權利。

系統

處理器: Intel(R) Core(TM) i7-4700HQ CPU @ 2.40GHz 2.40 GHz
已安裝記憶體 (RAM) 16.0 GB (15.9 GB 可用)
系統類型: 64 位元作業系統，x64 型處理器
手寫筆與觸控: 此顯示器不提供手寫筆或觸控式輸入功能。

電腦名稱、網域及工作群組設定

電腦名稱: dharma-PC
完整電腦名稱: dharma-PC
電腦描述:
工作群組: WORKGROUP

Windows 啟用

Windows 已啟用 閱讀 Microsoft 軟體授權條款

產品識別碼: 00326-10000-00000-AA059

■ 圖 C.2-5 設定進階系統

■ 圖 C.2-6 進入環境變數設定

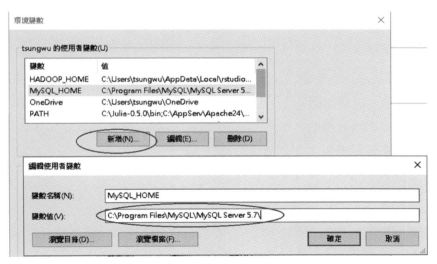

■ 圖 C.2-7 輸入MySQL 伺服器的路徑

在路徑 C:\Program Files\MySQL\MySQL Server 5.7\ 有一個檔案 my.ini，用任意文字編輯器 (如記事本) 打開後，寫入這兩行：

```
basedir =C:\Program Files\MySQL\MySQL Server 5.7\
datadir =D:\MySQL\data\
```

basedir 是 MySQL 系統程式的路徑。

datadir 是讀者自己置放資料庫的路徑，這和 R 程式所在位置不同。讀者的路徑不一定是 D:\MySQL\data\，請依實際路徑調整。然後，為了示範所需，附錄 C 的附檔提供一個範例資料庫 sakila-db.zip，解壓縮後，把目錄 sakila-db 存成 D:\MySQL\data\sakila-db\。

測試連結是否成功，請執行以下程式碼：

```
library(RMySQL)
con <- dbConnect(MySQL(), host="127.0.0.1", port=3306, user="root",
password="資料庫密碼", dbname = "sakila-db")
summary(con,verbose=TRUE)
dbDisconnect(con)
```

dbConnect 內的參數為裝置與啟動 MySQL 時所填寫，部分資訊從啟動頁面就會看到，例如圖 C.2-3。同時裝置 MySQL 時，必須確定密碼都沒有過時。資料庫的東西很重要，和大數據息息相關，讀者先學過 SQL 的基本觀念，再來學 RMySQL 會比較沒有障礙。

C.3　處理資料表的函數

C.3-1　函數 split 對資料的分割

```
data(Cars93, package="MASS")        載入套件內的資料
head(Cars93)                        檢視資料前 6 筆
```

這筆資料算是龐大，我們由圖 C.3-1 看部分欄位：

	A	B	C	D	E	F	G	H	I	J	K	L
1	Manufact	Model	Type	Min.Price	Price	Max.Price	MPG.city	Origin	MPG.highway	AirBags	DriveTrai	Cylinders
2	Acura	Integra	Small	12.9	15.9	18.8	25	non-USA	31	None	Front	4
3	Acura	Legend	Midsize	29.2	33.9	38.7	18	non-USA	25	Driver & P	Front	6
4	Audi	90	Compact	25.9	29.1	32.3	20	non-USA	26	Driver only	Front	6
5	Audi	100	Midsize	30.8	37.7	44.6	19	non-USA	26	Driver & P	Front	6
6	BMW	535i	Midsize	23.7	30	36.2	22	non-USA	30	Driver only	Rear	4
7	Buick	Century	Midsize	14.2	15.7	17.3	22	USA	31	Driver only	Front	4
8	Buick	LeSabre	Large	19.9	20.8	21.7	19	USA	28	Driver only	Front	6
9	Buick	Roadmaster	Large	22.6	23.7	24.9	16	USA	25	Driver only	Rear	6
10	Buick	Riviera	Midsize	26.3	26.3	26.3	19	USA	27	Driver only	Front	6
11	Cadillac	DeVille	Large	33	34.7	36.3	16	USA	25	Driver only	Front	8
12	Cadillac	Seville	Midsize	37.5	40.1	42.7	16	USA	25	Driver & P	Front	8
13	Chevrolet	Cavalier	Compact	8.5	13.4	18.3	25	USA	36	None	Front	4
14	Chevrolet	Corsica	Compact	11.4	11.4	11.4	25	USA	34	Driver only	Front	4
15	Chevrolet	Camaro	Sporty	13.4	15.1	16.8	19	USA	28	Driver & P	Rear	6
16	Chevrolet	Lumina	Midsize	13.4	15.9	18.4	21	USA	29	None	Front	4
17	Chevrolet	Lumina_AP	Van	14.7	16.3	18	18	USA	23	None	Front	6
18	Chevrolet	Astro	Van	14.7	16.6	18.6	15	USA	20	None	4WD	6
19	Chevrolet	Caprice	Large	18	18.8	19.6	17	USA	26	Driver only	Rear	8
20	Chevrolet	Corvette	Sporty	34.6	38	41.5	17	USA	25	Driver only	Rear	8
21	Chrylser	Concorde	Large	18.4	18.4	18.4	20	USA	28	Driver & P	Front	6
22	Chrysler	LeBaron	Compact	14.5	15.8	17.1	23	USA	28	Driver & P	Front	6
23	Chrysler	Imperial	Large	29.5	29.5	29.5	20	USA	26	Driver only	Front	6
24	Dodge	Colt	Small	7.9	9.2	10.6	29	USA	33	None	Front	4
25	Dodge	Shadow	Small	8.4	11.3	14.2	23	USA	29	Driver & P	Front	4

■ 圖 C.3-1　資料 Cars93 的欄位

我們如果要知道汽車在都市中一加侖的英里數 (MPG.city) 的資料，就執行下列指令，讓結果依照汽車的出產地 (Origin) 列出。

```
> split(Cars93$MPG.city, Cars93$Origin)
$USA
```

```
  [1] 22 19 16 19 16 16 25 25 19 21 18 15 17 17 20 23
 [17] 20 29 23 22 17 21 18 29 20 31 23 22 22 24 15 21
 [33] 18 17 18 23 19 24 23 18 19 23 31 23 19 19 19 28


$`non-USA`
  [1] 25 18 20 19 22 46 30 24 42 24 29 22 26 20 17 18
 [17] 18 29 28 26 18 17 20 19 29 18 29 24 17 21 20 33
 [33] 25 23 39 32 25 22 18 25 17 21 18 21 20
```

練習

請利用物件功能，計算上例的 $USA 和 $non-USA 的平均數。

提示： out=split(Cars93$MPG.city, Cars93$Origin); out$USA

C.3-2　函數 apply() 家族

用 Excel 來比喻的話，一個資料表就是一個有長寬的 Excel 工作表。

apply()

apply() 是針對資料框架或矩陣型態數值資料的計算函數。

```
Returns=read.csv("eMarkets.csv")
head(Returns)              因為第一欄是時間文字，以下執行數值計
                           算時去除此欄
apply(Returns[,-1],1,mean) 計算橫列平均數
apply(Returns[,-1],2,sd)   計算縱欄的標準差
```

apply(資料，方向，函數) 是三個基本宣告。

方向：=1，就是依照橫列 (row) 方向計算；=2，就是依照縱行 (column)

方向計算。

函數：所有 R 內建函數都可以用，例如：median、sum 等等；也可以自行定義，如下：

計算每一國家欄平均報酬和標準差相除的值：

```
apply(Returns[,-1], 2, function(x) {
mean(x)/sd(x)
}
)
```

計算每一國家欄有多少期間報酬為正：

```
apply(Returns[-1], 2, function(x) {
length(x[x>0])
}
)
```

lapply()

lapply 是針對 list 資料的計算，我們先產生虛擬的 list 物件 scores，再說明這個函數的用法，指令如下：

```
S1=as.integer(rnorm(45,70,15))
S2=as.integer(rnorm(52,70,25))
S3=as.integer(rnorm(38,70,20))
S4=as.integer(rnorm(41,70,25))
scores=list(S1=S1,S2=S2,S3=S3,S4=S4)
```

產生 list 資料物件後，執行以下語法就會更清楚。

```
lapply(scores, mean)
lapply(scores, sd)
lapply(scores, range)
lapply(scores, length)
lapply(scores, t.test)

> lapply(scores, mean)
$S1
[1] 68.08889

$S2
[1] 71

$S3
[1] 68.73684

$S4
[1] 72.7561
```

sapply()

s 是指簡化 simply，我們循前面的資料，執行以下程式碼就可以比較。

```
sapply(scores, mean)
sapply(scores, sd)
sapply(scores, range)
```

```
sapply(scores, length)
sapply(scores, t.test)

> sapply(scores, mean)
        S1           S2           S3           S4
  68.08889     71.00000     68.73684     72.75610
```

比較 lapply 和 sapply，可以知道差異何在。

sapply 還有更多用途，例如：先將 apply 用的資料取一個出來，用下方語法可計算配對的相關係數。

```
y=Returns[,2]
sapply(Returns[,-1], cor, y)
```

應用如下：

```
> sapply(Returns[,-1],cor, y)
      China           India          Brazil          Russia
  1.0000000       0.5063852       0.3421741       0.4349667
   Indonisia          Taiwan        Columbia            Peru
  0.6003137       0.5916782       0.2817501       0.1563615
       Egypt       Philippine             EMI
  0.1196523       0.4377411       0.7928098
```

tapply()

t 是指 table，這個功能和 Excel 的樞紐分析表很接近，指令如下：

```
SSE= read.csv("SSE.csv")
head(SSE)
tmp0=tapply(SSE[,5], SSE$Name, mean)
tmp0
tmp0=data.frame(tmp0)
colnames(tmp0)="avgReturns"
tmp0
```

類似語法還有：

```
by(SSE[,4:5], SSE$Name, summary)
```

但是 output 的格式，必須區分清楚，才知道自己要用哪一個。

接下來，我們利用一些語法，介紹 apply 如何簡化傳統演算。

【範例一】建立迴圈的方式，指令如下：

```
crossID=unique(SSE$CO_ID)
length(crossID)
result=NULL
for (j in 1:length(crossID))
{
mydat=subset(SSE,CO_ID==crossID[j])
output=with(mydat, lm(returns~marketReturns)$coef)
result=rbind(result,output)
}
result
```

【**範例二**】簡化上面的迴圈，指令示範如下：

```
SSE.reg=by(SSE, SSE$Name, function(x) lm(returns~marketReturns, data = x))
SSE.reg
lapply(SSE.reg,summary)

lapply(SSE.reg,confint)
```

如果要取出 SSE.reg 係數表，可執行以下指令：

```
t(sapply(SSE.reg, coef))
t(sapply(SSE.reg, function(x) {summary(x)$coef}))
```

這些語法都相當有幫助，詳說會占據過多的頁面，讀者可以自行執行練習。

強化法

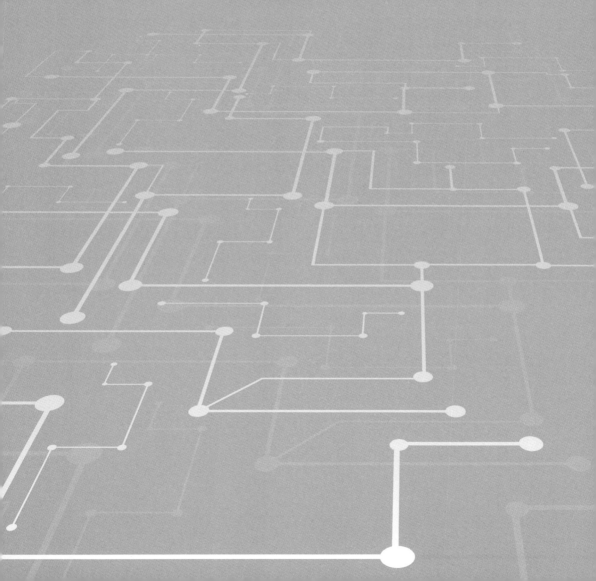

D.1 支援向量機 SVM 簡介

　　和決策樹一樣，支援向量機 (SVM, Support Vector Machine) 是一種監督式的機器學習，需要事先定義出各分群的類型來進行統計分類與迴歸分析，屬於廣義線性模型 (GLM) 的分類器。目前應用的領域包括手寫、圖形和人臉的辨識，以及文字分類等等，應用可謂相當廣泛。SVM 的優化特點是它同時可以「極小化經驗誤差值」與「極大化幾何邊緣區」。以統計為基礎，SVM 對於解決小樣本、非線性、高維度和局部極小點，有相當好的處理能力。

　　SVM 的處理原則大概是這樣：先使用現有的資料作為訓練樣本 (Training Sample)，再利用這些資料估計出幾個支援向量 (Support Vector) 或維 (Feature) 來代表整體資料，將少數極端值剔除，然後將挑出來的支援向量包裝成模型。如果有測試資料要執行預測分析時，SVM 會利用模型將資料分成兩類。在二元目標變數例子中，SVM 尋找一個能將所有的類別資料完美分開的超平面 (Hyperplane)，如圖 D.1-1。

　　SVM 優點是可實現非線性分類，可用於分類與迴歸，低泛化誤差 (Generalization Errors)，容易解釋；缺點則是對 kernel 函數以及事先擇定的參數敏感。

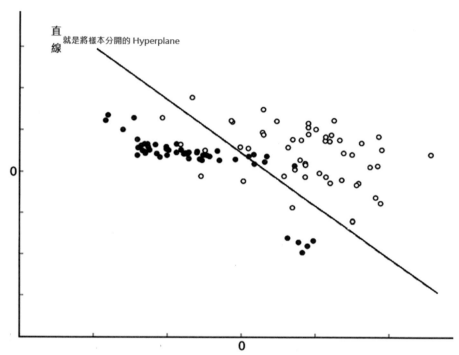

直線 就是將樣本分開的 Hyperplane

■圖 D.1-1　支援向量機的超平面圖解

D.2 推進 (Boosting) 方法簡介

　　資料探勘分析，如果計算完一翻兩瞪眼，就簡單了。Boosting 方法對 Training Samples 內的每一個觀察值都給予一個權重，每次疊代後，對分類錯誤的資料加大權重，以使下一次疊代演算時，有較多的關注。推進法是一種抽樣方法，以取後不放回 (Sample Without Replacement) 為基準。推進法特點在透過改變樣本權值進行學習，將最終的多個分類器根據性能進行組合。優點是低泛化誤差，分類準確率高，沒有太多參數需要調節。缺點是對極端值或離群值 (Outliers) 敏感。

RM43 博雅科普 14

大數據決策分析盲點大突破 10 講
我分類故我在（第二版）

作　　　者	何宗武
責任編輯	唐　筠
文字校對	許馨尹　黃志誠　鐘秀雲
封面設計	王麗娟
內文排版	張淑貞
發 行 人	楊榮川
總 經 理	楊士清
總 編 輯	楊秀麗
副總編輯	張毓芬
出 版 者	五南圖書出版股份有限公司
地　　　址	台北市和平東路二段 339 號 4 樓
電　　　話	(02)2705-5066
傳　　　真	(02)2706-6100
網　　　址	https://www.wunan.com.tw/
電子郵件	wunan@wunan.com.tw
郵撥帳號	01068953
戶　　　名	五南圖書出版股份有限公司
法律顧問	林勝安律師
出版日期	2018 年 8 月初版一刷
	2023 年 3 月二版一刷
定　　　價	新臺幣 500 元

國家圖書館出版品預行編目資料

大數據決策分析盲點大突破10講：我分類故我
在 / 何宗武著. -- 二版. -- 臺北市：五南圖書出
版股份有限公司, 2023.3
　　面；　公分 －－（博雅科普；14）
ISBN 978-626-343-586-5（平裝）
1.CST: 決策管理 2.CST: 統計分析
494.1　　　　　　　　　　　　　111019823